网站开发案例课堂

Photoshop 网页设计与配色
案例课堂(第 2 版)

刘春茂　编　著

清华大学出版社

北　京

内 容 简 介

全书共 20 章，包括初识 Photoshop CC、图像的基本操作、选区的创建与基本操作、调整图像的色彩、修饰与绘制图像、快速制作图像特效、图层蒙版与通道的应用、制作网页特效文字、制作网页按钮与导航条、制作网页特效边线与背景、制作网页 Logo、制作网页 Banner、网页配色基础概述、网页配色的要领、网页配色的色彩表现、网页配色工具的使用、根据网页色调进行配色、不同网站网页配色设计分析。最后以两个综合网站的设计为例进行讲解。每章的实战案例可以帮助读者进一步巩固所学的知识，提高综合实战能力。

本书内容丰富全面，图文并茂，步骤清晰，通俗易懂，使读者能轻松理解 Photoshop CC 网页设计与配色的方法，并能解决实际生活或工作中的问题，真正做到知其然更知其所以然。

本书注重实用，可操作性强，详细讲解了书中每一个知识点和技巧，适合所有的网页设计初学者快速入门，同时也适合想全面了解 Photoshop CC 网页设计与配色的设计人员阅读。

图书在版编目(CIP)数据

Photoshop 网页设计与配色案例课堂/刘春茂编著. —2 版. —北京：清华大学出版社，2018（2022.9 重印）
(网站开发案例课堂)
ISBN 978-7-302-48991-7

Ⅰ. ①P… Ⅱ. ①刘… Ⅲ. ①图像处理软件 Ⅳ. ①TP391.413

中国版本图书馆 CIP 数据核字(2017)第 293538 号

责任编辑：张彦青
装帧设计：杨玉兰
责任校对：李玉茹
责任印制：宋　林
出版发行：清华大学出版社
　　　　网　　　址：http://www.tup.com.cn, http://www.wqbook.com
　　　　地　　　址：北京清华大学学研大厦 A 座　　　邮　　　编：100084
　　　　社 总 机：010-83470000　　　　邮　　　购：010-62786544
　　　　投稿与读者服务：010-62776969, c-service@tup.tsinghua.edu.cn
　　　　质量反馈：010-62772015, zhiliang@tup.tsinghua.edu.cn
印　装　者：三河市龙大印装有限公司
开　　本：190mm×260mm　　　印　张：34.25　　　字　数：820 千字
版　　次：2015 年 1 月第 1 版　　2018 年 1 月第 2 版　　印　次：2022 年 9 月第 4 次印刷
定　　价：78.00 元

产品编号：076545-01

前　言

"网站开发案例课堂"系列图书是专门为办公技能和网页设计初学者量身定制的一套学习用书，涵盖高效办公、网站开发、数据库设计等方面。整套书具有以下特点。

前沿科技

无论是网站建设、数据库设计还是 HTML5、CSS3，我们都精选较为前沿或者用户群较大的领域进行介绍，帮助读者认识和了解最新动态。

权威的作者团队

组织国家重点实验室和资深应用专家联手编著该套图书，融合丰富的教学经验与优秀的管理理念。

学习型案例设计

以技术的实际应用过程为主线，全程采用图解和同步多媒体结合的教学方式，生动、直观、全面地剖析使用过程中的各种应用技能，降低难度，提升学习效率。

为什么要写这样一本书

Photoshop CC 在网页设计和配色方面的应用越来越普遍，包括版面设计，按钮的制作及应用，Banner 和导航条的制作，网页广告制作，文字特效设计，网页其他组成部分的设计和制作等内容。对初学者来说，实用性强和易于操作是目前最大的需求。为此，本书主要面向想学习网页前台设计和配色的初学者，可以让初学者入门后快速提高实战水平。

本书特色

- **零基础、入门级的讲解**

无论您是否从事计算机相关行业，无论您是否接触过网页配色，都能从本书中找到最佳起点。

- **超多、实用、专业的范例和项目**

本书在编排上紧密结合深入学习网页配色技术的先后过程，从 Photoshop 软件的基本操作开始，带领大家逐步深入地学习各种网页配色的应用技巧，侧重实战技能，使用简单易懂的实际案例进行分析和操作指导，让读者读起来简明轻松，操作起来有章可循。

- **随时检测自己的学习成果**

大部分章节中，均提供了"疑难解惑"板块，以指导读者解决学习中的困惑。

大部分章末的"跟我学上机"板块，均根据本章内容精选而成，读者可以随时检测自己的学习成果和实战能力，做到融会贯通。

■ 细致入微、贴心提示

本书在讲解过程中，使用了大量的"注意""提示""技巧"等小贴士，使读者在学习过程中更清楚地了解相关操作、理解相关概念，并轻松掌握各种操作技巧。

■ 专业创作团队和技术支持

您在学习过程中遇到任何问题，均可加入 QQ 群(案例课堂 VIP)451102631 进行提问，专家人员会在线答疑。

超值资源大放送

■ 全程同步教学录像

涵盖本书所有知识点，详细讲解每个实例及项目的过程和技术关键点，可以使读者比看书更轻松地掌握书中所有的网页制作和设计知识，而且扩展的讲解部分使读者能得到比书中更多的收获。

■ 超多容量王牌资源

赠送大量王牌资源，包括本书实例的素材和结果文件、教学幻灯片、本书精品教学视频、88 个实用类网页配色模板、12 部网页设计参考手册、网页颜色速查表、Photoshop CC 快捷键和技巧速查手册、精彩网站配色方案赏析、网页样式与布局案例赏析、Web 前端工程师常见面试题等。读者可以通过 QQ 群(案例课堂 VIP)：451102631 获取赠送资源，也可以扫描二维码，下载本书资源。

读者对象

- 没有任何网页配色基础的初学者。
- 有一定的 Photoshop 操作基础，想精通网页配色的人员。
- 有一定的配色基础，没有项目经验的人员。
- 正在进行毕业设计的学生。
- 大专院校及培训学校的老师和学生。

创作团队

本书由刘春茂编著，参加编写的人员还有刘玉萍、张金伟、蒲娟、周佳、付红、李园、郭广新、侯永岗、王攀登、刘海松、孙若凇、王月娇、包慧利、陈伟光、胡同夫、王伟、展娜娜、李琪、梁云梁和周浩浩。在编写过程中，我们竭尽所能地将最好的讲解呈现给读者，但也难免有疏漏和不妥之处，敬请不吝指正。若您在学习中遇到困难或疑问，或有任何意见或建议，可写信至信箱 357975357@qq.com。

编　者

目　　录

第 1 章

初识
Photoshop CC

Adobe Photoshop 简称 PS，是由 Adobe 公司开发的专业图像处理软件，是优秀设计师的必备工具之一。最新版本的 Photoshop CC 不仅为图形图像设计提供了一个更加广阔的发展空间，而且在图像处理中还有化腐朽为神奇的功能。本章带领读者快速入门 Photoshop CC 软件。

重点案例效果

1.1 安装与卸载 Photoshop CC

Photoshop 是 Adobe 公司旗下最为出名的图像处理软件之一，多年来以其优异的品质和强大的功能成为业界标准，是平面设计开发人员的必备工具，也是 Web 开发等电脑应用的必备软件。如图 1-1 所示为 Photoshop CC 的启动界面。

图 1-1 Photoshop CC 的启动界面

在使用 Photoshop CC 之前，首先需要在计算机上安装该软件。同样地，如果不想再使用，可以从计算机中卸载该软件。下面介绍安装与卸载 Photoshop CC 的方法。

1.1.1 安装 Photoshop CC 的系统需求

Photoshop CC 既可以在 Windows 操作系统中运行，也可以在 Mac OS(苹果系列电脑专用)操作系统中运行。由于两个系统不同，因此 Photoshop CC 的安装要求也不同，具体的要求可以参考表 1-1 和表 1-2。

  若 Photoshop CC 安装在 32 位的 Windows 系统中，将无法使用视频功能。如果 VRAM 少于 512MB，将无法使用 3D 功能。

表 1-1 Photoshop CC 在 Windows 操作系统中运行的系统需求

CPU	Intel Pentium 4 或 AMD Athlon 64 处理器(2 GHz 或更快)
操作系统	Windows 7(装有 Service Pack 1)、Windows 8 或 Windows 8.1
内存	至少 1GB
硬盘	安装需要 2.5GB 的可用硬盘空间，安装过程中需要额外可用空间(无法在可移动存储设备上安装)
显卡	1024 × 768 显示器(推荐使用 1280 × 800)，带有 OpenGL 2.0、16 位颜色和 512 MB VRAM(推荐使用 1 GB)
其他要求	必须连接网络并完成注册，才能激活软件、验证会员资格和访问在线服务

表 1-2　Photoshop CC 在 Mac OS 操作系统中运行的系统需求

CPU	具有支持 64 位的多核 Intel 处理器
操作系统	Mac OS X v10.7、v10.8 或 v10.9
内存	至少 1GB
硬盘	安装需要 3.2GB 的可用硬盘空间，安装过程中需要额外可用空间(无法在使用区分大小写的文件系统的卷或可移动存储设备上安装)
显卡	1024 × 768 显示器(推荐使用 1280 × 800)，带有 OpenGL 2.0、16 位颜色和 512 MB VRAM(推荐使用 1 GB)
其他要求	必须连接网络并完成注册，才能激活软件、验证会员资格和访问在线服务

1.1.2　安装 Photoshop CC

当用户的计算机系统符合需求后，就可以安装 Photoshop CC 软件了，具体操作步骤如下。

step 01 在光驱中放入安装盘，双击安装文件图标，弹出【Adobe 安装程序】对话框，开始初始化安装程序，如图 1-2 所示。

step 02 初始化完成后，进入【欢迎】界面，在其中选择安装的类型，这里单击【安装】按钮，如图 1-3 所示。

提示　　若用户没有产品的序列号，可以单击【试用】按钮，这样即使不用序列号也可安装软件，有效试用期为 30 天。有效试用期结束后则需要输入序列号，否则将无法正常使用。

图 1-2　初始化安装程序

图 1-3　【欢迎】界面

step 03 进入【需要登录】界面，在其中单击【登录】按钮，然后输入 Adobe ID 和密码进行登录，若没有 ID，可以先注册再登录，如图 1-4 所示。

step 04 登录成功后，进入【Adobe 软件许可协议】界面，在其中可以阅读相关的许可协议，然后单击【接受】按钮，如图 1-5 所示。

step 05 进入【序列号】界面，在【提供序列号】下面的框内输入有效的序列号，然后单击【下一步】按钮，如图 1-6 所示。

step 06 进入【选项】界面，在其中可以设置安装的路径，然后单击【安装】按钮，如

图 1-7 所示。

图 1-4 【需要登录】界面

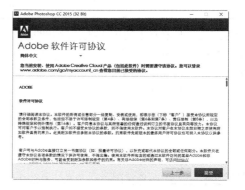

图 1-5 【Adobe 软件许可协议】界面

图 1-6 【序列号】界面

图 1-7 【选项】界面

step 07 进入【安装】界面，提示用户正在安装程序，并显示安装的进度，如图 1-8 所示。

step 08 安装完成后，进入【安装完成】界面，单击【关闭】按钮，Photoshop CC 即安装成功，如图 1-9 所示。

图 1-8 【安装】界面

图 1-9 【安装完成】界面

1.1.3 卸载 Photoshop CC

若不再需要使用 Photoshop CC，可以卸载该软件，具体操作步骤如下。

step 01 右击桌面左下角任务栏中的【开始】按钮，在弹出的菜单中选择【控制面板】命令，如图 1-10 所示。

step 02 打开【控制面板】窗口，然后单击【程序】区域中的【卸载程序】按钮，如图 1-11 所示。

图 1-10 选择【控制面板】命令

图 1-11 【控制面板】窗口

step 03 打开【程序和功能】窗口，在列表中选择 Adobe Photoshop CC 2015(32Bit)选项，单击上方的【卸载】按钮，如图 1-12 所示。

step 04 进入【卸载选项】界面，勾选【删除首选项】复选框，然后单击【卸载】按钮，如图 1-13 所示。

图 1-12 【程序和功能】窗口

图 1-13 【卸载选项】界面

step 05 进入【卸载】界面，提示用户正在卸载程序，并显示卸载的进度，如图 1-14 所示。

step 06 卸载完成后，进入【卸载完成】界面，单击【关闭】按钮，Photoshop CC 即卸载成功，如图 1-15 所示。

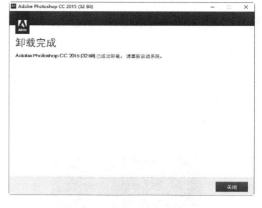

图 1-14 【卸载】界面   图 1-15 【卸载完成】界面

1.2 启动与退出 Photoshop CC

掌握软件启动与退出的方法是学习软件应用的必要条件。下面详细介绍启动与退出 Photoshop CC 的方法。

1.2.1 启动 Photoshop CC

通常情况下，用户主要有 3 种方法启动 Photoshop CC，分别介绍如下。

1. 通过【开始】按钮启动

单击桌面左下角任务栏中的【开始】按钮，在弹出的菜单中选择 Adobe Photoshop CC 命令，即可启动 Photoshop CC，如图 1-16 所示。

2. 通过桌面快捷方式图标启动

双击桌面上的 Photoshop CC 快捷方式图标，即可启动 Photoshop CC，如图 1-17 所示。

图 1-16 通过【开始】按钮启动   图 1-17 通过桌面快捷方式图标启动

若桌面上没有 Photoshop CC 快捷方式图标，在【开始】菜单中选择 Adobe Photoshop CC 命令，按住鼠标左键不放将其直接拖曳到桌面上，即可在桌面上添加 Photoshop CC 快捷方式图标，如图 1-18 所示。

3. 通过打开已存在的 PSD 文件启动

在计算机中选择一个 PSD 格式的图像文件(扩展名为.psd)，双击该文件，即可启动 Photoshop CC，如图 1-19 所示。

图 1-18　在桌面上添加快捷方式图标　　　　图 1-19　通过打开 PSD 文件启动

启动 Photoshop CC 时，启动界面如图 1-20 所示，稍等片刻，即可进入其工作界面，如图 1-21 所示。

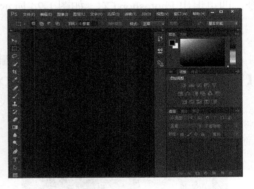

图 1-20　启动界面　　　　　　图 1-21　Photoshop CC 的工作界面

1.2.2　退出 Photoshop CC

通常情况下，用户主要有 5 种方法可退出 Photoshop CC，分别介绍如下。

1. 通过【关闭】按钮退出

该方法最为简单直接，在 Photoshop CC 工作界面中，单击右上角的【关闭】按钮 ✕，即可退出 Photoshop CC，如图 1-22 所示。

2. 通过【文件】菜单退出

在 Photoshop CC 的菜单栏中，选择【文件】→【退出】菜单命令，即可退出 Photoshop CC，如图 1-23 所示。

图 1-22　通过【关闭】按钮退出　　　　图 1-23　通过【文件】菜单退出

3. 通过控制菜单图标退出

在 Photoshop CC 工作界面中，单击左上角的 **Ps** 图标，在弹出的下拉菜单中选择【关闭】命令，即可退出 Photoshop CC，如图 1-24 所示。或者直接双击 **Ps** 图标，也可退出 Photoshop CC。

4. 通过任务栏退出

在桌面底部任务栏中，将光标定位在 **Ps** 图标处，单击鼠标右键，在弹出的快捷菜单中选择【关闭窗口】命令，即可退出 Photoshop CC，如图 1-25 所示。

图 1-24　通过控制菜单图标退出　　　　图 1-25　通过任务栏退出

5. 通过组合键退出

在当前运行程序为 Photoshop CC 时，按 Alt+F4 组合键，即可退出 Photoshop CC。

在退出 Photoshop CC 时，若打开的图像文件没有保存，程序将弹出一个对话框，提示用户是否保存所做的更改，单击【是】按钮，即可保存文件，并退出软件，如图 1-26 所示。

图 1-26　提示是否保存所做的更改

1.3 Photoshop CC 的工作界面

Photoshop CC 的工作界面主要包括菜单栏、选项栏、工具箱、图像窗口、面板和状态栏等，如图 1-27 所示。

图 1-27 Photoshop CC 的工作界面

1.3.1 认识菜单栏

菜单栏位于工作界面的顶部，包含 Photoshop CC 中所有的菜单命令，在菜单栏中共有 11 个主菜单，如图 1-28 所示。

图 1-28 菜单栏

每个主菜单内都包含一系列菜单命令，单击主菜单即可打开相应的菜单列表。在菜单列表中可以看到，不同功能的菜单命令之间以灰色分隔线隔开。另外，某些菜单命令右侧有一个黑色的三角标记，将光标定位在这类菜单命令中，即可打开相应的子菜单，如图 1-29 所示。

图 1-29 通过菜单命令右侧的黑色三角标记可打开子菜单

在菜单列表中有些菜单命令显示为灰色，表示在当前状态下不可用。如果菜单命令右侧出现省略号标记···，表示执行该命令后会弹出对话框。

1.3.2 认识选项栏

选项栏位于菜单栏的下方，主要用于设置工具箱中各个工具的参数。选择不同的工具，该选项栏中的各参数是不同的，如图 1-30 所示是选中【移动工具】时的选项栏。

图 1-30 移动工具的选项栏

 选项栏右侧的【基本功能】按钮表示当前使用的工作区，在其下拉列表中可切换为其他的工作区。

按住左键不放，拖动选项栏左侧的■图标，可将其从工作界面中拖出，成为独立的组件，如图 1-31 所示。同理，将光标定位在选项栏左侧，将其拖动到菜单栏下方，当出现蓝色条时释放鼠标，即可重新将其固定到工作界面中。

图 1-31 使选项栏成为独立的组件

1.3.3 认识工具箱

工具箱位于工作界面的左侧，包含用于编辑图像和元素的所有工具和按钮。单击工具箱顶部的▶▶按钮，可将工具箱变为双排显示。图 1-32 列出了工具箱中各工具的名称。

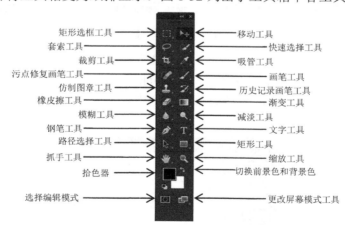

图 1-32 工具箱

若要选择工具，单击工具箱中的工具按钮，即可选择该工具。大多数工具的右下角有一个三角形图标，表明这是一个工具组，将光标定位在这类工具中，单击鼠标右键，或者按住左键不放，即可打开隐藏的工具组，如图 1-33 所示。

 提示　　同拖动选项栏的操作类似，拖动工具箱上方的 ■ 图标，可将其从工作界面中拖出，成为独立的组件。若要重新固定到工作界面中，将其拖动到工作界面左侧，当出现蓝色条时释放鼠标即可。

图 1-33　打开隐藏的工具组

1.3.4　认识图像窗口

图像窗口位于工作界面的中心位置处，用于显示当前打开的图像文件，在其标题栏中还显示了文件的名称、格式、缩放比例、颜色模式等信息。

在 Photoshop 中打开一个图像文件时，就会创建一个图像窗口。若同时打开多个图像文件，则它们默认以选项卡的形式组合在一起，选择一个选项卡，即可将其设置为当前的操作窗口，如图 1-34 所示。

 提示　　当同时打开多个图像文件时，按 Ctrl+Tab 组合键，可按照前后顺序自动切换图像窗口；按 Ctrl+Shift+Tab 组合键，可按照相反的顺序自动切换窗口。

图 1-34　将选中的图像文件设置为当前的操作窗口

拖动某个选项卡的标题栏，将其从其他选项卡中拖出，可使其成为浮动窗口，如图 1-35 所示。将光标定位在浮动窗口的四周或四角，当鼠标指针变为箭头形状时，拖动鼠标即可调整窗口的大小，如图 1-36 所示。

图 1-35　拖动标题栏使其成为浮动窗口　　　图 1-36　拖动窗口的四周或四角以调整窗口的大小

将光标定位在浮动窗口的标题栏，将其拖动到工作界面中其他图像窗口的右侧，此时出现一个蓝色条，如图 1-37 所示。释放鼠标，即可将浮动窗口固定在工作界面中，并且此时它与另一个图像窗口成为两个独立的模块，如图 1-38 所示。若将浮动窗口拖动到图像窗口的标题栏处，则这两个图像窗口会重新以选项卡的形式组合在一起。

网站开发案例课堂

图 1-37　将标题栏拖动到右侧会出现蓝色条

图 1-38　浮动窗口与图像窗口成为两个独立的模块

1.3.5　认识面板

面板位于工作界面的右侧，主要用于编辑图像、设置工具参数等。通常情况下，面板以选项卡的形式成组出现，如图 1-39 所示。

单击面板右上角的 ▶▶ 按钮，可将其折叠起来，只显示各选项卡的名称，如图 1-40 所示。

图 1-39　面板以选项卡的形式成组出现

图 1-40　将面板折叠起来

将光标定位在选项卡标题右侧的空白处，按住左键不放，拖动鼠标即可将其拖出，使其成为浮动面板，如图 1-41 所示。

用户还可根据需要自由地组合面板。例如，将光标定位在【调整】选项卡的标题处，将其拖动到另一个面板的标题栏中，当出现蓝色框时释放鼠标，即可将其与另一个面板组合起来，如图 1-42 所示。

此外，用户还可将不同的浮动面板链接起来，使其成为一个整体。例如，将光标定位在【样式】面板的标题栏中，将其拖动到另一个面板的下方，此时会出现一个蓝色条，如图 1-43 所示。释放鼠标，即可将这两个面板链接起来，如图 1-44 所示。

| 图 1-41 使面板成为浮动面板 | 图 1-42 组合面板 | 图 1-43 出现一个蓝色条 |

单击面板右侧的按钮，将弹出下拉菜单，菜单中包含与当前面板相关的各种命令，如图 1-45 所示。

将光标定位在选项卡的标题处，单击鼠标右键，弹出快捷菜单，在其中可以执行关闭、关闭选项卡组、折叠为图标等操作，如图 1-46 所示。

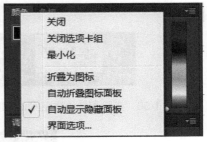

| 图 1-44 链接浮动面板 | 图 1-45 【通道】下拉菜单 | 图 1-46 弹出快捷菜单 |

> 提示　若面板未显示在工作界面中，在菜单栏中选择【窗口】菜单，然后在弹出的菜单列表中选择要打开的面板名称，即可打开相应的面板。

1.3.6　认识状态栏

状态栏位于工作界面的底部，主要用于显示当前图像的缩放比例、文档大小、效率、当前使用工具等信息，如图 1-47 所示。

图 1-47　状态栏

在状态栏中单击 100%文本框，重新输入缩放比例，按 Enter 键确认，即可按照输入的比例缩放图像窗口中的图像，如图 1-48 所示。

将光标定位在状态栏中，按住左键不放，可以查看图像的宽度、高度、通道、分辨率等信息，如图 1-49 所示。

图 1-48　缩放图像窗口中的图像

图 1-49　查看图像的信息

此外，按住 Ctrl 键的同时按住左键不放，还可以查看图像的拼贴宽、高度等信息，如图 1-50 所示。

单击状态栏右侧的▶按钮，在弹出的下拉菜单中可以选择状态栏的具体显示内容，如图 1-51 所示。例如，选择【当前工具】命令，在状态栏中即会显示当前使用的工具名称，如图 1-52 所示。

图 1-50　查看图像的拼贴宽、高度等信息

图 1-51　选择状态栏的具体显示内容

| 100% | ↪ | 矩形选框 | ▶ |

图 1-52　在状态栏中显示当前使用的工具名称

状态栏中各菜单命令的含义如表 1-3 所示。

表 1-3　状态栏中各菜单命令的含义

命　令	含　义
Adobe Drive	显示文件的 Version Cue 工作组状态
文档大小	该项为默认选项，共显示 2 组数据，前一组表示当前文档的所有图层合并后的文档大小，后一组表示所有未经压缩的内容(包括图层、通道等)的数据大小
文档配置文件	显示图像所使用的颜色配置文件的名称
文档尺寸	显示图像的尺寸
测量比例	显示文档的测量比例
暂存盘大小	显示有关处理图像的内存和 Photoshop 暂存盘信息，共显示 2 组数据，前一组为所有打开的图像的内存量，后一组为可用于处理图像的总内存量，若前组数字大于后组数字，则系统将启用暂存盘作为虚拟内存来使用

命　令	含　义
效率	显示执行操作实际花费时间的百分比
计时	显示完成上一次操作所用的时间
当前工具	显示当前使用工具的名称
32 位曝光	用于调整预览图像，以便在电脑显示器上查看 32 位/通道高动态范围(HDR)图像的选项。注意，只有文档窗口中显示 HDR 图像时，该选项才可用
存储进度	显示保存文件时的存储进度

1.4　Photoshop CC 的新增功能

Photoshop CC 软件为设计人员和数码摄影师推出了一些令人兴奋的新功能，包括画板的改进、移动应用程序设计的增强、液化滤镜的增强、从形状或文本图层复制 CSS 属性等。

1.4.1　多画板支持

在 Photoshop 中，画板是一种特殊类型的图层组。画板可以将含有元素的任何内容剪切到其边界中。画板中元素的层次结构显示在【图层】面板中，其中还有图层和图层组。画板可以包含图层和图层组，但不能包含其他画板。在 Photoshop CC 版本中，画板更易于使用，并支持多个画板功能。如图 1-53 所示为包含多个画板的 Photoshop 文档。

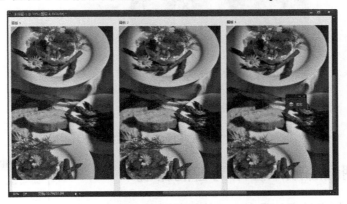

图 1-53　包含多个画板的 Photoshop 文档

1.4.2　增强的移动应用程序设计

深度优化的移动应用程序设计及空间设计功能，使 UI 设计师受益匪浅。UI 设计师们只需要在新建文档时选择文档的类型为【移动应用程序设计】，就可以打造自己的专属设计空间。如图 1-54 所示为 Photoshop CC 版本的【新建】对话框，在其中选择【移动应用程序设计】选项，然后根据需要选择画板大小就可以了。如图 1-55 所示为【画板大小】下拉列表。

图 1-54　【新建】对话框　　　　图 1-55　【画板大小】下拉列表

1.4.3　液化滤镜增强

　　液化滤镜比早期版本的滤镜要快很多。液化滤镜现在支持智能对象，包括智能对象视频图层，并可被应用为智能滤镜。另外，增强了液化滤镜的重建工具功能。例如，如果用户按住 Alt 键并移动鼠标，重建工具会平滑选区，而不是缩小或删除它。如图 1-56 所示为【液化】对话框，在该对话框中，用户可以对图像进行液化处理。

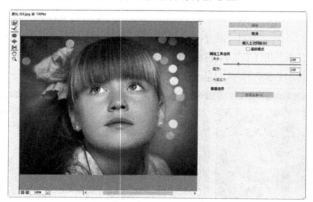

图 1-56　【液化】对话框

1.4.4　将模糊画廊效果应用为智能滤镜

　　模糊画廊中的摄影模糊效果现在支持智能对象，并且可以非破坏性地应用为智能滤镜，此功能也支持智能对象视频图层。如图 1-57 所示为【模糊画廊】的子菜单命令。

1.4.5　从形状或文本图层复制 CSS 属性

　　复制 CSS 可从形状或文本图层生成级联样式表(CSS)属性，这一功能会捕获形状或文本的大小、位置、填充颜色(包括渐变填充)、描边颜色和投影的值。对于文本图

图 1-57　【模糊画廊】的子菜单命令

层，复制 CSS 还可以捕获字体系列、字体大小、字体粗细、行高、下画线、删除线、上标、下标和文本对齐的值，CSS 被复制到剪贴板并且可以粘贴到样式表中。在形状或文本图层上右击，在弹出的快捷菜单中选择【复制 CSS】命令，即可复制 CSS 属性，如图 1-58 所示。

图 1-58 选择【复制 CSS】命令

1.4.6 条件动作

通过条件动作，可以生成根据多个不同条件之一选择操作的动作。首先选择条件，然后选择性地指定文档满足条件时播放的动作。如图 1-59 所示为 Photoshop CC 的【动作】面板。

图 1-59 【动作】面板

1.4.7 高 dpi 显示支持

Photoshop CC 添加了对高 dpi 显示的支持，如 Retina 显示屏，在使用高分辨率的显示功能时，还能以原来文档 200% 的大小查看文档。要以 200% 的大小查看文档，需要执行下列任意一种操作。

● 选择【视图】→200%命令，如图 1-60 所示。
● 按住 Ctrl 键并单击缩放工具图标。
● 按住 Shift+Ctrl 组合键并双击缩放工具图标以 200% 的大小查看所有打开的文档。

图 1-60 选择 200%命令

1.4.8 全新的图像资源生成功能

Photoshop CC 可以从 PSD 文件的每一个图层中生成一幅图像。有了这项功能，Web 设计人员可以从 PSD 文件中自动提取图像资源。具体的方法是在 Photoshop CC 工作界面中选择【文件】→【导出】→【将图层导出到文件】命令，如图 1-61 所示。

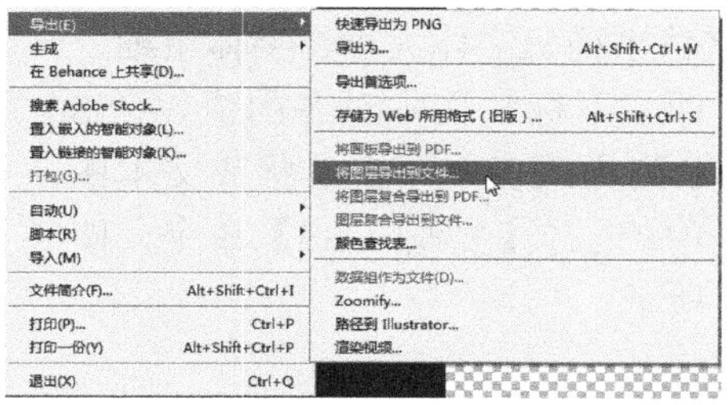

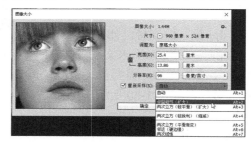

图 1-61　选择【将图层导出到文件】命令

1.4.9　全新的智能增加取样

Photoshop CC 中的【图像大小】对话框中增加了保留细节功能，在放大低分辨率的图像时，可以保存细节和清晰度，使其具备优质的印刷效果。如图 1-62 所示为【图像大小】对话框，单击【自动】右侧的下拉按钮，在弹出的下拉列表中可以选择【保留细节(扩大)】选项。

图 1-62　【图像大小】对话框

1.4.10　全新的防抖滤镜

防抖滤镜可以挽救因相机抖动而模糊的照片。不论是慢速快门或是长焦距造成的模糊，该滤镜都能精确分析其曲线以恢复清晰度，效果令人惊叹。如图 1-63 所示是因相机抖动而模糊的图片；如图 1-64 所示是应用防抖滤镜后的图片显示效果。

图 1-63　因相机抖动而模糊的图片

图 1-64　应用防抖滤镜后的效果

1.4.11 增强的 Camera Raw 功能

在 Photoshop CC 中，用户可以将 Camera Raw 作为滤镜使用。这就意味着用户能够使用它处理更多的文件格式，包括 PNG、TIFF、JPEG 等格式，甚至还可以用它来进行视频剪辑。另外，Camera Raw 支持图层功能。这样就可以以滤镜的形式应用到任意图层上，而不仅仅是处理单张照片。如图 1-65 所示为 Camera Raw 对话框。

Camera Raw 除增强了上述功能外，还新增了径向滤镜功能，利用该功能可以调整图片中特定区域的色温、色调、曝光、清晰度、饱和度等，从而突出图片中想要展示的主体。如图 1-66 所示为径向滤镜设置界面。

图 1-65　Camera Raw 对话框

图 1-66　径向滤镜设置界面

1.4.12 全新的 3D 面板

Photoshop CC 的 3D 面板进行了重新设计。它仿效【图层】面板，被构建为具有根对象和子对象的层级模式，可以对 3D 对象进行复制、重新排序、编组、删除等操作。如图 1-67 所示为 3D 面板工作界面。

图 1-67　3D 面板工作界面

1.5 Photoshop CC 的学习方法

学习 Photoshop CC 不是一朝一夕的事情，不能急于求成，掌握下面的学习方法，可以让我们事半功倍。

1.5.1 使用帮助资源

Adobe 公司提供了 Photoshop 软件的帮助文件，选择【帮助】菜单中的【Photoshop 联机帮助】或【Photoshop 支持中心】命令，如图 1-68 所示。即可打开 Adobe 网站的帮助中心，在其中可以查看 Photoshop 相关帮助文件，如图 1-69 所示。

图 1-68 【帮助】菜单   图 1-69 Adobe 网站的帮助中心

Adobe 提供的帮助文件非常强大，不仅包含电子资料，还有相关演示视频，这些文件就是很好的参考手册。

1.5.2 学习 Photoshop 的三大步骤

Photoshop 的学习是一个过程性和实践性的结合。下面介绍学习 Photoshop 的三大步骤。

(1) 熟悉 Photoshop 的工作界面，掌握每种工具的用法和用途。这是一个非常枯燥的过程，但它也是成功学会 Photoshop 的关键。我们至少应该熟悉每种工具的位置、作用以及常用菜单命令的位置、用法，这样才能掌握基本的操作技能，为以后的学习打好基础。

(2) 实践阶段。这是一个非常重要的阶段，就是不断地操作，在操作中更加深入地了解每种工具的用途。我们可以先参照教材的操作步骤练习，练习完成后，应该已经认识到怎样可以做出相应的效果。然后还可以根据需要调整相关参数，设计出不一样的效果。换句话说，我们学习的只是教材中的方法，而不是教材中的作品。

(3) 创意阶段。经过不断的实践，我们也应该不断地总结。在一个效果实现的过程中，想法、理念以及想表现出来的内容才是最重要的。通过总结，既能加深对 Photoshop 的理解，又能提高自己的艺术鉴赏能力和创意水平。多观察、多欣赏一些优秀的作品，培养自己的发散性思维，每一个人都可以成为优秀的设计师。

1.6 综合案例——在 Photoshop CC 中构建网页结构

在设计网页之前，设计者可以先在 Photoshop 中勾画出框架，接下来就可以在此框架的基础上进行布局了。具体操作步骤如下。

step 01 启动 Photoshop CC，选择【文件】→【新建】命令，打开【新建】对话框，在其中设置文档的宽度为 1024 像素、高度为 768 像素，如图 1-70 所示。

step 02 单击【确定】按钮，创建一个 1024 像素×768 像素的文档，选择左侧工具箱中的矩形工具，并调整为路径状态，画一个矩形框，如图 1-71 所示。

图 1-70 【新建】对话框

图 1-71 绘制矩形框

step 03 使用文字工具，创建一个文本图层，输入"网站的头部"，如图 1-72 所示。

step 04 依次绘出中左、中右和底部，网站的结构布局最终如图 1-73 所示。

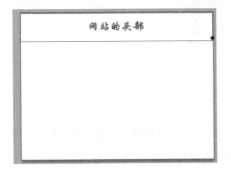

图 1-72 输入文字

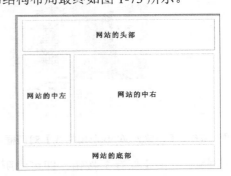

图 1-73 网页的结构布局

1.7 跟我学上机——使用 Photoshop CC 进行切图

最常用的切图工具还是 Photoshop，在掌握切图原则后，就可以动手实际操作了。具体操作步骤如下。

step 01 选择【文件】→【打开】命令，打开"素材\ch01\家装公司.jpg"素材图片，如图 1-74 所示。

step 02 在工具箱中单击【切片工具】按钮 ✎，根据需要在网页中选择需要切割的图片，如图 1-75 所示。

图 1-74　素材文件　　　　　　　　　　图 1-75　对素材进行切片

step 03 选择【文件】→【存储为 Web 所用格式】命令，打开【存储为 Web 所用格式】对话框，在其中选中所有切片图像，如图 1-76 所示。

step 04 单击【存储】按钮，即可打开【将优化结果存储为】对话框，单击【切片】的下三角按钮，从弹出的列表中选择【所有切片】选项，如图 1-77 所示。

图 1-76　【存储为 Web 所用格式】对话框　　　图 1-77　【将优化结果存储为】对话框

step 05 单击【保存】按钮，即可将所有切片中的图像保存起来，如图 1-78 所示。

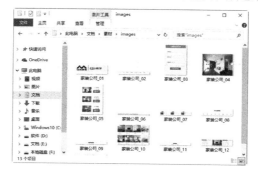

图 1-78　存储的素材图片

1.8 疑 难 解 惑

疑问 1：怎样恢复 Photoshop CC 的默认工作界面？

答：只要在 Photoshop CC 的主窗口中选择【窗口】→【工作区】→【复位基本功能】命令，即可将其恢复到初始状态。但如果其他地方(比如菜单、工具箱)也变得混乱了，要想将其恢复到初始状态，则选择【窗口】→【工作区】→【基本功能(默认)】命令。

疑问 2：在使用 Photoshop 进行切图时，应注意哪些事项？

答：图片应该是平均切，而不是大一块、小一块的，以免图片出现速度不平衡。切图切得好不好，在我们打开这个站点查看图片出来的先后顺序和速度时可以发觉。

第 2 章
图像的简单
编辑

使用 Photoshop CC 打开图像或新建图像文件后，要想使图像符合用户的要求，就必须对图像进行编辑操作。本章为读者介绍图像的简单编辑操作，包括移动和裁剪图像、修改图像的大小、变换与变形图像等。通过本章的学习，读者能够进一步了解图像的常用编辑方法，从而为后面的学习打下基础。

重点案例效果

网
站
开
发
案
例
课
堂

2.1 查 看 图 像

在编辑图像时，掌握查看图像的各种方法，包括放大或缩小图像窗口的显示比例、切换画面的显示区域等，有助于更好地观察和处理图像。

2.1.1 使用导航器查看图像

使用【导航器】面板可以查看图像的缩览图，并控制图像窗口的缩放比例，如图 2-1 所示。在 Photoshop CC 的工作界面中，选择【窗口】→【导航器】命令，可以打开【导航器】面板，如图 2-2 所示。

图 2-1 【导航器】面板

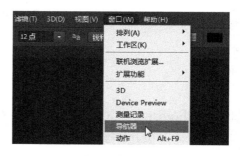

图 2-2 选择【导航器】命令

(1) 缩放图像。在【导航器】面板底部，单击【缩小】按钮████或【放大】按钮████，拖动缩放小滑块████，或者直接在 50%文本框中输入缩放比例并按 Enter 键，均可以缩小或放大图像窗口，如图 2-3 所示。

(2) 移动图像。将光标定位在红色方块内，当光标变为████形状时，单击并拖动鼠标移动红色方块，即可移动图像，从而查看局部图像，如图 2-4 所示。

图 2-3 缩放图像

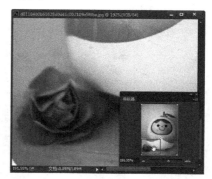

图 2-4 移动图像

2.1.2 使用缩放工具查看图像

使用缩放工具可以直接在图像窗口中缩放图像。

（1）放大图像。选择缩放工具 🔍，然后将光标定位在图像中，此时光标变为 🔍 形状，单击即可放大图像。若按住左键不放，则能够以较慢的、平滑的方式逐渐放大图像，如图 2-5 所示。

（2）缩小图像。选择缩放工具 🔍 后，按住 Alt 键不放，此时光标变为 🔍 形状，单击即可缩小图像，若同时按住 Alt 键和左键不放，则能够以较慢的、平滑的方式逐渐缩小图像，如图 2-6 所示。

图 2-5　放大图像　　　　　　　　　　　　图 2-6　缩小图像

 在使用其他工具时，按住 Alt 键不放，滑动滚轮也可以缩放图像。

2.1.3　使用抓手工具查看图像

使用抓手工具不仅可以缩放图像，当图像放大到窗口中只能显示局部图像的时候，还可以使用抓手工具移动图像。如图 2-7 所示是抓手工具的选项栏。

（1）缩放图像。选择抓手工具 ✋ 后，按住 Ctrl 键不放，单击即可放大图像；按住 Alt 键不放，单击即可缩小图像。此外，与缩放工具类似，按住 Ctrl 键与左键或按住 Alt 键与左键不放，能够平滑地放大或缩小图像；按住 Ctrl 键或 Alt 键不放，单击并向左侧/右侧拖动鼠标，会以较快的、平滑的方式缩小/放大图像。

（2）移动图像。当图像放大到窗口只能显示局部图像时，将光标定位在图像中，当变为 ✋ 形状时，单击并拖动鼠标即可移动图像，如图 2-8 所示。

图 2-7　抓手工具的选项栏　　　　　　　　图 2-8　移动图像

 在使用抓手工具以外的其他工具时，按住空格键不放，均可以切换为抓手工具。

2.1.4　多角度查看图像

使用旋转视图工具可以旋转画布,以便从多个角度查看图像。如图 2-9 所示是旋转视图工具的选项栏。

图 2-9　旋转视图工具的选项栏

下面使用旋转视图工具旋转画布,具体操作步骤如下。

step 01　打开"素材\ch02\03.jpg"文件,如图 2-10 所示。

step 02　在工具箱中长按【抓手工具】按钮 🖑,在弹出的工具组中选择【旋转视图工具】选项,即可选择该工具,如图 2-11 所示。

提示　选择【图像】→【图像旋转】命令,通过弹出的子菜单也可旋转画布,如图 2-12 所示。

图 2-10　素材文件　　图 2-11　选择旋转视图工具　　图 2-12　通过【图像旋转】子菜单旋转画布

step 03　选择旋转视图工具后,光标会变为 🧭 形状,在图像中单击将出现一个罗盘,如图 2-13 所示。

step 04　按住左键不放并拖动鼠标可旋转罗盘,如图 2-14 所示。

step 05　释放鼠标后,即可旋转画布,如图 2-15 所示。

图 2-13　在图像中单击将出现一个罗盘　　图 2-14　旋转罗盘　　图 2-15　旋转画布

提示　　　旋转画布功能需要启用【使用图形处理器】设置才能正常使用，选择【编辑】→【首选项】→【性能】命令，在弹出的【首选项】对话框中选择【性能】选项，然后在右侧【图形处理器设置】区域中勾选【使用图形处理器】复选框即可，如图 2-16 所示。

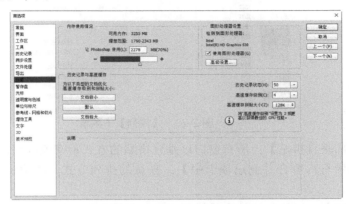

图 2-16　　【首选项】对话框

2.1.5　使用菜单栏缩放图像

选择【视图】菜单，在弹出的菜单列表中选择【放大】、【缩小】或【按屏幕大小缩放】等命令也可以缩放图像，如图 2-17 所示。如图 2-18 所示是显示比例为 100% 的图像显示效果；如图 2-19 所示是显示比例为 200% 的图像显示效果。

提示　　　【打印尺寸】命令是指使图像按照实际的打印尺寸显示。

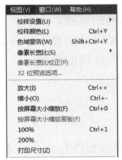　　　　

图 2-17　【视图】菜单　　图 2-18　显示比例为 100% 的效果　　图 2-19　显示比例为 200% 的效果

2.1.6　在多窗口中查看图像

若打开了多个图像窗口，选择【窗口】→【排列】命令，通过弹出的子菜单可以多样式地排列文档，如图 2-20 所示。

图 2-20　【排列】子菜单

- 【全部垂直拼贴】：所有窗口以垂直拼贴的方式紧密地排列，如图 2-21 所示。
- 【将所有内容合并到选项卡中】：默认的排列方式，将窗口以选项卡的形式排列在一起。
- 【平铺】：以边靠边的方式排列窗口，如图 2-22 所示。

图 2-21　全部垂直拼贴排列

图 2-22　平铺排列

- 【匹配缩放】：以当前的图像为基础对其他的图像进行同比例的缩放。
- 【匹配位置】：以当前图像的显示位置为基础调整其他图像到同样的显示位置。
- 【匹配旋转】：以当前图像的旋转角度为基础旋转其他图像到同样的角度。

2.2　图像的移动与裁剪

在处理图像时，如果图像的边缘有多余的部分，可以通过裁剪来修整图像。常见裁剪图像的方法主要有 3 种：使用剪裁工具、使用【裁剪】命令和使用【剪切】命令。下面分别予以介绍。

2.2.1　移动图像

使用移动工具可以移动选区中的图像，该工具是最常用的工具之一。如图 2-23 所示是移动工具的选项栏。

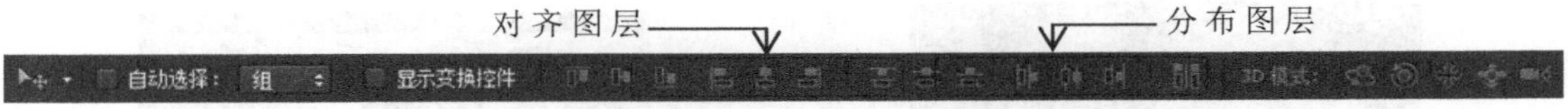

対齐图层 —————————— 分布图层

图 2-23　移动工具的选项栏

用户既可以在同一文档中移动图像或选区，也可以在不同的文档之间移动图像，具体操作步骤如下。

step 01　打开"素材\ch02\01.jpg"文件，选择快速选择工具 ✎，在图像中单击并拖动鼠标创建一个选区，如图 2-24 所示。

step 02　选择移动工具 ▶⊹，在图像中单击并向左侧拖动鼠标，如图 2-25 所示。

step 03　释放鼠标，按 Ctrl+D 组合键，取消选区，即可在当前文档中移动选区，原来的位置显示为空白，如图 2-26 所示。

图 2-24　创建选区选中小狗

图 2-25　向左侧拖动鼠标

图 2-26　移动选区

step 04　若要移动整个图像，直接选择移动工具 ▶⊹，然后拖动鼠标移动图像即可，如图 2-27 所示。

step 05　下面介绍在不同的文档中移动图像或选区。首先打开"素材\ch02\02.bmp"文件，然后在图中创建一个选区，选中小狗，如图 2-28 所示。

图 2-27　移动整个图像

图 2-28　创建选区选中小狗

step 06　选择移动工具 ▶⊹，单击并拖动鼠标将选区移动到另一文档的标题处，如图 2-29 所示。

step 07　此时将切换到另一文档，在该文档的合适位置处释放鼠标，即可将小狗移动到该文档中，如图 2-30 所示。

图 2-29　将选区移动到另一文档的标题处　　　图 2-30　将小狗移动到该文档中

　在同一文档中移动图像时，有时会弹出提示框，提示不能使用移动工具，因为图层已锁定，如图 2-31 所示。这是因为要移动的图像处于背景图层或者图层处于锁定状态，如图 2-32 所示。在【图层】面板中选择背景图层，按住 Alt 键并双击鼠标，即可在其中移动图像或选区，如图 2-33 所示。

图 2-31　提示框　　　图 2-32　图像处于背景图层或　　　图 2-33　将图层转换为普通图层
　　　　　　　　　　　　　　图层处于锁定状态

2.2.2　使用裁剪工具

使用裁剪工具，可以裁剪图像或选区周围多余的部分，还可以校正倾斜的图片。如图 2-34 所示是裁剪工具的选项栏。

图 2-34　裁剪工具的选项栏

　当文件中有多个图层时，使用裁剪工具会作用于所有图层，而不只是裁剪当前的图层。

下面使用裁剪工具裁剪图像，具体操作步骤如下。

step 01　打开"素材\ch02\03.bmp"文件，如图 2-35 所示。

step 02　选择裁剪工具，在图像中单击并拖动鼠标绘制一个矩形裁剪框，释放鼠标后即可创建裁剪区域，如图 2-36 所示。

图 2-35　素材文件　　　　　　　　　图 2-36　创建裁剪区域

提示　　将光标定位在裁剪框的周围，当光标变为弯曲的箭头形状时，单击并拖动鼠标可旋转裁剪区域。

step 03　将光标定位在裁剪框的控制点上，当光标变为箭头形状时，单击并拖动鼠标可调整裁剪区域的大小，如图 2-37 所示。

step 04　按 Enter 键确认剪裁，最终效果如图 2-38 所示。

图 2-37　调整裁剪区域的大小　　　　　图 2-38　剪裁后的效果

2.2.3　使用透视裁剪工具

透视裁剪工具比普通的裁剪工具更为灵活，普通的裁剪工具只能裁剪出规则矩形的图片，而该工具可裁剪出不规则形状的图片，通常用于校正图像的透视效果，使其变为标准镜头中看到的效果。如图 2-39 所示是透视裁剪工具的选项栏。

图 2-39　透视裁剪工具的选项栏

下面使用透视裁剪工具校正透视图像，具体操作步骤如下。

step 01　打开"素材\ch02\04.jpg"文件，如图 2-40 所示。

图 2-40　素材文件

step 02 选择透视裁剪工具 ▦，在选项栏中设置裁剪后的宽度、高度和分辨率，如图 2-41
所示。

▦ ▾ | W: 12 厘米 | ⇄ | H: 10 厘米 | 分辨率: 72 | 像素/英寸 ＄ | 前面的图像 | 清除 | ✓ 显示网格

图 2-41　在透视裁剪工具的选项栏中设置参数

step 03 在图像中单击并拖动鼠标绘制一个裁剪框，然后拖动各控制点调整裁剪框的形
状，使其与建筑的边缘保持平行，如图 2-42 所示。

step 04 按 Enter 键确认剪裁，最终效果如图 2-43 所示。

图 2-42　绘制并调整裁剪框

图 2-43　剪裁后的效果

2.2.4　用【裁剪】命令裁剪

【裁剪】命令适合于在现有的选区上裁剪出矩形图像。当在图像中创建了选区，不想再
使用裁剪工具重新定位时，就可以使用【裁剪】命令直接裁剪图片。具体操作步骤如下。

step 01 打开"素材\ch02\05.jpg"文件，如图 2-44 所示。

step 02 选择快速选择工具 ✍，在图像中单击并拖动鼠标创建一个选区，选中小狗，如
图 2-45 所示。

step 03 选择【图像】→【裁剪】命令，即可保留一个包含选区的矩形图像，按 Ctrl+D
组合键取消选区的选择，如图 2-46 所示。

图 2-44　素材文件

图 2-45　创建选区选中小狗

图 2-46　裁剪掉选区以外的图像

2.2.5　用【裁切】命令裁切

【裁切】命令是通过裁切周围的透明像素或者指定颜色的背景像素来裁剪图像。具体操
作步骤如下。

step 01　打开"素材\ch02\06.jpg"文件，如图 2-47 所示。

step 02　选择【图像】→【裁切】命令，弹出【裁切】对话框，在【基于】区域中选中
　　　　【左上角像素颜色】单选按钮，在【裁切】区域中勾选全部的复选框，如图 2-48
　　　　所示。

step 03　单击【确定】按钮，即可将图像两侧的区域裁剪掉，如图 2-49 所示。

图 2-47　素材文件　　　　　图 2-48　【裁切】对话框　　　　图 2-49　将图像两侧的
　　　　　　　　　　　　　　　　　　　　　　　　　　　　　　　　　　　区域裁剪掉

　　　　　　在【基于】区域中若选中【透明像素】单选按钮，表示裁剪掉图像边缘的透
　　　　明区域；若选中【左上角像素颜色】或【右下角像素颜色】单选按钮，可裁剪掉
　　　　图像中包含左上角或右下角像素颜色的区域。【裁切】区域用于设置要裁剪掉的
　　　　图像区域。

2.3　调整图像和画布

　　用户拍摄的数码照片或是在网络上下载的图像可以有不同的用途，如可以将图像设置为
计算机桌面背景、制作个人化的电子相册等。如果图像的尺寸、分辨率等不符合要求的话，
就需要调整图像或画布的大小、旋转画布等，将其调整到符合要求的状态。

2.3.1　调整图片的大小

　　在 Photoshop 中，可以使用【图像大小】对话框来调整图像的像素大小、打印尺寸、分辨
率等信息。

　　　　　　在调整图像大小时，位图数据和矢量图数据会产生不同的结果。位图数据与
　　　　分辨率有关，因此更改位图图像的像素大小可能会导致图像品质和锐化程度损
　　　　失。而矢量数据与分辨率无关，调整其大小不会降低图像边缘的清晰度。

下面介绍修改图片大小的方法，具体操作步骤如下。

step 01　打开"素材\ch02\07.jpg"文件，如图 2-50 所示。

step 02　选择【图像】→【图像大小】命令，弹出【图像大小】对话框，将光标定位在
　　　　左侧的预览图中，单击并拖动鼠标，定位显示中心，在底部还会显示比例，如图 2-51
　　　　所示。

图 2-50　素材文件

图 2-51　定位显示中心

step 03 勾选【重新采样】复选框，在【宽度】文本框中输入 500，按 Enter 键，此时可自动按比例调整图像的高度，如图 2-52 所示。

提示　　当勾选【重新采样】复选框并增大图像的尺寸时，会自动增加新的像素，图像的画质就会下降。

step 04 单击【确定】按钮，即可调整图像的大小，如图 2-53 所示。

图 2-52　按比例调整图像的高度

图 2-53　调整图像的大小

2.3.2　调整画布的大小

画布是指整个文档的工作区域。修改画布的大小是通过【画布大小】对话框完成的。下面介绍如何修改画布的大小，具体操作步骤如下。

step 01 打开"素材\ch02\08.jpg"文件，如图 2-54 所示。

step 02 选择【图像】→【画布大小】命令，弹出【画布大小】对话框，在其中勾选【相对】复选框，在【高度】和【宽度】文本框中分别输入 6，然后在【画布扩展颜色】下拉列表框中选择【其它】选项，如图 2-55 所示。

step 03 弹出【拾色器(画布扩展颜色)】对话框，在其中选择填充新画布的颜色，单击【确定】按钮，如图 2-56 所示。

step 04 返回到【画布大小】对话框，单击【确定】按钮，即可增大画布的尺寸，如图 2-57 所示。

图 2-54　素材文件

图 2-55　【画布大小】对话框

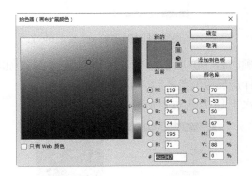

图 2-56　选择填充新画布的颜色

图 2-57　增大画布的尺寸

2.3.3　旋转图像与画布

选择【图像】→【图像旋转】命令，可以旋转画布，包括水平翻转画布、垂直翻转画布等，还可以使用【图像旋转】命令对图像进行 180 度、顺时针 90 度、逆时针 90 度以及任意角度的旋转，具体操作步骤如下。

step 01　打开"素材\ch02\08.jpg"文件，如图 2-58 所示。

step 02　选择【图像】→【图像旋转】→【任意角度】命令，如图 2-59 所示。

图 2-58　素材文件

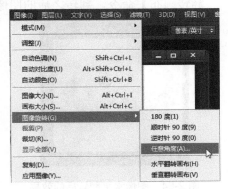

图 2-59　选择【任意角度】命令

网
站
开
发
案
例
课
堂

step 03 ▶ 弹出【旋转画布】对话框，在【角度】文本框中输入旋转的角度，这里输入 60，选中【度顺时针】单选按钮，如图 2-60 所示。

step 04 ▶ 单击【确定】按钮，返回到 Photoshop CC 工作界面，可以看到旋转后的效果，如图 2-61 所示。

图 2-60　【旋转画布】对话框　　　　　图 2-61　图像顺时针旋转 60 度后的效果

step 05 ▶ 选择【图像】→【图像旋转】→【顺时针 90 度】命令，可以直接将图像顺时针旋转 90 度。如图 2-62 所示为图像顺指针旋转 90 度之后的显示效果。

step 06 ▶ 选择【图像】→【图像旋转】→【水平翻转画布】命令，如图 2-63 所示。

图 2-62　图像顺时针旋转 90 度后的效果　　　图 2-63　选择【水平翻转画布】命令

step 07 ▶ 画布直接水平翻转，翻转后的图像显示效果如图 2-64 所示。

step 08 ▶ 如果想要对画布进行垂直翻转，则可以选择【图像】→【图像旋转】→【垂直翻转画布】命令，翻转之后的图像显示效果如图 2-65 所示。

图 2-64　图像水平翻转后的效果　　　　　图 2-65　图像垂直翻转后的效果

2.3.4　显示画布之外的图像

如果在图像文档中放置一个较大的图像文件，或者使用移动工具将一个较大的图像拖入到一个稍小文档时，图像中的部分内容就会位于画布之外，不会显示出来，如图 2-66 所示。这时用户可以选择【图像】→【显示全部】命令，Photoshop CC 会通过判断图像中的位置，自动扩大画布，以便显示全部图像，如图 2-67 所示。

图 2-66　图像中的部分内容位于画布之外　　　　图 2-67　自动扩大画布以显示全部图像

2.4　图像的拷贝与粘贴

使用【拷贝】、【剪切】、【粘贴】命令可以完成复制与粘贴任务。与其他程序不同的是，Photoshop 还可以对选区内的图像进行特殊的复制与粘贴操作，如在选区内粘贴图像或清除选中的图像等。

2.4.1　复制文档

如果要基于图像的当前状态创建一个文档的副本，可以进行复制文档操作，具体操作步骤如下。

step 01　打开"素材\ch02\07.jpg"文件，如图 2-68 所示。

step 02　选择【图像】→【复制】命令，打开【复制图像】对话框，在【为】文本框中输入新图像的名称，如图 2-69 所示。

图 2-68　素材文件

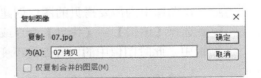

图 2-69　【复制图像】对话框

提示　　如果图像包含多个图层，则【仅复制合并的图层】复选框可用，勾选该复选框后，复制后的图像将自动合并图层，如图 2-70 所示。

step 03 单击【确定】按钮，完成文档的复制操作，如图 2-71 所示。

图 2-70　勾选【仅复制合并的图层】复选框

图 2-71　完成文档的复制操作

提示　　在文档窗口顶部单击鼠标右键，在弹出的快捷菜单中选择【复制】命令，如图 2-72 所示，可以快速复制图像，Photoshop 会自动为新图像命名，即原图像名＋"拷贝"二字，如图 2-73 所示。

图 2-72　选择【复制】命令

图 2-73　快速复制图像

2.4.2　拷贝图像

拷贝图像是复制图像的一种方法，但是在拷贝图像之前，需要在图像中创建选区。拷贝图像的具体操作步骤如下。

step 01 打开"素材\ch02\09.psd"文件，如图 2-74 所示。

step 02 在图像中为需要拷贝的图像创建选区，如图 2-75 所示。

step 03 选择【编辑】→【拷贝】命令或按 Ctrl+C 组合键，可以将选中的图像复制到剪贴板中，此时图像中的内容保持不变，如图 2-76 所示。

注意　　如果图像文档中包含多个图层，在创建选区时一定要注意图层的选择，否则就会出现选择为空的现象，这样在拷贝图像时会出现如图 2-77 所示的信息提示框。

图 2-74　素材文件

图 2-75　创建选区选择需要拷贝的图像

图 2-76　选择【拷贝】命令

图 2-77　信息提示框

2.4.3　合并拷贝图像

如果文档包含多个图层，则想要复制所有图层中的图像时，就需要使用合并拷贝图像功能了。合并拷贝图像的具体操作步骤如下。

step 01　打开"素材\ch02\10.psd"文件，该文件包含多个图层，如图 2-78 所示。选中需要拷贝的图像，如图 2-79 所示。

图 2-78　文件中包含多个图层

图 2-79　选中需要拷贝的图像

step 02　选择【编辑】→【合并拷贝】命令，可以将所有可见图层中的图像复制到剪贴板中，将合并拷贝后的图像粘贴到另一个文档中的效果如图 2-80 所示。此时合并后的图像在一个图层中，如图 2-81 所示。

图 2-80　合并拷贝后的图像效果　　　　　图 2-81　合并后的图像在一个图层中

2.4.4　剪切图像

通过剪切功能也可以复制图像，只是选中的图像从画面中被剪切掉了。剪切图像的具体操作步骤如下。

step 01　打开"素材\ch02\09.psd"文件，如图 2-82 所示。

step 02　在图像中为需要拷贝的图像创建选区，如图 2-83 所示。

图 2-82　素材文件　　　　　　　　图 2-83　创建选区以选择需要拷贝的图像

step 03　选择【编辑】→【剪切】命令，如图 2-84 所示。可以将选中的图像从画面中剪切掉，剪切完成后的效果如图 2-85 所示。

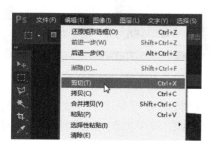

图 2-84　选择【剪切】命令　　　　　　　图 2-85　将选区从图像中剪切掉

2.4.5　粘贴与选择性粘贴图像

在图像中为需要拷贝的图像创建选区，如图 2-86 所示。复制或剪切图像后，选择【编辑】→【粘贴】命令，或按 Ctrl+V 组合键，可以将选区中的图像粘贴到当前文档中，如图 2-87 所示。

图 2-86　创建选区

图 2-87　将选区中的图像粘贴到当前文档中

在复制或剪切图像后，可以使用【编辑】→【选择性粘贴】子菜单中的命令粘贴图像，如图 2-88 所示，各命令的含义如下。

- 【原位粘贴】：将图像按照其原位粘贴到文档中。
- 【贴入】：如果创建了选区，如图 2-89 所示。选择该命令后，可以将图像粘贴到选区内并自动添加蒙版，将选区之外的图像隐藏，如图 2-90 和图 2-91 所示。
- 【外部粘贴】：如果创建了选区，选择该命令后，可以粘贴图像并自动创建蒙版，将选中的图像隐藏，如图 2-92 和图 2-93 所示。

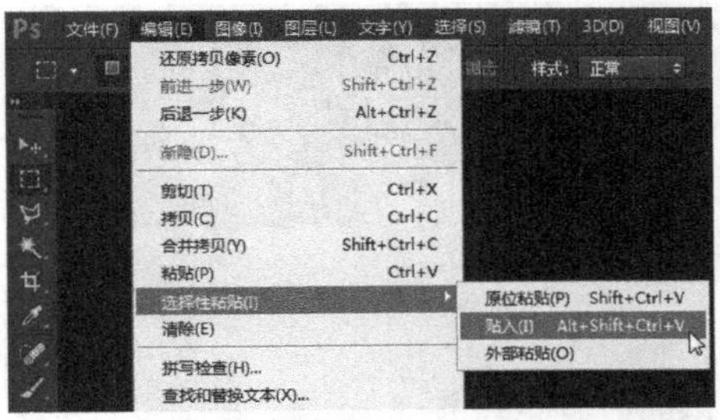

图 2-88　使用【选择性粘贴】子菜单中的
　　　　　命令粘贴图像

图 2-89　创建选区

网
站
开
发
案
例
课
堂

图 2-90　图层上添加蒙版隐藏选区外的图像

图 2-91　选择【贴入】命令的效果

图 2-93　选择【外部粘贴】命令的效果

图 2-92　图层上添加蒙版隐藏选区

2.4.6　清除图像

在图像中创建选区后，如果选区中的内容需要清除，可以选择【编辑】→【清除】命令将其清除，具体操作步骤如下。

step 01　打开"素材\ch02\11.jpg"文件，在图像中创建选区，如图 2-94 所示。

step 02　选择【编辑】→【清除】命令，即可将选中的图像清除，如图 2-95 所示。

图 2-94　创建选区

图 2-95　清除选区中的图像

如果清除的是背景图层上的图像，如图 2-96 所示，则清除区域会填充背景色，如图 2-97 所示。

图 2-96　清除的图像属于背景图层

图 2-97　清除区域会填充背景色

2.5　图像的变换与变形

在 Photoshop 中，用户可以对图像、图层、选区、路径或矢量形状等对象进行变换与变形操作，如缩放、旋转、扭曲等。这些操作都是通过【编辑】菜单下的【变换】子菜单命令完成的，如图 2-98 所示。执行这些命令后，都会在图像中出现一个定界框，定界框中央有一个中心点，四周是控制点，如图 2-99 所示。默认情况下，中心点位于对象的中心，用于定义对象的变换中心，拖曳它可以移动其位置，拖曳控制点则可以进行变换操作。

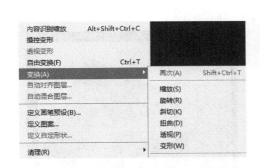

图 2-98　【变换】子菜单

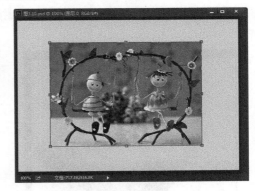

图 2-99　图像中出现定界框

提示　在对图像进行变换与变形前，可先将其转化为智能对象，这样就可以对其反复变形，而不会出现失真或画质损失现象。另外，用户不能对背景图层的图像变形，只有先将其转化为普通图层，才能进行变形操作。

2.5.1　缩放与旋转图像

缩放与旋转图像是最常用的操作，具体操作步骤如下。

step 01 ▶ 打开"素材\ch02\12.psd"文件，如图 2-100 所示。

step 02 ▶ 选择【编辑】→【变换】→【缩放】命令，此时图像周围会出现定界框，将光
标定位在定界框四周的控制点上，当光标变为箭头形状 ‡ 时，单击并拖动鼠标即可
缩放图像，如图 2-101 所示。

图 2-100 素材文件

图 2-101 缩放图像

提示　　　按住 Shift 键不放，可同比例缩放图像。按住 Alt 键不放，可以图像中心或选
区中心为基准点缩放图像。

step 03 ▶ 选择【编辑】→【变换】→【旋转】命令，将光标定位在定界框四周的控制点
上，当光标变为弯曲的箭头形状 ↻ 时，拖动鼠标可旋转图像，如图 2-102 所示。

step 04 ▶ 操作完成后，单击选项栏中的 ✓ 按钮，或者按 Enter 键，即可确定操作，如图 2-103
所示。

图 2-102 旋转图像

图 2-103 确定操作

step 05 ▶ 如果选择【编辑】→【变换】子菜单中的【旋转 180 度】、【顺指针旋转 90
度】、【逆时针旋转 90 度】、【水平翻转】或【垂直翻转】命令，可以直接对图像
进行以上变化，而不会显示定界框。如图 2-104 所示为图像逆时针旋转 90 度后的显
示效果；如图 2-105 所示为图像垂直翻转后的显示效果。

图 2-104　图像逆时针旋转 90 度后的效果　　　　图 2-105　图像垂直翻转后的效果

 　　　　按 Ctrl+T 组合键，可以快速显示出定界框；将光标定位在定界框四周或控制点上，可以进行缩放和旋转操作；将光标定位在图像内部，当光标变为 ▶ 形状时，还可移动图像。

2.5.2　斜切与扭曲图像

斜切是指对图像或选区的边界进行拉伸或压缩，而扭曲是指将图像或选区进行扭曲变形。斜切与扭曲图像的具体操作步骤如下。

step 01　打开"素材\ch02\13.psd"文件，如图 2-106 所示。

step 02　在【图层】面板中选择图层 0 作为进行操作的图层，如图 2-107 所示。

step 03　选择【编辑】→【变换】→【斜切】命令，此时图像周围会出现定界框，将光标定位在四周中间的控制点上，当光标变为 ↕ 或 ↔ 形状时，拖动鼠标可沿水平或垂直方向斜切图像，如图 2-108 所示。

图 2-106　素材文件　　　　图 2-107　选择图层 0　　　图 2-108　沿水平或垂直方向斜切图像

step 04　将光标定位在四周拐角处的控制点上，当光标变为 ▷ 形状时，拖动鼠标也可斜切图像，如图 2-109 所示。

step 05　单击选项栏中的【取消】按钮 ⊘，可以取消变换，然后选择【编辑】→【变换】→【扭曲】命令，将光标定位在控制点上，当光标变为 ▷ 形状时，拖动鼠标可扭曲图像，如图 2-110 所示。

图 2-109　通过四周拐角处的控制点斜切图像　　　　图 2-110　扭曲图像

 提示　　　　按 Ctrl+T 组合键显示出定界框,然后按住 Shift+Ctrl 组合键不放,将光标定位在控制点上,拖动鼠标可斜切图像;若按住 Ctrl 键不放,拖动鼠标可扭曲图像。

2.5.3　透视与变形图像

透视图像可以让图像看起来更有立体感和真实感,而变形图像可将图像或选区分割成块,从而对每个交点进行变形。下面分别进行介绍。

1. 透视图像

具体操作步骤如下。

step 01 打开"素材\ch02\14.psd"文件,如图 2-111 所示。

step 02 选择【编辑】→【变换】→【透视】命令,此时图像周围会出现定界框,将光标定位在四周的控制点上,当光标变为 ▷ 形状时,单击并拖动鼠标可以进行透视操作,如图 2-112 所示。

图 2-111　素材文件　　　　　　　　图 2-112　透视图像后的效果

2. 变形图像

在变形图像时,通过调整锚点和交点,或设置变形工具选项栏中的参数,可进行更为灵活的变形处理。下面介绍变形为花瓶贴图,具体操作步骤如下。

step 01 打开"素材\ch02\15.psd"和"素材\ch02\16.jpg"文件,如图 2-113 和图 2-114 所示。

step 02 选择移动工具 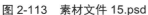，将 16.jpg 拖动到花瓶文件中，如图 2-115 所示。

图 2-113　素材文件 15.psd

图 2-114　素材文件 16.jpg

图 2-115　将素材图片 16.jpg 拖动
到花瓶文件中

step 03 此时将自动生成图层 1，如图 2-116 所示。

step 04 按 Ctrl+T 组合键显示出定界框，将光标定位在四周的控制点上，按住 Shift 键不
放，单击并拖动鼠标同比例缩小图片，如图 2-117 所示。

step 05 单击选项栏中的 按钮，进入变形状态，在左侧拖动锚点上的方向柄，使其与
花瓶左侧贴齐，如图 2-118 所示。

图 2-116　自动生成图层 1

图 2-117　同比例缩小图片

图 2-118　拖动方向柄使图片与
花瓶左侧贴齐

step 06 使用步骤 5 的方法，拖动其他的锚点及交点，使图片覆盖住花瓶，如图 2-119
所示。

step 07 在【图层】面板中选中图层 1，将混合模式设置为【深色】，如图 2-120 所示。

step 08 设置完成后，按 Enter 键，最终效果如图 2-121 所示。

图 2-119　使图片覆盖住花瓶

图 2-120　将图层 1 的混合模式
设置为【深色】

图 2-121　最终效果

2.5.4 内容识别缩放图像

内容识别缩放是指在缩放时会自动识别图像中重要的内容，如人物、动物或建筑等，从而保护这些内容，不会使其出现变形，而主要影响其他不重要内容区域中的像素。

选择【编辑】→【内容识别缩放】命令，将显示出内容识别缩放的工具选项栏，如图 2-122 所示。

图 2-122　内容识别缩放的工具选项栏

下面使用【内容识别缩放】命令在缩放图像的同时，保护图像中的重要内容不变形，具体操作步骤如下。

step 01 ▶ 打开"素材\ch02\17.psd"文件，如图 2-123 所示。

step 02 ▶ 选择【编辑】→【内容识别缩放】命令，在选项栏中单击【保护肤色】按钮 ，然后将光标定位在定界框左侧的控制点上，向右侧拖动鼠标，此时图像变窄，但孩子的比例没有明显变化，如图 2-124 所示。

提示　　如图 2-125 所示是对图像进行普通缩放后的效果，可以看到，孩子已经明显变形。

图 2-123　素材文件　　　图 2-124　使用【内容识别缩放】　图 2-125　普通缩放后的效果
　　　　　　　　　　　　　　　命令后的效果

对于有些图像，软件并不能自动识别其中重要的对象，即使按下了【保护肤色】按钮，在缩放时还是会产生变形，这时可以将重要对象创建为一个选区，并将其存储为通道，然后使用通道来保护图像，具体操作步骤如下。

step 01 ▶ 打开"素材\ch02\18.psd"文件，如图 2-126 所示。

step 02 ▶ 选择快速选择工具 ，在女孩处单击并拖动鼠标，创建一个选区选中女孩，如图 2-127 所示。

step 03 ▶ 在【通道】面板中单击底部的【将选区存储为通道】按钮 ，将选区保存为 Alpha1 通道，如图 2-128 所示。

step 04 ▶ 选择【编辑】→【内容识别缩放】命令，在工具选项栏中设置【保护】为 Alpha1 通道，如图 2-129 所示。

step 05 ▶ 将光标定位在定界框左侧的控制点上，向右侧拖动鼠标，此时图像变窄，但选区内的孩子无丝毫变化，如图 2-130 所示。

图 2-126 素材文件

图 2-127 创建选区选中女孩

图 2-128 将选区保存为 Alpha1 通道

图 2-129 设置【保护】为 Alpha1 通道

如图 2-131 所示是对图像进行内容识别缩放，可以看到，孩子的肤色区域没有明显变形，但身体部分已经严重变形。

图 2-130 缩放后的最终效果

图 2-131 没有使用通道保护图像的缩放效果

2.5.5 操控变形图像

Photoshop 提供的操控变形功能非常神奇，它可以随意扭曲图像，从而实现类似三维动作的变形，如将直立的双腿变得弯曲、将垂下的手臂抬起、将圆脸变成瓜子脸等。

1. 认识操控变形的工具选项栏

打开"素材\ch02\19.psd"文件，如图 2-132 所示。选择【编辑】→【操控变形】命令，进入操控变形状态，此时图像上将显示出网格，用户可在其中添加图钉，通过图钉即可变形图像，如图 2-133 所示。

图 2-132 素材文件

图 2-133 图像上将显示出网格

如图 2-134 所示是操控变形的工具选项栏。

模式: 正常 ┆ 浓度: 正常 ┆ 扩展: 2像素 ┆ ▾ ✔ 显示网格 图钉深度: ┆ ┆ 旋转: 自动 ┆ 度 ⟳ ⊘ ✔

图 2-134 操控变形的工具选项栏

选项栏中各参数的含义如下。

- 【模式】: 设置网格的弹性。【刚性】选项表示变形效果优，但缺少柔和的过渡;【正常】选项表示变形效果良好，过渡柔和;【扭曲】选项表示创建透视扭曲效果。
- 【浓度】: 设置网格的间距。【较少点】选项表示网格间距较大，网格点较少，如图 2-135 所示;【正常】选项表示网格间距适中，如图 2-136 所示;【较多点】选项表示网格间距较小，网格点较多，如图 2-137 所示。当网格点更多时，可以在其中添加更多的图钉，从而完成更精细的变形。

图 2-135 网格点较少　　　图 2-136 网格间距适中　　　图 2-137 网格点较多

- 【扩展】: 设置扩展或收缩变换的区域。值越大时，变形后图像的边缘越平滑。
- 【显示网格】: 选择该项可显示网格，若不选择，那么只会显示图钉。
- 【图钉深度】: 设置图钉的堆叠顺序。单击▤或▤按钮，即可将图钉前移或后移一个顺序。
- 【旋转】: 设置旋转的类型。【自动】选项表示在扭曲图像时自动对图像进行旋转;【固定】选项用于完成精确的旋转操作，只需要在文本框中输入角度即可。
- 【移去所有图钉】按钮⟳: 单击该按钮，可删除所有图钉，将图像恢复为原始状态。

2. 使用【操控变形】命令变形图像

下面使用【操控变形】命令，改变女孩的跳跃姿势，具体操作步骤如下。

step 01 打开"素材\ch02\11.jpg"文件，如图 2-138 所示。

step 02 选择快速选择工具▨，在女孩处单击并拖动鼠标，创建一个选区选中女孩和气球，如图 2-139 所示。

step 03 选择【图层】→【新建】→【通过拷贝的图层】命令，为选区创建一个新图层，如图 2-140 所示。

图 2-138　素材文件

图 2-139　创建选区选中
女孩和气球

图 2-140　为选区创建一个新图层

step 04 为了防止在变形过程中画质受损，选择【图层】→【智能对象】→【转换为智能对象】命令，将新图层转换为智能对象，然后在【图层】面板中单击背景图层左侧的 👁 按钮，隐藏背景图层，如图 2-141 所示。

step 05 选择缩放工具 🔍，在图像中单击，放大图像以便于操作变形，然后按住空格键不放，当光标变为抓手工具 ✋ 时，拖动图像，在窗口中显示出女孩的腿部，如图 2-142 所示。

图 2-141　将新图层转换为智能对象并隐藏背景图层

图 2-142　放大图像显示出腿部

step 06 选择【编辑】→【操控变形】命令，在选项栏中设置【浓度】为【较多点】，并取消【显示网格】复选框的选中状态，如图 2-143 所示。

图 2-143　设置选项栏中的参数

step 07 进入操控变形状态，在腿部关节处和脚部分别单击，新建 2 个图钉，单击关节处的图钉，在选项栏中设置【旋转】为【固定】，并在后面文本框中输入旋转角度为 0，然后单击并向右上方拖动脚部的图钉，即可改变左腿的姿势，如图 2-144 所示。

step 08 在右腿关节处单击，新建一个图钉，然后拖动图钉，即可改变右腿的姿势，如图 2-145 所示。

图 2-144　改变左腿的姿势　　　图 2-145　改变右腿的姿势

step 09　在右侧小腿处单击，新建图钉，不断地调整各图钉的位置，改变小腿的姿势，
　　　　如图 2-146 所示。

step 10　在选项栏中单击【确定】按钮✓，或者按 Enter 键，确定变形，然后在【图层】
　　　　面板中单击背景图层左侧的　按钮，显示出背景图层，并调整图层 1 的位置，最终
　　　　效果如图 2-147 所示。

图 2-146　改变小腿的姿势

图 2-147　变形后的整体效果

提示

　　　　在操作过程中，若要删除某个图钉，单击图钉后按 Delete 键即可，或者按住
Alt 键不放，单击图钉也可将其删除。此外，若按住 Alt 键不放，将光标定位在图
钉的周围，当出现一个圆圈时，拖动鼠标可旋转图钉。

2.6　综合案例——将照片设置为桌面背景

　　很多人喜欢将照片或者是自己喜爱的图片设置为计算机桌面，但是常常会遇到一些难
题。如照片要么太大，桌面显示不下；要么太小，不能铺满整个桌面；再或者能铺满整个桌
面，但是图像出现变形。下面介绍一种方法，可以彻底解决这一难题。
　　具体操作步骤如下。

step 01　在计算机桌面上单击鼠标右键，在弹出的快捷菜单中选择【显示设置】命令，
　　　　如图 2-148 所示。

step 02 打开【设置】对话框，依次选择对话框左侧的【系统】→【显示】选项，如图 2-149 所示。

图 2-148 选择【显示设置】命令

图 2-149 【设置】对话框

step 03 单击【高级显示设置】超链接，打开【高级显示设置】界面，在其中可以查看当前显示器的分辨率，这里显示的分辨率为 1440×900，如图 2-150 所示。

step 04 在 Photoshop CC 工作界面中按 Ctrl+N 组合键，打开【新建】对话框，在【宽度】和【高度】文本框中输入前面看到的显示器的分辨率，文档的分辨率设置为 72 像素/英寸，如图 2-151 所示，这样就创建了一个与桌面大小相同的文档。

图 2-150 查看桌面分辨率

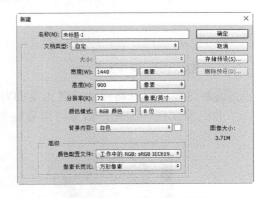

图 2-151 【新建】对话框

step 05 将要设置为桌面的照片打开，使用移动工具将其拖入新建的文档中，如图 2-152 所示。

step 06 选中照片所在的图层，按 Ctrl+T 组合键，变形图像，使图像铺满整个文件窗口，按 Ctrl+E 组合键合并图层，如图 2-153 所示。

step 07 按 Ctrl+S 组合键，打开【另存为】对话框，在【文件名】文本框中输入文件的名称，将【保存类型】设置为 JPEG 格式，最后单击【保存】按钮，即可保存图像文件，如图 2-154 所示。

step 08 在计算机中找到保存的照片，单击鼠标右键，在弹出的快捷菜单中选择【设置为桌面背景】命令，如图 2-155 所示。

图 2-152　使用移动工具将照片拖入新建的文档中　　　　图 2-153　使图像铺满整个文件窗口

图 2-154　保存图像文件

图 2-155　选择【设置为桌面背景】命令

step 09　这样就可以将照片设置为桌面背景了。由于是按照计算机屏幕的实际尺寸创建的桌面文档，因此，图像与屏幕完全契合，不会出现拉伸或扭曲现象，如图 2-156 所示。

图 2-156　将照片设置为桌面背景

2.7 跟我学上机——裁剪并修齐扫描出的照片

当使用扫描仪将多张照片扫描在一个文件中时，还需手工裁剪、旋转该文件，才能得到单张的照片。而使用【裁剪并修齐照片】命令，可以自动识别出文件中的各张图片，并进行旋转使它们在水平和垂直方向上对齐，从而生成单张的图片，具体操作步骤如下。

step 01 打开"素材\ch02\20.jpg"文件，该文件中扫描了3张图片，如图2-157所示。

step 02 选择【文件】→【自动】→【裁剪并修齐照片】命令，即可将 3 张照片从文件中拆分，生成单独的文件，如图2-158所示。

图2-157 素材文件

图2-158 将3张照片从文件中拆分

step 03 选择【文件】→【存储为】命令，将分离出的文件分别保存，即可得到单张的照片。

 注意扫描时不要使照片重叠，每张照片之间应留出一些空隙，以便于精确裁剪。

2.8 疑 难 解 惑

疑问1：增加图像的分辨率能让图像变清晰吗？

答：分辨率高的图像包含更多细节。不过，如果一个图像的分辨率较低，细节也模糊，即使提高它的分辨率也不会使它变得清晰，这是因为，Photoshop 只能在原始数据的基础上进行调整，无法生成新的原始数据。

疑问2：图像旋转与变换命令有什么区别？

答：图像旋转命令用于旋转整个图像。如果要旋转单个图层中的图像，则需要使用【编辑】→【变换】命令；如果要旋转选区，则需要使用【选择】→【变换选区】命令。

第3章
运用选区编辑图像

　　选区是指使用选择工具和命令创建的可以限定操作范围的区域。一般情况下要想在 Photoshop 中绘图或者修改图像，首先要选取图像，然后就可以对被选取的区域进行操作。灵活地使用多种选取工具可以创造出非常精确的选区，而运用选区对图像进行编辑可以变化出多种视觉效果，如图像变形、透视效果等。因此，掌握选取工具的使用技巧是使用 Photoshop 编辑图形的关键环节。

重点案例效果

3.1 创建规则选区

使用选框工具组可以创建规则选区，该工具组共包含 4 个工具，分别是矩形选框工具、椭圆选框工具、单行选框工具和单列选框工具，如图 3-1 所示。

图 3-1 选框工具组

 在工具箱中按住【矩形选框工具】按钮不放，或者选中后单击鼠标右键，即可打开工具组。

3.1.1 创建矩形选区

使用矩形选框工具可以创建矩形选区。

1. 认识矩形选框工具的选项栏

如图 3-2 所示是矩形选框工具的选项栏。

图 3-2 矩形选框工具的选项栏

选项栏中各参数的含义如下。

- 【新选区】按钮：单击该按钮，可以在图像中创建一个新选区。
- 【添加到选区】按钮：单击该按钮，将在原有选区的基础上添加绘制的选区。例如，首先创建一个选区，如图 3-3 所示；然后拖动鼠标再创建一个选区，如图 3-4 所示；释放鼠标后，后面创建的选区将会添加到前面的选区中，如图 3-5 所示。

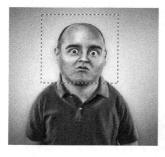   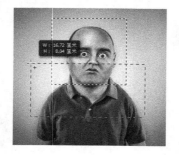   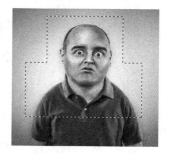

图 3-3 创建一个选区   图 3-4 再创建一个选区   图 3-5 添加到选区

- 【从选区减去】按钮：单击该按钮，将在原有选区的基础上减去绘制的选区。如图 3-6 所示是减去选区后的效果，可以看到，单击该按钮后将在原有选区的基础上减去交叉的部分选区。

- 【与选区交叉】按钮 ：单击该按钮，将保留选区中交叉的部分，如图 3-7 所示。

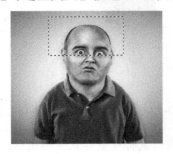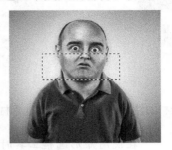

图 3-6 从选区减去　　　　　　　　　　　　图 3-7 与选区交叉

- 【羽化】：设置羽化选区边缘的范围，值越大，羽化的范围就越大。
- 【消除锯齿】：该功能在使用矩形选框工具时不可用。
- 【样式】：设置选区的大小。【正常】选项表示可拖动鼠标创建任意大小的选区。
  【固定比例】选项表示创建宽度和高度比例固定的选区。例如，选择该项后，在
  【宽度】和【高度】文本框中输入 1 和 2，如图 3-8 所示，那么在选区中创建选区
  时，宽高度的比例将会始终固定为 1:2，如图 3-9 所示，单击中间的 按钮，可互
  换宽高度的值。【固定大小】选项表示创建大小固定的选区，只需要在后面的文本
  框中输入具体的像素值即可。

图 3-8 在【宽度】和【高度】文本框中输入 1 和 2　　　图 3-9 宽高度的比例始终固定为 1:2

- 【调整边缘】：单击该按钮，将弹出【调整边缘】对话框，在其中可对选区进行平
  滑、羽化等处理。

2. 使用矩形选框工具创建选区

下面使用矩形选框工具，为女孩换身体，具体操作步骤如下。

step 01 打开"素材\ch03\01.jpg"和"素材\ch03\02.jpg"文件，如图 3-10 和图 3-11 所示。

step 02 选择矩形选框工具 ，将光标定位在图像中，当光标变为十字形状 时，按住左
键不放并拖动鼠标，创建一个矩形选区，选中女孩的身体，此时选区以虚线框闪烁
显示，如图 3-12 所示。

step 03 创建选区后，按 Ctrl+C 组合键，然后选择移动工具 ，调整选区的位置，最终
效果如图 3-13 所示。

网
站
开
发
案
例
课
堂

图 3-10 素材文件 01.jpg   图 3-11 素材文件 02.jpg   图 3-12 创建矩形选区   图 3-13 复制粘贴选区

提示

在使用矩形选框工具时，按住 Shift 键拖动鼠标可创建正方形选区；按住 Alt 键拖动鼠标，可以单击点为中心向外创建选区；按住 Shift+Alt 组合键拖动鼠标，可以单击点为中心向外创建正方形选区。注意，需要先单击并拖动鼠标，再按住相应的键，才能实现该功能。

3.1.2　创建圆形与椭圆形选区

椭圆选框工具 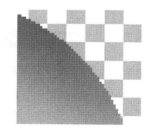 用于创建圆形或椭圆形的选区。

1. 认识椭圆选框工具的选项栏

如图 3-14 所示是椭圆选框工具的选项栏。

图 3-14　椭圆选框工具的选项栏

选项栏中各参数的含义如下。

● 　【消除锯齿】复选框：勾选该项可使选区的边缘更为平滑。如图 3-15 所示是没有选择该项时的效果，当放大选区后可以看到，选区边缘呈锯齿状。使用该选项只会改变边缘像素，并不会损失细节部分。

其余参数的含义与矩形选框工具相同，这里不再赘述。

2. 使用椭圆选框工具创建选区

图 3-15　选区边缘呈锯齿状

下面使用椭圆选框工具选中足球，具体操作步骤如下。

step 01　打开"素材\ch03\03.jpg"文件，如图 3-16 所示。

step 02　选择椭圆选框工具 ，在选项栏中单击【新选区】按钮 ，然后按住 Shift 键在图像中拖动鼠标，创建一个圆形选区，如图 3-17 所示。

step 03　此时圆形选区与足球的位置有一定的偏差，将光标定位在选区内部，当光标变为 形状时，拖动鼠标移动选区的位置，使其选中足球，如图 3-18 所示。

图 3-16　素材文件　　　图 3-17　创建一个圆形选区　　　图 3-18　移动选区

提示　　　与矩形选框工具相同，在使用椭圆选框工具时，同样可以配合使用 Shift 键和 Alt 键创建圆形选区和以单击点为中心的选区。

3.1.3　创建单行与单列选区

单行选框工具█用于创建高度为一像素大小的行，同理，单列选框工具█用于创建宽度为一像素大小的列，这两个工具常用于制作网格。

1. 认识单行和单列选框工具的选项栏

如图 3-19 所示是单行选框工具的选项栏。单列选框工具的选项栏与之相同。

█████ 羽化: 0 像素　消除锯齿　样式: 正常　宽度:　高度:　调整边缘…

图 3-19　单行选框工具的选项栏

该选项栏中各参数的含义与矩形选框工具相同，这里不再赘述。注意，灰色选项表示该功能不可用。

2. 使用单行和单列选框工具创建选区

下面使用单行和单列选框工具为图像添加网格，具体操作步骤如下。

step 01 打开"素材\ch03\04.jpg"文件，如图 3-20 所示。

step 02 选择单行选框工具█，在选项栏中单击【添加到选区】按钮█，然后在图像中单击，创建一个行选区，连续单击，即可创建多个行选区，如图 3-21 所示。

step 03 按 Shift+Delete 组合键，为选区填充背景色，然后按 Ctrl+D 组合键，取消选区的选择，如图 3-22 所示。

图 3-20　素材文件　　　图 3-21　创建多个行选区　　　图 3-22　为行选区填充背景色

提示 按 Alt+Delete 组合键，可为选区填充当前的前景色。

step 04 ▶ 选择单列选框工具 ，然后在图像中连续单击，创建多个列选区，如图 3-23 所示。

step 05 ▶ 重复步骤 3，最终效果如图 3-24 所示。

图 3-23　创建多个列选区

图 3-24　为列选区填充背景色

提示 选择【视图】→【显示】→【网格】命令，在图像中显示出网格，然后以网格为依据创建单行或单列选区，可制作出间距相同的网格线。

3.2　创建不规则选区

套索工具组也是最基本的选区工具，主要用于创建不规则的选区。该工具组共包含 3 个工具，分别是套索工具、多边形套索工具和磁性套索工具，如图 3-25 所示。

图 3-25　套索工具组

3.2.1　创建任意不规则选区

套索工具 可通过手绘的形式创建任意不规则的选区。

1. 认识套索工具的选项栏

如图 3-26 所示是套索工具的选项栏。

图 3-26　套索工具的选项栏

该选项栏中各参数的含义与矩形选框工具相同，这里不再赘述。

2. 使用套索工具创建选区

下面介绍如何使用套索工具，具体操作步骤如下。

step 01 ▶ 打开"素材\ch03\05.jpg"文件，如图 3-27 所示。

step 02 ▶ 选择套索工具 ，光标会变为 形状，单击图像上的任意一点作为起点，并按住左键不放，沿着图像边缘处拖动鼠标开始绘制选区，如图 3-28 所示。

step 03 ▶ 当终点与起点重合时，释放鼠标，即创建了一个不规则选区，如图 3-29 所示。

图 3-27　素材文件　　　　图 3-28　开始绘制选区　　　图 3-29　创建一个不规则的选区

　　若在终点与起点没有重合时释放鼠标，软件会在两点之间创建一条直线来闭合选区。另外，在使用套索工具绘制选区的过程中，按住 Alt 键不放，然后释放鼠标，可切换为多边形套索工具，释放 Alt 键可恢复为套索工具。

3.2.2　创建有一定规则的选区

　　使用多边形套索工具 ，可通过手绘的形式创建直线型的有一定规则的选区。该工具的选项栏与套索工具的选项栏相同，这里不再赘述。下面介绍如何使用多边形套索工具，具体操作步骤如下。

step 01　打开"素材\ch03\06.jpg"文件，如图 3-30 所示。

step 02　选择多边形套索工具 ，光标会变为 形状，单击图像上的任意一点作为起点，然后沿着边缘处拖动鼠标绘制一条直线，到转折处时再次单击鼠标，即可绘制下一条直线，如图 3-31 所示。

图 3-30　素材文件　　　　　　　　　图 3-31　绘制一条直线

step 03　在图像的转折处单击鼠标继续绘制选区，然后单击起点，使终点与起点重合，即可闭合选区，如图 3-32 所示。

step 04　用户可以配合使用多边形套索工具与套索工具。例如，在选取茶壶时，按住 Alt 键，切换为套索工具，单击并拖动鼠标沿着茶壶边缘创建不规则选区，当该部分选区完成后，放开 Alt 键即可，最终效果如图 3-33 所示。

网站开发案例课堂

图 3-32　创建一个规则的选区　　　图 3-33　多边形套索工具与套索工具配合使用后的效果

提示　　若终点与起点没有重合，双击鼠标或按 Enter 键，软件会在两点之间创建一条直线来闭合选区，在绘制过程中若要取消绘制，按 Esc 键即可。另外，在使用多边形套索工具绘制选区的过程中，按住 Alt 键不放，可切换为套索工具，释放 Alt 键可恢复为多边形套索工具。

3.2.3　自动创建不规则选区

磁性套索工具 🏵可根据图像的颜色自动指定选区，特别适用于选取与背景对比强烈且边缘较为清晰的对象。

1. 认识磁性套索工具的选项栏

如图 3-34 所示是磁性套索工具的选项栏。

| 🏵 ▾ | ■ ■ ■ | 羽化: 0 像素 | ✔ 消除锯齿 | 宽度: 10 像素 | 对比度: 10% | 频率: 57 | 🖌 | 调整边缘... |

图 3-34　磁性套索工具的选项栏

选项栏中各参数的含义如下。

- 【宽度】：设置以当前光标为基准，其周围能够被探测到的边缘的宽度。若要选取的对象边缘清晰，可设置为较大的宽度；反之，则设置为较小的宽度，以指定细致程度不同的选区。

提示　　在创建选区时，按住 Caps Lock 键(即大写锁定键)，光标将变成一个圆圈形状，圆圈所在范围即是能够探测到的宽度，如图 3-35 所示。

- 【对比度】：设置套索对图像边缘的灵敏度。若要选取的对象边缘清晰，可设置为较大的对比度；反之，则设置为较小的对比度。
- 【频率】：设置生成锚点的密度。频率越大，生成的锚点越多，但过多的锚点可能会使选区边缘不够光滑。如图 3-36 和图 3-37 所示分别是频率值为 70 和 10 时的效果。
- 【绘图板压力】按钮🖌：单击该按钮，Photoshop 会根据笔刷压力自动调整检测范围，若增加压力，会导致边缘宽度减小。注意，只有计算机配置有数位板和压感笔时此项才可用。

其余参数的含义与矩形选框工具相同，这里不再赘述。

图 3-35　光标将变成一个圆圈形状　　图 3-36　频率值为 70 时的效果　　图 3-37　频率值为 10 时的效果

2. 使用磁性套索工具创建选区

下面介绍如何使用磁性套索工具，具体操作步骤如下。

step 01　打开"素材\ch03\07.jpg"文件，如图 3-38 所示。

step 02　选择磁性套索工具，在选项栏中设置【宽度】为 10、【对比度】为 20%、
　　　　　【频率】为 60，然后将光标定位在图像中，光标会变为形状，单击图像边缘处的
　　　　　任意一点作为起点，沿着边缘处拖动鼠标，软件会自动生成锚点吸附到存在色彩差
　　　　　异的图像边缘，如图 3-39 所示。

提示　　　　若边缘附近的色彩与边缘处的色彩相近，自动吸附会出现偏差，此时可单击
　　　　　鼠标，手动在该处生成锚点。若某个锚点位置不合适，按 Delete 键将其删除即
　　　　　可，连续按 Delete 键可以倒序依次删除前面的锚点。

step 03　继续沿着边缘处拖动鼠标，然后单击起点，使终点与起点重合，即可闭合选
　　　　　区，如图 3-40 所示。

图 3-38　素材文件　　　　　图 3-39　拖动鼠标可自动生成锚点　　　　图 3-40　闭合选区

提示　　　　若终点与起点没有重合，双击鼠标或按 Enter 键，软件会直接闭合选区。在
　　　　　绘制过程中若要取消绘制，按 Esc 键即可。

3.3　快速创建选区

快速选择工具和魔棒工具可以基于色调和颜色之间的差异来快速创建选区，不必跟踪其轮廓，特别适用于选择颜色相近的区域，如图 3-41 所示。

图 3-41　快速选择工具和魔棒工具

3.3.1　使用快速选择工具创建选区

快速选择工具 是通过拖动鼠标以绘画的形式涂抹出选区，在拖动鼠标时，选区会自动向外扩展并查找和跟随与附近色彩相近的区域。

1. 认识快速选择工具的选项栏

如图 3-42 所示是快速选择工具的选项栏。

图 3-42　快速选择工具的选项栏

选项栏中各参数的含义如下。

- 【新选区】按钮 ：单击该按钮，每次在图像中都会创建一个新选区。该按钮的作用类似于矩形选框工具选项栏中的 按钮。
- 【添加到选区】按钮 ：单击该按钮，将在原有选区的基础上添加绘制的选区。该按钮的作用类似于矩形选框工具选项栏中的 按钮。
- 【从选区减去】按钮 ：单击该按钮，将在原有选区的基础上减去绘制的选区。该按钮的作用类似于矩形选框工具选项栏中的 按钮。
- 【画笔选择器】按钮 ：单击该按钮，在弹出的下拉列表中可设置画笔的笔尖大小、硬度、间距等。
- 【对所有图层取样】：选择该项可针对所有图层创建选区，而不只是当前的图层。
- 【自动增强】：选择该项可减少选区边缘的粗糙度。

2. 使用快速选择工具创建选区

下面介绍如何使用快速选择工具，具体操作步骤如下。

step 01 打开"素材\ch03\08.jpg"文件，如图 3-43 所示。

step 02 选择快速选择工具 ，在选项栏中设置合适的画笔大小，然后按住左键不放，沿着老鹰的边缘拖动鼠标创建选区，如图 3-44 所示。

step 03 创建完成后，释放鼠标，此时有些多余的背景可能会被误选中，如图 3-45 所示。

step 04 按住 Alt 键，此时光标会变为 形状，然后按住左键不放拖动鼠标，减去选区中多余的部分，如图 3-46 所示。

图 3-43 素材文件

图 3-44 沿着边缘拖动鼠标
创建选区

图 3-45 多余的背景可能会
被误选中

 提示　在操作过程中，按下[或]键，可调整画笔笔尖大小。

step 05 释放鼠标后，即可创建选区选中老鹰，如图 3-47 所示。

 提示　在创建选区时，可使用缩放工具放大图像，以创建更为精确的选区。

step 06 将选区复制到其他背景中，最终效果如图 3-48 所示。

图 3-46 减去选区中多余的部分

图 3-47 创建选区选中老鹰

图 3-48 将选区复制到其他背景中

3.3.2 使用魔棒工具创建选区

使用魔棒工具，只需要在图像上单击，就会自动选择与单击点(即取样点)色彩相近的区域。

1. 认识魔棒工具的选项栏

如图 3-49 所示是魔棒工具的选项栏。

图 3-49 魔棒工具的选项栏

选项栏中各参数的含义如下。

- 【取样大小】：设置取样的范围。【取样点】选项表示对单击点所在位置的像素取样；其余选项都表示对单击点所在位置的规定像素范围内的平均颜色进行取样。例如，3×3 选项表示以单击点所在位置为基准，对其周围 3 像素区域内的平均颜色取样。

- 【容差】：设置颜色的选择范围。容差越小，所选区域的颜色与取样点的颜色越相近；容差越大，颜色的选择范围就越广。如图 3-50 和图 3-51 所示分别是容差设置为 20 和 70 的效果。
- 【连续】：勾选该项后，只能选择颜色相近且位置相邻的区域；若不勾选，则可选择图像中所有与取样点颜色相近的区域。如图 3-52 和图 3-53 所示分别是选择该项和没有选择的效果。

图 3-50　容差为 20 的　　图 3-51　容差为 70 的　　图 3-52　勾选【连续】　　图 3-53　未勾选【连续】
　　　　　效果　　　　　　　　　　　效果　　　　　　　　　复选框的效果　　　　　　复选框的效果

其余参数的含义与矩形选框工具及快速选择工具中的相同，这里不再赘述。

2. 使用魔棒工具创建选区

在使用魔棒工具时，很多颜色相近的区域很容易被误选择，即使减小容差值，也不能很好地解决该问题。因此，魔棒工具通常与【反选】命令配合使用，首先使用魔棒工具选中颜色较为一致的背景区域，再使用【反选】命令反转选区，即可选中除背景外的对象。具体操作步骤如下。

step 01 ▶ 打开"素材\ch03\09.jpg"文件，如图 3-54 所示。

step 02 ▶ 选择魔棒工具 ，在选项栏中将【容差】设置为 40，并勾选【消除锯齿】和【连续】复选框，如图 3-55 所示。

图 3-54　素材文件　　　　　　　图 3-55　在魔棒工具选项栏中设置参数

step 03 ▶ 在图像的背景处单击，即可选中除人物外的所有背景，如图 3-56 所示。

step 04 ▶ 选择【选择】→【反选】命令，即可反转选区，选中人物，如图 3-57 所示。

step 05 ▶ 将选区复制到其他背景中，最终效果如图 3-58 所示。

图 3-56　选中除人物外的所有背景

图 3-57　反转选区选中人物

图 3-58　将选区复制到其他背景

3.4　使用其他命令创建选区

在 Photoshop 中除了可以使用工具箱中的选框工具创建选区外，还可以使用其他命令创建选区，如使用使用【色彩范围】命令创建选区、使用钢笔工具创建选区、使用通道创建选区等。下面分别进行详细介绍。

3.4.1　使用【色彩范围】命令创建选区

使用【色彩范围】命令创建选区的原理与魔棒工具类似，也是根据图像中的色彩差异来选择的，但该命令提供了更多的参数设置，可以创建更为精确的选区。

1. 认识【色彩范围】对话框

打开"素材\ch03\10.jpg"文件，如图 3-59 所示。选择【选择】→【色彩范围】命令，弹出【色彩范围】对话框，在其中设置相应的参数，即可创建选区，如图 3-60 所示。

图 3-59　素材文件

图 3-60　【色彩范围】对话框

【色彩范围】对话框中各参数的含义如下。

- 【选择】：设置选区要选取的颜色，如图 3-61 所示。【取样颜色】选项表示在图像中单击，以单击点的颜色作为取样颜色；【红色】或【黄色】等选项表示以指定的颜色作为取样颜色来创建选区；【高光】或【中间调】等选项表示选择图像中的特定色调；【肤色】选项表示选择图像中出现的皮肤颜色；【溢色】选项表示选择图像中出现的溢色。

- 【检测人脸】：选择该项，可精确地选择图像中出现的头像或皮肤颜色。
- 【本地化颜色簇】：选择该项，然后调整下方的【范围】参数，可设置选区的范围。如图 3-62 和图 3-63 所示分别是【范围】设置为 30 和 76 时的效果，预览框中的白色部分即为选区。

 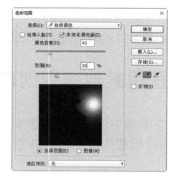 

图 3-61　设置选区要　　　图 3-62　将【范围】设置为　　　图 3-63　将【范围】设置为
　　　选取的颜色　　　　　　　　　30 的效果　　　　　　　　　76 的效果

- 【颜色容差】：设置颜色的选择范围。容差越大，颜色的选择范围就越广。
- 【选区预览】：设置在窗口中预览的类型。
- 【吸管工具】：单击 ✐ 按钮，在预览框中单击，可设置取样点；单击 ✐ 按钮，在预览框中单击，可添加取样颜色；单击 ✐ 按钮，将减去取样颜色。注意，只有将【选择】参数设置为【取样颜色】时，这 3 个工具才可用。
- 【反相】：选择该项将在原有选区的基础上反转选区。

2. 使用【色彩范围】命令创建选区

下面使用【色彩范围】命令创建选区，具体操作步骤如下。

step 01　打开"素材\ch03\11.jpg"文件，如图 3-64 所示。

step 02　选择【选择】→【色彩范围】命令，弹出【色彩范围】对话框，将【颜色容差】设置为 25，并单击 ✐ 按钮，然后将光标定位在预览框中，单击鼠标以设置取样颜色，如图 3-65 所示。

step 03　继续单击并拖动鼠标，将背景区域全部添加到选区中(白色部分表示选区)，如图 3-66 所示。

step 04　勾选【反相】复选框，反转选区，如图 3-67 所示。

step 05　设置完成后，单击【确定】按钮，即可创建选区选中大树，如图 3-68 所示。

step 06　将选区复制到其他背景中，最终效果如图 3-69 所示。

图 3-64　素材文件

图 3-65　单击鼠标以设置取样颜色

图 3-66　将背景区域全部添加到选区

图 3-67　反转选区

图 3-68　创建选区选中大树

图 3-69　将选区复制到其他背景中

3.4.2　使用钢笔工具创建选区

使用钢笔工具可以创建路径，然后将路径作为选区载入，即可将其转换为选区，具体操作步骤如下。

step 01　打开"素材\ch03\12.jpg"文件，如图 3-70 所示。

step 02　选择钢笔工具 ，单击花瓶边缘的任意一点创建一个作为起点的锚点，然后沿着边缘拖动鼠标，在转折处时单击再次创建一个锚点，并按住左键不放拖动鼠标调整方向线，使路径与边缘贴齐，如图 3-71 所示。

step 03　继续创建锚点，直到终点与起点重合时，即可闭合路径，如图 3-72 所示。

图 3-70　素材文件

图 3-71　沿着边缘创建锚点

图 3-72　闭合路径

step 04 打开【路径】面板，在其中可以看到，此时已创建了一个工作路径，单击底部的【将路径作为选区载入】按钮🔘，如图 3-73 所示。即可将路径转换为选区，如图 3-74 所示。

图 3-73　单击【将路径作为选区载入】按钮

图 3-74　将路径转换为选区

3.4.3　使用通道创建选区

使用通道创建选区的方法很简单，只需要打开一个图像文件，然后在【通道】面板中单击【将通道作为选区载入】按钮，如图 3-75 所示。这样就会自动将图像中灰度在 127 以上的区域作为选区了，如图 3-76 所示。

图 3-75　单击【将通道作为选区载入】按钮

图 3-76　自动将灰度在 127 以上的区域作为选区

3.5　选区的基本操作

在深入学习关于选区的各种工具和命令前，首先需要掌握一些选区的基本操作，包括快速选择选区、添加选区、移动选区等。

3.5.1　选择全部选区与反选选区

选择全部选区与反选选区主要是通过【选择】菜单来实现的，如图 3-77 所示。

1. 选择全部选区

选择【选择】→【全部】命令，或者按 Ctrl+A 组合键，即可选择当前图层中的全部图像，如图 3-78 所示。

图 3-77　【选择】菜单　　　　　　图 3-78　选择当前图层中的全部图像

2. 反选选区

反选选区是指选择除当前选区以外的其他选区，当图像的背景色比较简单、单一时特别适用。首先使用魔棒工具选择背景区域，如图 3-79 所示，然后选择【选择】→【反选】命令，即可反转选区，如图 3-80 所示。

　　选择背景区域后，单击鼠标右键，在弹出的快捷菜单中选择【选择反向】命令，也可以反转选区，如图 3-81 所示。

图 3-79　选择背景区域　　　　图 3-80　反转选区　　　　图 3-81　选择【选择反向】命令

3.5.2　取消选择和重新选择

取消选择选区与重新选择选区同样是通过【选择】菜单来实现的。

1. 取消选择选区

若要取消对选区的选择，选择【选择】→【取消选择】命令，或者按 Ctrl+D 组合键即可。

2. 重新选择选区

若要恢复被取消的选区，选择【选择】→【重新选择】命令，或者按 Ctrl+Shift+D 组合键即可。

3.5.3　添加选区与减去选区

在选择选区时，有时一次操作并不能达到满意的效果，此时可以使用添加或减去选区功能，对选区进行调整。

选择选框工具、套索工具、魔棒工具等创建选区的工具后，在选项栏中单击【添加到选区】按钮 ，即可添加选区；若单击【从选区减去】按钮 ，即可减去选区，如图 3-82 所示。而对于快速选择工具，选项栏中的相关按钮图标与其他创建选区的工具不一致，但功能相同，分别单击 和 按钮，如图 3-83 所示，即可添加或减去选区。

图 3-82　单击按钮可添加或减去选区　　　图 3-83　快速选择工具选项栏中的按钮图标

1. 添加选区

通过添加选区功能，可以在原有选区的基础上添加新的选区。下面介绍一个简单的实例，具体操作步骤如下。

step 01　打开"素材\ch03\13.jpg"文件，选择矩形选框工具，单击并拖动鼠标创建一个矩形选区，如图 3-84 所示。

step 02　选择椭圆选框工具，在选项栏中单击【添加到选区】按钮 ，然后单击并拖动鼠标选择区域，如图 3-85 所示。

step 03　释放鼠标，即可在矩形选区的基础上添加一个椭圆选区，如图 3-86 所示。

图 3-84　创建一个矩形选区　　图 3-85　单击并拖动鼠标选择区域　　图 3-86　添加一个椭圆选区

　　选择工具后，按住 Shift 键不放，也可添加选区。

2. 减去选区

通过减去选区功能，可以在原有选区的基础上减去新创建的选区。例如在上面的例子中，若单击【从选区减去】按钮 ，即可在矩形选区的基础上减去与椭圆选区相交的选区，如图 3-87 所示。

此外，若在选项栏中单击【与选区交叉】按钮 ，那么将只保留矩形选区与椭圆选区相交的部分，如图 3-88 所示。

图 3-87　减去选区后的效果　　　　　图 3-88　与选区交叉后的效果

3.5.4　复制与移动选区

对于创建的选区，用户可以根据需要对其进行复制和移动操作。下面进行详细介绍。

1. 复制选区

创建选区后，既可将其复制到当前图像中，也可复制到其他的图像中。复制选区主要有 3 种方法，分别介绍如下。

(1) 创建一个选区，如图 3-89 所示。按 Ctrl+C 组合键，再按 Ctrl+V 组合键，即可将选区复制到当前图像中，如图 3-90 所示。

图 3-89　创建一个选区　　　　　图 3-90　将选区复制到当前图像中

(2) 创建选区后，选择移动工具 ，然后打开另外一个图像文件，按住 Alt 键不放，将选区拖动到该图像中，可复制选区，如图 3-91 所示。

(3) 通过【拷贝】和【粘贴】命令也可复制选区，如图 3-92 所示。

图 3-91　将选区复制到其他图像中　　　　图 3-92　通过【拷贝】和【粘贴】
　　　　　　　　　　　　　　　　　　　　　　　　　命令复制选区

2. 移动选区

使用选框或套索工具创建一个选区，如图 3-93 所示，确保选项栏中的【新选区】按钮 处于选中状态，将光标定位在选区内，单击并拖动鼠标即可移动选区，如图 3-94 所示。若要微移选区，按键盘上的 ←、→、↑ 或 ↓ 等方向键即可。

> **提示**　　使用选框工具创建选区时，在释放鼠标前按住空格键并拖动鼠标，即可移动选区。

图 3-93　使用选框或套索工具创建一个选区

图 3-94　移动选区

若是使用魔棒工具或快速选择工具创建的选区，如图 3-95 所示，则创建完成后，需要选择选框工具或套索工具，才能移动选区，如图 3-96 所示。

图 3-95　使用魔棒工具或快速选择工具创建选区

图 3-96　移动选区

3.5.5　隐藏或显示选区

创建选区后，选择【视图】→【显示】→【选区边缘】命令，或者按 Ctrl+H 组合键，可以隐藏选区，再次选择该命令，即可显示选区。

3.6 选区的编辑操作

选区选择好之后，可以对选区进行编辑操作，如变换选区、存储选区、描边选区等。下面详细介绍编辑选区的方法。

3.6.1 选区图像的变换

创建选区后，通过【选择】→【变换】子菜单可对选区进行变换操作，包括缩放、旋转、扭曲等。具体方法可参考前面章节对图像进行变换和变形的操作，它们的方法几乎一致，这里不再赘述。

3.6.2 存储和载入选区

有时创建一些复杂图像的选区相当麻烦，一旦因操作失误或其他原因撤销了选区，将会造成不必要的损失。因此，若在以后的操作中还需要使用选区，可将其保存起来，当再次使用时载入该选区即可。

1. 存储选区

存储选区主要有两种方法，分别介绍如下。

(1) 直接单击【通道】面板中的【将选区存储为通道】按钮 ▣，即可存储选区，具体操作步骤如下。

step 01 打开"素材\ch03\14.jpg"文件，创建选区，如图 3-97 所示。

step 02 在【通道】面板中，单击底部的【将选区存储为通道】按钮 ▣，可将选区保存在 Alpha 1 通道中，如图 3-98 所示。

图 3-97　素材文件　　　　　　　　图 3-98　将选区保存在 Alpha 1 通道中

(2) 选择【选择】→【存储选区】命令，通过弹出的【存储选区】对话框也可存储选区，如图 3-99 所示。

 　　　在选区中单击鼠标右键，在弹出的快捷菜单中选择【存储选区】命令，如图 3-100 所示，也可弹出【存储选区】对话框。

图 3-99　【存储选区】对话框

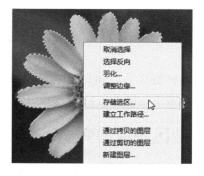

图 3-100　选择【存储选区】命令

在【存储选区】对话框中，【文档】参数用于设置保存选区的目标文件，默认将其保存在当前的文档中；【通道】参数用于设置是将选区保存在新建通道中，还是保存在其他通道中；【名称】参数用于设置选区的名称。

2. 载入选区

若要调用存储的选区，需要载入选区。用户共有 3 种方法可载入选区，分别介绍如下。

(1) 按住 Ctrl 键不放，在【通道】面板中单击通道缩览图，即可载入选区，如图 3-101 所示。

(2) 在【通道】面板中选中要载入的通道，单击底部的【将通道作为选区载入】按钮■，可载入选区。

(3) 选择【选择】→【载入选区】命令，通过弹出的【载入选区】对话框也可载入选区，如图 3-102 所示。

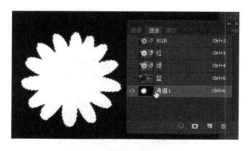

图 3-101　载入选区

图 3-102　【载入选区】对话框

在【载入选区】对话框中，【文档】参数用于选择包含选区的目标文件；【通道】参数用于选择包含选区的通道；【反相】参数可以反转选区，相当于执行了反选选区命令。

3.6.3　描边选区

描边选区是指给选区添加边缘线条效果，具体操作步骤如下。

step 01　打开"素材\ch03\15.jpg"文件，创建一个选区，如图 3-103 所示。

step 02　选择【编辑】→【描边】命令，弹出【描边】对话框，在其中设置描边的宽度、颜色、位置、模式、不透明度等参数，如图 3-104 所示。

step 03 设置完成后，单击【确定】按钮，选区边缘出现描边效果，如图 3-105 所示。

图 3-103　素材文件

图 3-104　【描边】对话框

图 3-105　选区边缘出现描边效果

提示

在选区中单击鼠标右键，在弹出的快捷菜单中选择【描边】命令，也可弹出【描边】对话框。

3.6.4　羽化选区边缘

羽化选区是指对选区的边缘执行模糊效果，这种模糊效果会使选区边缘的图像细节丢失，具体操作步骤如下。

step 01 打开"素材\ch03\16.jpg"文件，使用快速选择工具，创建一个选区，如图 3-106 所示。

step 02 选择【选择】→【修改】→【羽化】命令，或者单击鼠标右键，在弹出的快捷菜单中选择【羽化】命令，如图 3-107 所示。

step 03 弹出【羽化选区】对话框，在【羽化半径】文本框中输入羽化值，即可控制羽化范围的大小。例如这里输入 10，单击【确定】按钮，如图 3-108 所示。

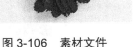
图 3-106　素材文件

图 3-107　选择【羽化】命令

图 3-108　【羽化选区】对话框

step 04 新建一个背景为透明的文件，将羽化后的选区复制到文件中，即可查看羽化后的效果，如图 3-109 所示。

step 05 如果将羽化半径设置为 25，则羽化后的效果如图 3-110 所示。

图 3-109　将羽化后的选区复制到文件中的效果　　图 3-110　羽化半径设置为 25 后的羽化效果

　　此外，在使用选框和套索工具创建选区前，在选项栏中设置【羽化】参数，同样可以羽化选区边缘。

3.6.5　扩大选取与选取相似

　　扩大选取和选取相似两个功能都是基于魔棒工具选项栏中的【容差】参数，来扩大现有的选区，容差越大，选区扩大的范围就越大。

1. 扩大选取

　　使用扩大选取功能可以选择所有和现有选区颜色相同或相近的相邻像素，然后扩大这些区域，具体操作步骤如下。

step 01　打开"素材\ch03\17.jpg"文件，创建一个选区，如图 3-111 所示。

step 02　选择【选择】→【扩大选取】命令，即可扩大与原有选区相连接，并且颜色与之相同或相近的区域，如图 3-112 所示。

2. 选取相似

　　使用选取相似功能可以选择所有和现有选区颜色相同或相近的所有像素，而不只是相邻的像素。因此，它不仅会扩大相邻区域，还将扩大到整个图像文件。选择【选择】→【选取相似】命令，效果如图 3-113 所示。

图 3-111　素材文件　　　图 3-112　使用扩大选取功能的效果　　图 3-113　使用选取相似功能的效果

3.6.6　修改选区边界

　　修改选区边界是以当前的选区边界为中心向内外扩展，从而形成新的选区，具体操作步骤如下。

step 01 打开"素材\ch03\18.jpg"文件，创建一个选区，如图 3-114 所示。

step 02 选择【选择】→【修改】→【边界】命令，弹出【边界选区】对话框，在【宽度】文本框中设置选区扩展的像素值，例如这里输入 15，如图 3-115 所示。

step 03 单击【确定】按钮，原选区边界会分别向内外扩展 7.5 像素，形成一个新的选区，如图 3-116 所示。

 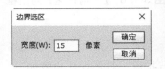 

图 3-114　素材文件　　图 3-115　【边界选区】对话框　　图 3-116　形成一个新的选区

step 04 为新选区填充颜色。选择【编辑】→【填充】命令，弹出【填充】对话框，在【内容】下拉列表框中选择【颜色】选项，并在弹出的调色板中选择填充颜色，如图 3-117 所示。

step 05 单击【确定】按钮，即可为选区填充颜色，如图 3-118 所示。

图 3-117　【填充】对话框　　　　　图 3-118　为选区填充颜色

 修改选区边界和描边选区的用法相似，不同的是，使用修改选区边界功能会自动羽化选区。

3.6.7　平滑选区边缘

平滑选区边缘可以让选区生硬的边缘变得平滑，具体操作步骤如下。

step 01 打开"素材\ch03\19.jpg"文件，创建一个选区，如图 3-119 所示。

step 02 选择【选择】→【修改】→【平滑】命令，弹出【平滑选区】对话框，在【取样半径】文本框中输入 100，如图 3-120 所示。

step 03 单击【确定】按钮，选区的边缘变得平滑，如图 3-121 所示。

网站开发案例课堂

图 3-119　素材文件　　　　图 3-120　【平滑选区】对话框　　　图 3-121　选区的边缘变得平滑

3.6.8　扩展与收缩选区

扩展选区是指对现有的选区进行扩展，具体操作步骤如下。

step 01　打开"素材\ch03\14.jpg"文件，创建一个选区，如图 3-122 所示。

step 02　选择【选择】→【修改】→【扩展】命令，弹出【扩展选区】对话框，在【扩展量】文本框中设置扩展范围，例如这里输入 20，如图 3-123 所示。

step 03　单击【确定】按钮，即扩展了选区范围，如图 3-124 所示。

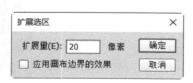

图 3-122　创建一个选区　　　图 3-123　【扩展选区】对话框　　　图 3-124　扩展了选区范围

收缩选区是指对现有的选区进行收缩，具体操作步骤如下。

step 01　打开"素材\ch03\14.jpg"文件，创建一个选区，如图 3-125 所示。

step 02　选择【选择】→【修改】→【收缩】命令，弹出【收缩选区】对话框，在【收缩量】文本框中设置收缩范围，例如这里输入 20，如图 3-126 所示。

step 03　单击【确定】按钮，即收缩了选区范围，如图 3-127 所示。

图 3-125　创建一个选区　　　图 3-126　【收缩选区】对话框　　　图 3-127　收缩了选区范围

3.7 综合案例——设计光盘的封面

家庭摄影、录像已经普及，为了妥善保存影音视频，可以将其制作成光盘。为了使光盘美观，便于记忆，可以为光盘制作一个简易的封面，具体操作步骤如下。

step 01 选择【文件】→【新建】命令，弹出【新建】对话框，在【名称】文本框中输入 "光盘封面"，将【宽度】和【高度】都设置为 12 厘米，将【分辨率】设置为 72 像素/英寸，将【背景内容】设置为【透明】，如图 3-128 所示。

step 02 单击【确定】按钮，即可新建一个透明文件，如图 3-129 所示。

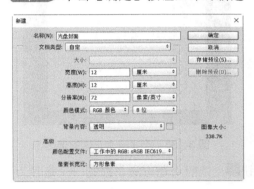

图 3-128 【新建】对话框

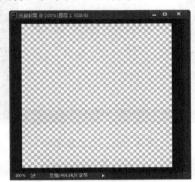

图 3-129 新建一个透明文件

step 03 选择【视图】→【标尺】命令，或者使用 Ctrl+R 组合键调出标尺，如图 3-130 所示。

 提示

如果标尺显示的不是厘米而是像素，为了方便操作，需要将标尺单位改为厘米，具体的方法是：右击文档中的标尺，在弹出的快捷菜单中选择【厘米】选项，即可将标尺更改为以厘米方式显示，如图 3-131 所示。

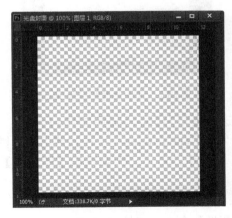

图 3-130 调出标尺

图 3-131 将标尺更改为以厘米方式显示

step 04 ▶ 单击标尺并拖曳，可以绘制出参考线，分别在横向和纵向的 2、4、6、8 厘米处添加参考线，如图 3-132 所示。

step 05 ▶ 选择【椭圆选框工具】，设置【羽化】值为 0 px，在【样式】下拉列表中选择【固定大小】选项，将【宽度】和【高度】分别设置为 12 厘米。按住 Alt 键，单击纵横 6 厘米处参考线的交点，产生一个正圆的选区，如图 3-133 所示。

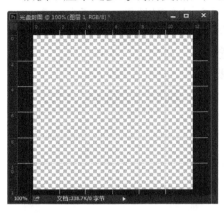
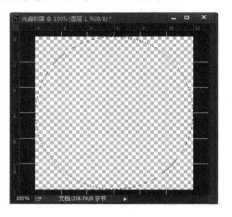

图 3-132　添加参考线　　　　　　　　　图 3-133　产生一个正圆的选区

step 06 ▶ 单击选项栏中的【从选区减去】按钮，依照上述方法，绘制一个直径为 4 厘米的选区，如图 3-134 所示。

step 07 ▶ 选择【视图】→【清除参考线】命令，将参考线清除。选择【选择】→【反向】命令，对选区进行反选操作，如图 3-135 所示。

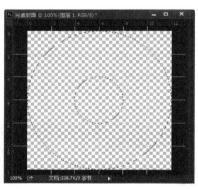
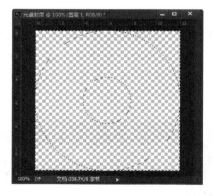

图 3-134　绘制一个直径为 4 厘米的选区　　图 3-135　清除参考线并反选选区

step 08 ▶ 选择工具箱中的【油漆桶工具】，将选区填充为白色，如图 3-136 所示。

step 09 ▶ 使用 Ctrl+D 组合键撤销选区，打开"素材\ch03\20.jpg"文件，使用工具栏中的【移动工具】将图像移动到"光盘封面"文件中，产生一个新图层【图层 2】，如图 3-137 所示。

step 10 ▶ 选中图层 2 将其调整到图层 1 的下方，如图 3-138 所示。

step 11 ▶ 选择图层 2，选择【编辑】→【自由变换】命令，或按 Ctrl+T 组合键，对图像进行大小及位置调整，调整后如图 3-139 所示。

图 3-136 将选区填充为白色

图 3-137 将图像移动到"光盘封面"文件中

图 3-138 将图层 2 调整到图层 1 的下方

图 3-139 对图像进行大小及位置调整

step 12 使用【直排文字工具】在图像中的适当位置添加文字，如图 3-140 所示。

step 13 选中文字图层，在文字工具栏中单击【创建变形文字】按钮，打开【变形文字】对话框，在其中选择样式为【扇形】，选中【垂直】单选按钮，并设置弯曲度为 50%，单击【确定】按钮，如图 3-141 所示。

图 3-140 添加文字

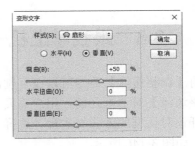

图 3-141 【变形文字】对话框

step 14 ▶ 单击文字工具栏中的颜色色块，打开【拾色器(文本颜色)】对话框，在其中设置
文字的颜色，如图 3-142 所示。

step 15 ▶ 单击【确定】按钮，返回到图像文件中，可以看到设置文字之后的效果，如
图 3-143 所示。

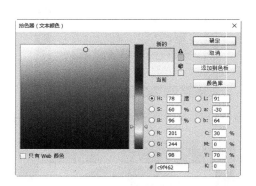

图 3-142　【拾色器(文本颜色)】对话框

图 3-143　设置文字之后的效果

step 16 ▶ 选择【图层】→【合并可见图层】命令，将所有图层合并，如图 3-144 所示。

step 17 ▶ 使用魔棒工具选择白色区域，进行删除，可以得到如图 3-145 所示的最终显示效
果。这样一个光盘封面就制作完成了。

图 3-144　合并所有图层

图 3-145　光盘封面制作完成

3.8　跟我学上机——抠取图像中的细致边缘

使用【调整边缘】命令可以在复制的图像中抠出细致复杂的边缘，如动物的毛发。在使
用【调整边缘】对话框之前，用户需要先创建一个大致的选区，然后再使用该对话框调整选
区。打开该对话框的方式有多种，选择【选择】→【调整边缘】命令，即弹出【调整边缘】
对话框，如图 3-146 所示。

1. 认识【调整边缘】对话框

【调整边缘】对话框中各参数的含义如下。

- 【视图】：设置视图模式，以便在文档窗口中观察选区调整的效果，如图 3-147 所示。【闪烁虚线】选项：表示以闪烁的虚线显示选区，如图 3-148 所示。【叠加】选项：表示以快速蒙版状态显示选区，如图 3-149 所示。【黑底】选项：表示以黑色背景显示选区，如图 3-150 所示。【白底】选项：表示以白色背景显示选区，如图 3-151 所示。【黑白】选项：表示以通道蒙版的状态显示选区，如图 3-152 所示。【背景图层】选项：表示以透明的背景图层显示选区，如图 3-153 所示。【显示图层】选项：表示不显示选区。

图 3-146　【调整边缘】对话框

图 3-147　设置视图模式

图 3-148　闪烁虚线视图

图 3-149　叠加视图

图 3-150　黑底视图

图 3-151　白底视图

图 3-152　黑白视图

图 3-153　背景图层视图

- 【显示半径】：显示按半径定义的调整区域。
- 【显示原稿】：显示原始选区。
- 【半径】：设置检测边缘的半径。
- 【智能半径】：选择该项可使半径自动适应图像边缘。
- 【平滑】：设置边缘的平滑程度，该值越大，边缘越平滑。
- 【羽化】：设置边缘的羽化范围。
- 【对比度】：设置锐化边缘，从而消除边缘的不自然感。
- 【移动边缘】：设置收缩或扩展选区边缘，该值越大，扩展范围越大。
- 【净化颜色】：选择该项后，通过调整【数量】参数可以清除图像的彩色杂边。
- 【输出到】：设置选区的输出方式，包括选区、图层蒙版、新建图层等方式。

2. 使用【调整边缘】命令抠取图像

下面将一只小猫从图像背景中抠出，具体操作步骤如下。

step 01 ▶ 打开"素材\ch03\21.jpg"文件，如图 3-154 所示。

step 02 ▶ 选择快速选择工具 ▧，在小猫上拖动创建一个选区，选中小猫，如图 3-155 所示。

图 3-154　素材文件　　　　　　　　图 3-155　创建选区选中小猫

step 03 ▶ 单击选项栏中的【调整边缘】按钮，弹出【调整边缘】对话框，将【视图】设置为【黑白】，勾选【智能半径】和【净化颜色】复选框，并将【半径】设置为 250 像素，如图 3-156 所示。

step 04 ▶ 此时在图像窗口中可查看选区调整的效果，如图 3-157 所示。

step 05 ▶ 在【调整边缘】对话框中单击调整半径工具，在弹出的下拉列表中选择抹除调整工具 ▧，如图 3-158 所示。

step 06 ▶ 此时光标变为 ⊙ 形状，在小猫下部边缘涂抹，擦去不需要的背景；按住 Alt 键不放，切换为调整半径工具 ▧，此时光标变为 ⊕ 形状，在小猫的尾巴上涂抹，擦出需要的背景，如图 3-159 所示。

step 07 ▶ 设置完成后，在【调整边缘】对话框中将【输出到】设置为【新建图层】，单击【确定】按钮，如图 3-160 所示。

step 08 ▶ 选择移动工具 ▸▸，将抠出的小猫拖动到其他背景中，可以看到，小猫的毛发已经抠出来了，如图 3-161 所示。

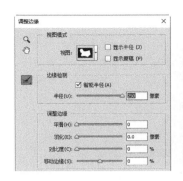

图 3-156 设置参数

图 3-157 查看选区调整的效果

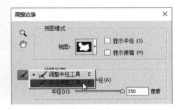

图 3-158 选择抹除调整工具

图 3-159 擦出需要的背景

图 3-160 为选区新建一个图层

图 3-161 最终效果

3.9 疑难解惑

疑问 1：使用【色彩范围】命令创建的选区有什么特点？

答： 使用【色彩范围】命令创建选区与使用魔棒工具和快速选择工具创建选区的相同之处在于：都是基于色调差异来创建选区。不同之处在于：【色彩范围】命令可以创建带有羽化的选区，也就是说，选出的图像会呈现透明效果，而魔棒工具和快速选择工具则不能。

疑问 2：在羽化选区时，有时会弹出一个警告信息提示框，如图 3-162 所示。这是为什么？

答： 如果选区较小而羽化半径设置较大，就会弹出一个羽化警告信息提示框，单击【确定】按钮，表示确认当前设置的羽化半径。这时选区可能变得非常模糊，以至于在画面中看不到，但是选区仍然存在。如果不想出现该警告信息提示框，应该减小羽化半径或增大选区的范围。

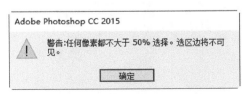

图 3-162 警告信息提示框

第 4 章
调整图像的
色彩和色调

　　调整图像颜色和色调是 Photoshop 的重要功能之一。对于一张好的图片，不仅要有好的内容，色彩和色调的把握也是至关重要的。利用 Photoshop 提供的多达十几种调整图像颜色的命令，可以对拍摄或扫描的图像进行处理，从而制作出高品质的图像。本章带领大家学习如何调整图像的色彩和色调。

重点案例效果

4.1　认识图像的颜色模式

选择【图像】→【模式】子命令即可设置颜色模式，如图 4-1 所示。常见的颜色模式包括 RGB(表示红、绿、蓝)颜色模式、CMYK(表示青、洋红、黄、黑)颜色模式和 Lab 颜色模式等。每种模式的图像描述和展现色彩的原理及所能显示的颜色数量都是不同的。

图 4-1　通过【模式】子菜单命令可设置颜色模式

4.1.1　位图模式

在位图模式下，图像的颜色容量是一位，即每像素的颜色不是黑就是白。要将彩色图像转换为位图模式，首先需要将其转换为灰度模式或双色调模式，只有这两种模式才能转换为位图模式。打开"素材\ch04\01.jpg"文件，如图 4-2 所示。选择【图像】→【模式】→【灰度】命令，将其转换为灰度模式，如图 4-3 所示。

图 4-2　打开一幅彩色图像

图 4-3　将图像转换为灰度模式

转换为灰度模式后，选择【图像】→【模式】→【位图】命令，弹出【位图】对话框，在其中设置转换后图像的分辨率及减色处理方法，单击【确定】按钮，即可转换为位图模式，如图 4-4 所示。

Photoshop 共提供了 5 种减色处理方法，在【使用】下拉列表框中可选择相应的方法，如图 4-5 所示。

图 4-4　【位图】对话框

图 4-5　5 种减色处理方法

- 【50%阈值】：选择该项会将灰度级别大于 50%的像素全部转换为黑色，将灰度级别小于 50%的像素转换为白色，如图 4-6 所示。
- 【图案仿色】：选择该项可使用黑白点的图案来模拟色调，如图 4-7 所示。
- 【扩散仿色】：选择该项会产生颗粒状纹理效果，如图 4-8 所示。

图 4-6 　50%阈值 　　　　　　图 4-7 　图案仿色 　　　　　　图 4-8 　扩散仿色

- 【半调网屏】：该项是商业中经常使用的一种输出模式，是通过平面印刷中使用的半调网点外观来模拟色调，如图 4-9 所示。
- 【自定图案】：该项可选择一种图案来模拟色调，如图 4-10 所示。

图 4-9 　半调网屏 　　　　　　　　　　图 4-10 　自定图案

 在位图模式下图像只有一个图层和一个通道，滤镜全部被禁用。

4.1.2 　灰度模式

灰度图像是指纯白、纯黑以及两者中的一系列从黑到白的过渡色。灰度色中不包含任何色相，即不存在红色、黄色这样的颜色。

在灰度模式下，灰度图像反映的是原彩色图像的亮度关系，每像素都有一个 0～255 的亮度值，其中 0 表示黑色，255 表示白色，其他值则表示黑和白之间的过渡色。

4.1.3 　双色调模式

双色调模式可以弥补灰度图像的不足。因为灰度图像虽然拥有 256 种灰度级别，但是在印刷输出时，印刷机的每滴油墨最多只能表现 50 种灰度。这意味着如果只用一种黑色油墨打印灰度图像，图像将非常粗糙。而双色调模式可以得到比单一通道更多的色调层次，这样打印出来的双色调、三色调甚至四色调图像就能表现得非常流畅了。

选择【图像】→【模式】→【双色调】命令，弹出【双色调选项】对话框，在其中设置色调类型及油墨颜色，即可设置为双色调模式，如图 4-11 所示。

 只有在灰度模式下才能将图像转换为双色调模式。

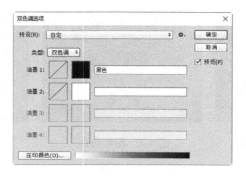

图 4-11 【双色调选项】对话框

- 【预设】：在其下拉列表中选择软件提供的预设选项，可直接应用效果。
- 【类型】：设置色调类型。共有 4 种类型，分别是单色调、双色调、三色调和四色调。
- 【油墨】：单击 ▨ 按钮，将弹出【双色调曲线】对话框，拖动曲线可改变油墨的百分比，如图 4-12 所示。单击右侧的颜色块按钮，将弹出【颜色库】对话框，在其中可设置油墨颜色，如图 4-13 所示。

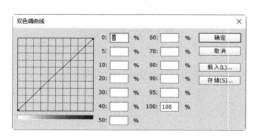

图 4-12 【双色调曲线】对话框

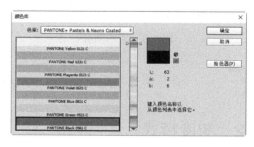

图 4-13 【颜色库】对话框

在【双色调选项】对话框中将【类型】设置为【三色调】，并设置各油墨的曲线及颜色，如图 4-14 所示。最终效果如图 4-15 所示。

图 4-14 设置相关参数

图 4-15 设置后的最终效果

4.1.4 索引颜色模式

一幅彩色图像中可能有几千种甚至上万种颜色，而在索引颜色模式下，最多只能使用 256

种颜色。因此可以说，使用 256 种或更少的颜色替代全彩图像中上万种颜色的过程叫作索引。当转换为索引颜色模式时，Photoshop 将构建一个颜色查找表，用来存放索引图像中的颜色。如果原图像中的某种颜色没有出现在该表中，程序将选取最接近的一种或使用仿色来模拟该颜色。

索引颜色模式的优点在于它的文件格式比较小，同时能够保持视觉品质不单一，因此非常适用于多媒体动画或 Web 页面。在索引颜色模式下只能进行有限的编辑，若要进一步进行编辑，则应临时转换为 RGB 模式。

图 4-16　【索引颜色】对话框

选择【图像】→【模式】→【索引颜色】命令，弹出【索引颜色】对话框，在其中设置相关参数后，即可设置为索引颜色模式，如图 4-16 所示。

　　只有在灰度模式和 RGB 模式下才能将图像转换为索引颜色模式。

- 【调板】：设置在转换为索引颜色时使用的调色类型。例如，若需要制作 Web 网页，则可选择 Web 调色板。
- 【颜色】：设置要显示的实际颜色数量，最多为 256 种。
- 【强制】：设置是否将某些颜色强制加入到颜色表中。例如，若选择【黑白】选项，可以将纯黑和纯白强制添加到颜色表中。
- 【杂边】：设置用于填充图像锯齿边缘的背景色。
- 【仿色】：设置是否使用仿色。若要模拟颜色表中没有的颜色，可使用仿色。在其下拉列表中可选择仿色的类型。
- 【数量】：设置仿色数量的百分比值。值越高，则所仿颜色越多，但可能会增加文件大小。

打开"素材\ch04\02.jpg"文件，如图 4-17 所示。将其颜色模式转换为索引颜色模式后，选择【图像】→【模式】→【颜色表】命令，弹出【颜色表】对话框，该对话框中即存储了 Photoshop 从图像中提取的 256 种典型的颜色，如图 4-18 所示。

图 4-17　原图

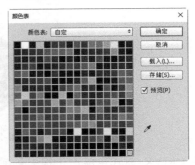

图 4-18　【颜色表】对话框

4.1.5　RGB 颜色模式

RGB 颜色模式通过对红(R)、绿(G)、蓝(B)3 个颜色通道的变化以及它们相互之间的叠加来得到各式各样的颜色。这个标准几乎包括了人类视力所能感知的所有颜色，是目前运用最广泛的颜色模式之一，如图 4-19 所示。

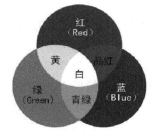

图 4-19　RGB 颜色模式

Photoshop 中的 RGB 颜色模式，为图像中每像素的 RGB 分量分配一个 0~255 的强度值。例如：纯红色 R 值为 255，G 值为 0，B 值为 0；灰色的 R、G、B 3 个值相等(除了 0 和 255)；白色的 R、G、B 值都为 255；黑色的 R、G、B 值都为 0。通过这 3 种颜色的叠加，可在屏幕上生成多达 1677 多万种颜色。

注意，在该模式下，用户可以使用 Photoshop 所有的工具和命令，而其他的模式都会或多或少地受到限制。

4.1.6　CMYK 颜色模式

CMYK 被称作印刷色彩模式，顾名思义就是用来印刷的，具有青色 C(Cyan)、洋红 M(Magenta)、黄色 Y(Yellow)和黑色 K(Black)4 个颜色通道，如图 4-20 所示。因为在实际应用中，青色、洋红色和黄色很难叠加形成真正的黑色，最多不过是褐色，因此才引入了 K——黑色，其作用是为了强化暗调，加深暗部色彩。

 由于 RGB 模式中的 B 代表蓝色，为了不和该模式发生冲突，CMYK 模式使用 K 表示黑色。

CMYK 颜色模式是以打印在纸上的油墨对光线产生反射特性为基础产生的，通过反射某些颜色的光，并吸收其他颜色的光，油墨就产生了颜色。正是由于该模式是通过吸收光来产生颜色的，因此又被称为减色模式，如图 4-20 所示。

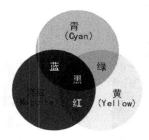

图 4-20　CMYK 颜色模式

虽然 CMYK 模式也能产生很多种颜色，但它的颜色表现能力并不足以让人满意，因此只要在屏幕上显示的图像，就是 RGB 模式。而只要是在印刷品上看到的图像，如杂志、报纸、宣传画等，就是 CMYK 模式表现的，这是由于 RGB 模式尽管色彩非常多，但不能完全打印出来。

CMYK 通道的灰度图和 RGB 类似，是一种含量多少的表示。RGB 灰度表示色光亮度，而 CMYK 灰度表示油墨浓度。

4.1.7　Lab 颜色模式

Lab 模式是一种基于人眼视觉原理创立的颜色模式，理论上它概括了人眼所能看到的所有颜色。与 RGB 模式和 CMYK 模式相比，Lab 模式的色域最宽，其次是 RGB 模式，色域最窄的是 CMYK 模式。当我们将 RGB 模式转换成 CMYK 模式时，Photoshop 将自动将 RGB 模式转换为 Lab 模式，再转换为 CMYK 模式。

　　当图像转换为 Lab 颜色模式后，有部分命令将不可用。

Lab 颜色模式是由明度和两个色度分量构成的，如图 4-21 所示。其中，明度通道(L)专门负责整张图的明暗度，而 a 和 b 通道只负责颜色的多少，a 通道表示从绿色至红色的范围，b 通道表示从蓝色到黄色的范围，如图 4-22 所示。由此可知，Lab 模式在处理图片时有着非常特别的优势，我们可以在不影响色相和饱和度的情况下轻松调整图像的明暗信息，还可以在不影响色调的情况下调整颜色。

　　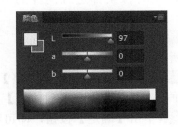

图 4-21　Lab 颜色模式下的【通道】面板　　　　图 4-22　Lab 颜色模式下的【颜色】面板

　　Lab 模式与设备无关，无论使用何种设备(如显示器、打印机、计算机或扫描仪等)创建或输出图像，该模式都能生成一致的颜色。

4.1.8　颜色深度

颜色深度是用于度量图像中有多少颜色信息可用于显示或打印像素，又称为位深度，常用的主要有 3 种类型：8 位、16 位和 32 位。

1 位图像最多可由两种颜色组成，以此类推，8 位图像包含 2 的 8 次方种颜色，即能表现出 256 种颜色，而 16 位图像能表现出 65536 种颜色信息。由此可知，位数越大，颜色数量也越多，色调越丰富。

其中，8 位图像是最常用的类型，当变更为 16 位或 32 位时，虽然能够表现出更加丰富的色彩，但某些命令将不可用，而且文件内存会增大。通过【图像】→【模式】子菜单命令即可转换这 3 种模式。

提示 在文档窗口的菜单栏中，可以查看相应的颜色模式和颜色深度等信息，如图 4-23 所示。

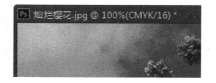

图 4-23　在窗口的菜单栏中可查看颜色模式和颜色深度信息

4.2　图像色调的调整

图像色调调整主要是对图像进行明暗度和对比度的调整。例如，将一幅暗淡的图像调整得亮一些，将一幅灰蒙蒙的图像调整得清晰一些。

4.2.1　调整图像的亮度与对比度

使用【亮度/对比度】命令，可以对图像的色调范围进行简单的调整。但是在操作时它会对图像中的所有像素都进行同样的调整，因此可能会导致部分细节损失，具体操作步骤如下。

step 01 打开"素材\ch04\03.jpg"文件，然后按 Ctrl+J 组合键，复制背景图层，如图 4-24 所示。

step 02 选择【图像】→【调整】→【亮度/对比度】命令，弹出【亮度/对比度】对话框，在【亮度】和【对比度】文本框中分别输入 112 和-23，如图 4-25 所示。

step 03 单击【确定】按钮，即可调整图像的亮度和对比度，如图 4-26 所示。

图 4-24　素材文件　　　图 4-25　【亮度/对比度】对话框　　　图 4-26　调整图像的亮度和对比度

提示 直接拖动【亮度】和【对比度】下面的小滑块，也可改变相应的值。若勾选【使用旧版】复选框，在调整亮度时只是简单地增大或减小所有像素值，可能会导致修剪或丢失高光或阴影区域中的图像细节。

4.2.2　使用【色阶】命令调整图像

【色阶】命令通过调整图像暗调、灰色调和高光的亮度级别来校正图像的色调以及平衡图像的色彩。它是最常用的色彩调整命令之一。

1. 认识【色阶】对话框

打开"素材\ch04\04.jpg"文件，如图 4-27 所示。选择【图像】→【调整】→【色阶】命令，或者按 Ctrl+L 组合键，弹出【色阶】对话框，通过该对话框，可调整图像的色阶，如图 4-28 所示。

图 4-27 原图

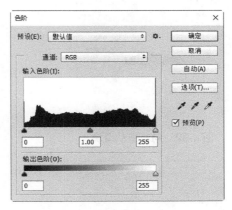

图 4-28 【色阶】对话框

- 【预设】：在其下拉列表中选择一个预设文件，可自动调整图像。若选择【自定】选项，自定义各参数后，单击右侧的██按钮，在弹出的下拉列表中选择【存储预设】选项，可将当前的参数保存为一个预设文件，以便于下次直接调用。

- 【通道】：设置要调整色调的通道。选择某个通道可以只改变特定颜色的色调，当图像设置为 RGB 颜色模式时，红、绿和蓝 3 个通道颜色分布情况分别如图 4-29、图 4-30 和图 4-31 所示。

 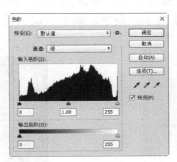 

图 4-29 红通道的颜色分布情况   图 4-30 绿通道的颜色分布情况   图 4-31 蓝通道的颜色分布情况

- 【输入色阶】：该区域有 3 个参数，在文本框中分别输入暗调、中间调和高光的亮度级别，或者直接拖动滑块，即可修改图像的色调范围。向左拖动滑块，可使图像的色调变亮，如图 4-32 和图 4-33 所示；向右拖动滑块，则图像的色调变暗，如图 4-34 和图 4-35 所示。

网站开发案例课堂

当暗调滑块处于色阶 0 时，所对应的像素是纯黑的。若向右拖动滑块，那么暗调滑块所在位置左侧的所有像素都会变成黑色，就会使图像的色调变暗。同理，当高光滑块处于色阶 255 时，所对应的像素是纯白的。若向左拖动滑块，那么其右侧的所有像素都会变成白色，就会使图像的色调变亮。

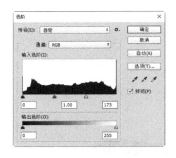

图 4-32　向左拖动滑块

图 4-33　图像的色调变亮

图 4-34　向右拖动滑块

图 4-35　图像的色调变暗

- ● 【输出色阶】：该区域内只有暗调和高光 2 个参数，用于限制图像的亮度范围，降低图像的对比度。向左拖动滑块，那么图像中最亮的色调不再是白色，就会降低亮度，如图 4-36 和图 4-37 所示；反之，向右拖动滑块，则提高亮度。

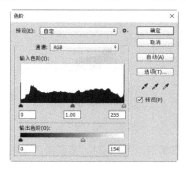

图 4-36　向左拖动滑块

图 4-37　降低亮度

- ● 【取消】：单击该按钮，可关闭对话框，并取消调整色阶。若按住 Alt 键不放，此按钮将变成【复位】按钮，单击即可使各参数恢复为原始状态。
- ● 【自动】：单击该按钮，可应用自动颜色校正。
- ● 【选项】：单击该按钮，将弹出【自动颜色校正选项】对话框，在其中可指定使用

【自动】按钮对图像进行何种类型的自动校正，如自动颜色、自动对比度或自动色调校正等。

- 【吸管工具】：单击【设置黑场】按钮 <img>，然后单击图像中的某点取样，可以将该点的像素调整为黑色，并且图像中所有比取样点亮度低的像素都会调整为黑色，如图 4-38 所示。同理，若单击【设置灰场】按钮 <img>，会根据取样点的亮度调整其他中间色调的平均亮度，如图 4-39 所示。若单击【设置白场】按钮 <img>，会将所有比取样点亮度高的像素调整为白色，如图 4-40 所示。

图 4-38　设置黑场　　　　　图 4-39　设置灰场　　　　　图 4-40　设置白场

2. 使用【色阶】命令

下面介绍如何使用【色阶】命令调整图像的色调，其中最重要的就是能够理解直方图。

(1) 山脉集中在暗调一端。出现该种情况说明图像中暗色比较多，图片偏暗，如图 4-41 所示。向左拖动高光滑块，即可使图片变亮，如图 4-42 所示。

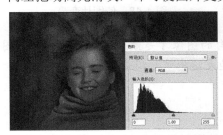 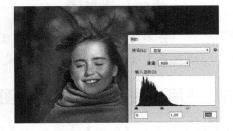

图 4-41　图片偏暗　　　　　　　　　　图 4-42　使图片变亮

(2) 山脉集中在中间。出现该种情况说明图像中最暗的点不是黑色，最亮的点也不是白色，缺乏对比度，图片整体偏灰，如图 4-43 所示。分别将暗调滑块和高光滑块向中间拖动，即可增加图片对比度，如图 4-44 所示。

图 4-43　图片整体偏灰　　　　　　　　图 4-44　增加图片对比度

（3）山脉集中在两侧。与第 2 种情况相反，出现该种情况说明图像反差过大，如图 4-45 所示。向左侧拖动中间调滑块，即可增加图像的亮色部分，如图 4-46 所示。

图 4-45　图像反差过大　　　　　　　图 4-46　增加图像的亮色部分

（4）山脉集中在高光调一端。与第 1 种情况相反，出现该种情况说明图像偏亮，缺少黑色成分，如图 4-47 所示。向右侧拖动暗调滑块，即可使图片变暗，如图 4-48 所示。

图 4-47　图像偏亮　　　　　　　　图 4-48　使图片变暗

　　　　　并不是直方图中波峰居中且山脉均匀的图像才是最合适的，判断一张图像的曝光是否准确，关键在于图像是否准确地表达出了拍摄者的意图。

4.2.3　使用【曲线】命令调整图像

【曲线】命令与【色阶】命令的功能相同，也是用于调整图像的色调范围及色彩平衡。但它不是通过控制 3 个变量(阴影、中间调和高光)来调节图像的色调，而是对 0 到 255 色调范围内的任意点进行精确调节，最多可同时使用 16 个变量。

1. 认识【曲线】对话框

打开"素材\ch04\05.jpg"文件，如图 4-49 所示。选择【图像】→【调整】→【曲线】命令，或者按 Ctrl+M 组合键，即弹出【曲线】对话框，如图 4-50 所示。

- 【编辑点以修改曲线】：该项为默认选项，表示在曲线上单击即可添加新的控制点，拖动控制点可修改曲线的形状，如图 4-51 所示。

图 4-49　原图

- 【通过绘制来修改曲线】：单击该按钮，可以直接手绘自由曲线，如图 4-52 所示。绘制完成后，单击按钮，可显示出控制点；单击【平滑】按钮，可使手绘的曲线更加平滑。

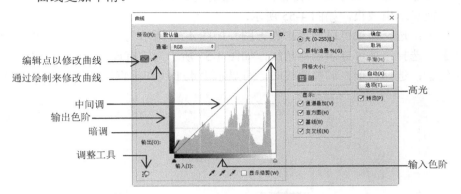

图 4-50 【曲线】对话框

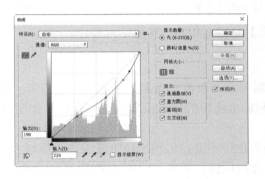

图 4-51 拖动控制点可修改曲线的形状

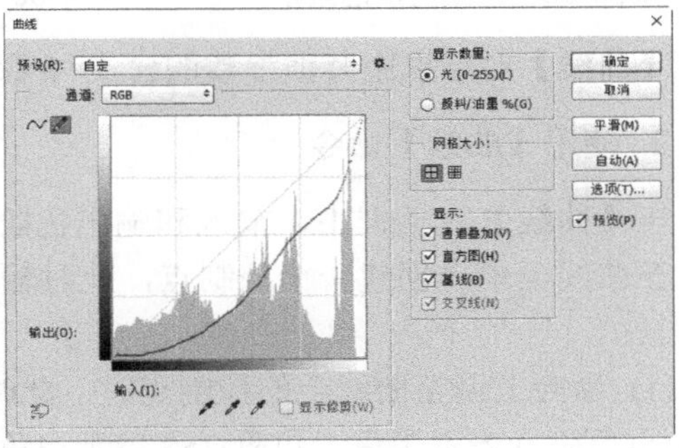

图 4-52 手绘自由曲线

- 【输入】/【输出】：分别显示了调整前和调整后的像素值。
- 【调整工具】 ：单击该按钮，将光标定位在图像中，光标会变为吸管形状 ，同时曲线上会出现一个空心圆，如图 4-53 所示。按住左键并拖动鼠标，即可调整色调，此时空心圆变为实心圆，如图 4-54 所示。

图 4-53 单击【调整工具】按钮的效果

图 4-54 拖动鼠标可调整色调

- 【显示数量】：显示强度值和百分比，默认以【光】显示。
- 【网格大小】：显示网格的数量，该项对曲线功能没有影响，但较多的网格可以便于更精确的操作。

- 【通道叠加】：选择该项可以叠加各个颜色通道的曲线，当分别调整了各个颜色通道时，才能显示出效果，如图 4-55 所示。
- 【直方图】：选择该项可以显示出直方图，如图 4-56 所示为没有选择该项的效果。
- 【基线】：选择该项可显示出对角线，如图 4-57 所示为没有选择该项的效果。
- 【交叉线】：选择该项在调整曲线时，可显示出水平线和垂直线，便于精确调整。

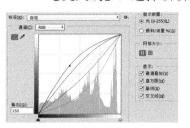 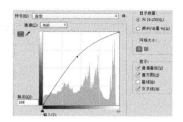

图 4-55　通道叠加的效果　　图 4-56　不显示出直方图　　图 4-57　不显示出对角线

【曲线】对话框中其他参数的含义与【色阶】对话框相同，这里不再赘述。

2. 使用【曲线】命令

在【曲线】对话框中，输入和输出色阶分别表示调整前和调整后的像素值。打开一幅图像，在曲线上单击创建一个控制点，此时输入和输出色阶的像素值默认是相同的，如图 4-58 所示。

(1) 当向上调整曲线上的控制点时，此时输入色阶不变，但输出色阶变大，色阶越大，色调越浅(色阶 0 表示黑色，色阶 255 表示白色)，此时图像会变亮，如图 4-59 所示。

(2) 当向左调整控制点时，输出色阶不变，但输入色阶变小，因此图像也会变亮，如图 4-60 所示。

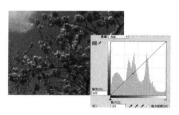 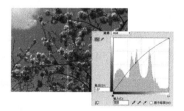 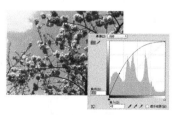

图 4-58　原图　　图 4-59　输出色阶变大则图像变亮　　图 4-60　输入色阶变小则图像变亮

(3) 反之，当向下或向右调整控制点时，图像就会变暗，如图 4-61 所示。

(4) 若将曲线调整为 S 形，可以使高光区域图像变亮，阴影区域图像变暗，增加图像的对比度，如图 4-62 所示。

(5) 反之，若将曲线调整为反 S 形，则会降低图像的对比度，如图 4-63 所示。

(6) 若将左下角的控制点移动到左上角，而将右上角的控制点移动到右下角，可以使图像反相，如图 4-64 所示。

(7) 若将顶部和底部的控制点移动到中间，可以创建色调分离的效果，如图 4-65 所示。

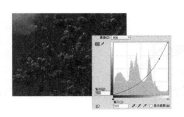

图 4-61　图像变暗

图 4-62　将曲线调整为 S 形
以增加对比度

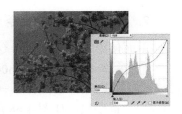

图 4-63　将曲线调整为反 S 形
以降低对比度

图 4-64　使图像反相

图 4-65　创建色调分离的效果

4.2.4　调整图像的曝光度

【曝光度】命令用于调整曝光不足或曝光过度的照片，它会对图像整体进行加亮或调暗。另外，用户也可以使用【色阶】和【曲线】命令调节曝光度。

1. 认识【曝光度】对话框

选择【图像】→【调整】→【曝光度】命令，即弹出【曝光度】对话框，如图 4-66 所示。

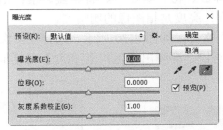

图 4-66　【曝光度】对话框

● 【曝光度】：设置图像的曝光程度。曝光度越大，图像越明亮，对极限阴影的影响很小。

● 【位移】：设置图像的曝光范围。该项可以阴影和中间调变暗，对高光区域的影响很小。向左拖动滑块，可以增加对比度。

● 【灰度系数校正】：使用简单的乘方函数调整图像灰度系数，负值会被视为它们的相应正值。

【曝光度】对话框中其他参数的含义与【色阶】对话框相同，这里不再赘述。

2. 使用【曝光度】命令

下面使用【曝光度】命令调整图像的曝光度。具体操作步骤如下。

step 01 ▶ 打开"素材\ch04\06.jpg"文件,如图 4-67 所示。

step 02 ▶ 选择【图像】→【调整】→【曝光度】命令,在弹出的【曝光度】对话框中设置参数,如图 4-68 所示。

step 03 ▶ 单击【确定】按钮,调整后的效果如图 4-69 所示。

图 4-67　素材文件　　　　　图 4-68　设置参数　　　　图 4-69　调整后的效果

4.3　图像色彩的调整

图像色彩调整是指调整图像中的颜色。Photoshop 提供了多种调整色彩的命令,通过这些命令可以轻松地改变图像的颜色。

4.3.1　【色相/饱和度】命令

【色相/饱和度】命令用于调节整个图像或图像中单个颜色成分的色相、饱和度和亮度。色相就是通常所说的颜色,即红、橙、黄、绿、青、蓝、紫;饱和度简单地说是一种颜色的纯度,饱和度越大,纯度越高;亮度是指图像的明暗度。

打开"素材\ch04\07.jpg"文件,如图 4-70 所示。选择【图像】→【调整】→【色相/饱和度】命令,或者按 Ctrl+U 组合键,即弹出【色相/饱和度】对话框,如图 4-71 所示。

 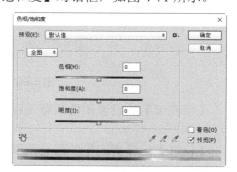

图 4-70　原图　　　　　　　图 4-71　【色相/饱和度】对话框

- 编辑:设置调整颜色的范围,包括【全图】、【红色】、【黄色】等 7 个选项。
- 调整工具🖐:单击该按钮,可以在文档窗口中拖动鼠标来调整饱和度,若按住 Ctrl 键,拖动鼠标可调整色相。

- 【着色】：选择该项可将图像转换为单色图像。若当前的前景色是黑色或白色，图像会转换为红色，如图 4-72 所示；若是其他的颜色，则会转换为该颜色的色相，如图 4-73 所示；转换后，调整【色相】参数可修改颜色，如图 4-74 所示。

图 4-72　图像转换为红色　　　图 4-73　图像转换为其他　　　图 4-74　调整【色相】参数
颜色的色相　　　　　　　　　可修改颜色

- 底部的颜色条：对话框底部有 2 个颜色条，分别表示调整前和调整后的颜色。若将编辑设置为【全图】选项，调整【色相】参数，此时图像的颜色改变，在底部第二个颜色条中可查看调整后的颜色，如图 4-75 所示，进而得出如图 4-76 所示的图像显示效果。若将编辑设置为某个颜色选项，如这里选择为【红色】，此时颜色条中间会有几个小滑块，表示对特定的颜色设置色阶调节的范围，这样只会影响到属于该颜色范围的像素，如图 4-77 所示。调整滑块的位置，可修改图像中的红色，如图 4-78 所示。进而得出如图 4-79 所示的图像显示效果。

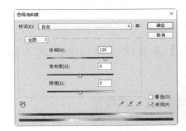

图 4-75　在第二个颜色条中查看　图 4-76　对应的图像效果　　图 4-77　对特定的颜色设置范围
调整后的颜色

图 4-78　调整滑块的位置　　　　图 4-79　调整滑块后的图像效果

提示　　将编辑设置为某个颜色选项后，单击🖋按钮，然后在图像中单击，可选择该颜色作为调整的范围，单击🖋按钮，可扩展颜色范围，单击🖋按钮，可缩小颜色范围。

4.3.2　【自然饱和度】命令

　　【自然饱和度】命令中的"饱和度"与【色相/饱和度】命令中的"饱和度"的效果是相同的。但不同的是，使用【色相/饱和度】命令时，若将饱和度调整到较高的数值，图像会产生色彩过分饱和，造成图像失真，而使用【自然饱和度】命令可以对已经饱和的像素进行保护，只调整图像中饱和度低的部分，从而使图像更加自然。具体操作步骤如下。

　　step 01 打开"素材\ch04\08.jpg"文件，如图 4-80 所示。

　　step 02 选择【图像】→【调整】→【自然饱和度】命令，弹出【自然饱和度】对话框，将【自然饱和度】参数设置为 100，如图 4-81 所示。

图 4-80　素材文件　　　　　　　　　　　图 4-81　【自然饱和度】对话框

　　step 03 单击【确定】按钮，调整后的效果如图 4-82 所示。

 　　若保持【自然饱和度】参数值不变，将【饱和度】参数设置为 100，效果如图 4-83 所示，此时颜色过于鲜艳，图像有些失真。

图 4-82　调整后的效果　　　　　　　　　图 4-83　设置【饱和度】参数的效果

4.3.3　【色彩平衡】命令

　　【色彩平衡】命令用于调整图像中的颜色分布，从而使图像整体的色彩平衡。若照片中存在色彩失衡或偏色现象，可以使用该命令。

1. 认识【色彩平衡】对话框

选择【图像】→【调整】→【色彩平衡】命令，或者按 Ctrl+B 组合键，即弹出【色彩平衡】对话框，如图 4-84 所示。

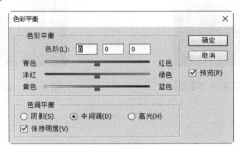

图 4-84　【色彩平衡】对话框

- 【色彩平衡】：在【色阶】文本框中输入色阶值，或者拖动 3 个滑块，即可设置色彩平衡。若要减少某种颜色，就增加这种颜色的补色(左右两种颜色分别为互补色)。例如，将最上面的滑块拖向【青色】，即可在图像中增加青色，而减少其补色——红色。对于其他的颜色，也是同样的原理。
- 【阴影】/【中间调】/【高光】：选择不同的选项，即可设置该区域的颜色平衡。
- 【保持明度】：选择该项可防止图像的亮度随颜色的更改而改变。

2. 使用【色彩平衡】命令

下面使用【色彩平衡】命令为图像调整色彩，具体操作步骤如下。

step 01　打开"素材\ch04\09.jpg"文件，如图 4-85 所示。

step 02　选择【图像】→【调整】→【色彩平衡】命令，弹出【色彩平衡】对话框，选中【中间调】单选按钮，然后将滑块分别拖向【红色】和【黄色】，在图像中增加这 2 种颜色，如图 4-86 所示。

step 03　选中【高光】单选按钮，同样将滑块分别拖向【红色】和【黄色】，如图 4-87 所示。

　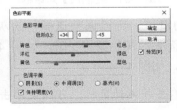　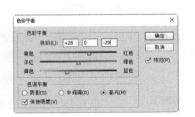

图 4-85　素材文件　　　图 4-86　设置【中间调】的颜色　　图 4-87　设置【高光】的颜色

step 04　单击【确定】按钮，制作出黄昏夕阳西下的效果，如图 4-88 所示。

　　　若将滑块分别拖向【青色】和【蓝色】，可制作出不一样的效果，如图 4-89 所示。

图 4-88　制作出黄昏夕阳西下的效果　　　　　图 4-89　制作出不一样的效果

4.3.4 【黑白】命令

【黑白】命令并不是单纯地将图像转换为黑白图片，它还可以控制每种颜色的灰色调，并为灰色着色，使图像转换为单色图片。

打开"素材\ch04\10.jpg"文件，如图 4-90 所示。选择【图像】→【调整】→【黑白】命令，即弹出【黑白】对话框，此时图像自动转换为黑白图片，如图 4-91 和图 4-92 所示。

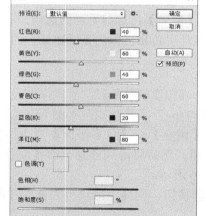

图 4-90　原图　　　　　图 4-91　【黑白】对话框　　　　　图 4-92　将图像转换为黑白图片

● 颜色：拖动某种颜色的滑块，可以调整该颜色的灰度。例如，将黄色滑块向左拖动，图像中由黄色转换而来的灰色调将变暗，如图 4-93 所示。反之，若向右拖动黄色滑块，则图像会变亮，如图 4-94 所示。

　　　　若直接在图像中单击并拖动鼠标，可以使单击点的颜色所转换而来的灰色调变暗或变亮。

● 【色调】：选择该项可使黑白图片变为单色调效果。拖动色相滑块和饱和度滑块，可更改单色调的颜色和饱和度，如图 4-95 所示。

图 4-93　图像中的灰色调变暗　　　　图 4-94　图像变亮　　　图 4-95　使黑白图片变为单色调效果

4.3.5　【照片滤镜】命令

【照片滤镜】命令可以模拟在相机镜头前面安装彩色滤镜的效果，从而调整图像的色彩平衡和色温，使图像呈现出更准确的曝光效果。具体操作步骤如下。

step 01　打开"素材\ch04\11.jpg"文件，该图片偏蓝，如图 4-96 所示。

step 02　选择【图像】→【调整】→【照片滤镜】命令，弹出【照片滤镜】对话框，将【滤镜】设置为【加温滤镜】选项，并调整【浓度】参数，如图 4-97 所示。

提示

　　　　【滤镜】用于设置所要使用的滤镜类型。若选择【颜色】选项，可自定义一种照片的滤镜颜色；【浓度】用于设置应用于图像的颜色数量，该值越高，应用的颜色调整越大。

step 03　单击【确定】按钮，即可降低色温，使图片恢复正常状态，如图 4-98 所示。

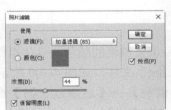

图 4-96　素材文件　　　　图 4-97　【照片滤镜】对话框　　　图 4-98　降低色温后的图片效果

提示

　　　　如果图像色彩偏红，可以提升色温；若图像偏蓝，则需要降低色温。当转换色温时，亮度可能会有所损失，因此还可以调整亮度和对比度，使图片效果更佳。

4.3.6　【通道混合器】命令

【通道混合器】命令可以改变某一通道中的颜色，并混合到主通道中产生一种图像合成效果。

1. 认识【通道混合器】对话框

打开一幅图像，选择【图像】→【调整】→【通道混合器】命令，即弹出【通道混合器】对话框，如图 4-99 所示。

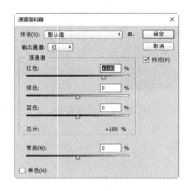

图 4-99　【通道混合器】对话框

- 【输出通道】：设置要调整的颜色通道，可随颜色模式而异。
- 【源通道】：在 3 个颜色通道中输入比例值，或者拖动滑块，可以设置该通道颜色在输出通道颜色中所占百分比。
- 【总计】：显示 3 个源通道的百分比总值。当该值大于 100%时，会显示一个 ⚠️ 图标，表明图像的阴影和高光细节会有所损失。
- 【常数】：设置输出通道的不透明度(取值范围为-200～+200)。正值表示在通道中增加白色，负值表示在通道中增加黑色。
- 【单色】：选择该项可使彩色图像转换为灰度图像，此时所有色彩通道使用相同的设置。

2. 使用【通道混合器】命令

下面使用【通道混合器】命令调整糖果的颜色，具体操作步骤如下。

step 01　打开"素材\ch04\12.jpg"文件，如图 4-100 所示。

step 02　选择【图像】→【调整】→【通道混合器】命令，弹出【通道混合器】对话框，将【输出通道】设置为【红】，在【源通道】区域中设置【红色】为 0，【绿色】为 135，【蓝色】为 0，如图 4-101 所示。此时将减去红色信息，从而使红色变为黑色，增加绿色信息，而绿色与红色相加可以得到黄色，如图 4-102 所示。

图 4-100　素材文件

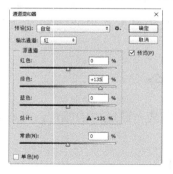

图 4-101　将【输出通道】设置为【红】并设置参数

图 4-102　图像效果

step 03 接着将【输出通道】设置为【绿】，在【源通道】区域中设置【红色】为 33、
【绿色】为 100、【蓝色】为 0，如图 4-103 所示。

step 04 然后将【输出通道】设置为【蓝】，在【源通道】区域中设置【红色】为 50、
【绿色】为 0、【蓝色】为 0，如图 4-104 所示。

step 05 在【红】通道中减去红色信息，然后在【绿】和【蓝】通道中增加了红色信
息，最终效果如图 4-105 所示。

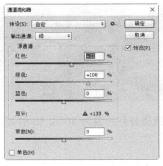

图 4-103 将【输出通道】　　图 4-104 将【输出通道】　　图 4-105 图像的最终效果
　　　　　　设置为【绿】　　　　　　　　　设置为【蓝】

4.3.7 【匹配颜色】命令

【匹配颜色】命令用于匹配不同图像之间、多个图层之间或者多个选区之间的颜色，即
将源图像的颜色匹配到目标图像中，使目标图像虽然保持原来的画面，却有与源图像相似的
色调。

打开"素材\ch04\girl-目标文件.jpg"和"素材\ch04\13.jpg"文件，如图 4-106 所示。选择
【图像】→【调整】→【匹配颜色】命令，即弹出【匹配颜色】对话框，如图 4-107 所示。

提示　　当前选中的图像即为目标图像。

图 4-106 原图　　　　　　　　　　　　　　图 4-107 【匹配颜色】对话框

● 【应用调整时忽略选区】：当在目标图像中创建了选区时，选择该项会忽略选区，

而调整整幅图像；若不选择将会只影响选区中的图像。如图 4-108 和图 4-109 所示分别是选择该项和不选择的效果。

- 【明亮度】：设置目标图像的亮度。
- 【颜色强度】：设置目标图像的色彩饱和度。
- 【渐隐】：设置作用于目标图像的力度。该值越大，力度反而越弱。如图 4-110 所示是将该值分别设置为 10 和 50 的效果。

图 4-108　调整整幅图像　　图 4-109　只调整选区　　图 4-110　将渐隐值分别设置为 10 和 50 的效果
中的图像

- 【中和】：勾选该复选框可消除偏色。如图 4-111 和图 4-112 所示分别是不勾选该复选框和勾选该复选框的效果。

图 4-111　不勾选【中和】复选框的效果　　　　图 4-112　勾选【中和】复选框的效果

- 【使用源选区计算颜色】：当在源图像中创建了选区时，选择该项将只使用选区中的图像来匹配目标图像。
- 【源】：设置要进行匹配的源图像。
- 【图层】：若源图像中包含多个图层，可设置要进行匹配的特定图层。若要匹配源图像中所有图层的颜色，选择【合并的】选项即可。

4.3.8　【替换颜色】命令

【替换颜色】命令允许先选择图像中的某种颜色，然后改变该颜色的色相、饱和度和亮度值。它相当于执行【选择】→【色彩范围】命令再加上【色相/饱和度】命令。

1. 认识【替换颜色】对话框

打开"素材\ch04\14.jpg"文件，如图 4-113 所示。选择【图像】→【调整】→【替换颜色】命令，即弹出【替换颜色】对话框，如图 4-114 所示。

图 4-113　原图

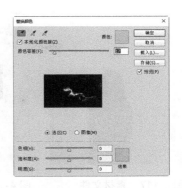

图 4-114　【替换颜色】对话框

- 吸管工具：单击 ✎ 按钮，在预览框或图像中单击，可设置取样颜色；单击 ✎ 按钮，可添加取样颜色；单击 ✎ 按钮，将减去取样颜色。注意，预览框中的白色部分即为选中的颜色。

- 【本地化颜色簇】：选择该项可设置在图像中选择相似且连续的颜色，从而构建更加精确的选择范围。

- 【颜色容差】：设置颜色的选择范围。容差越大，颜色的选择范围就越广。如图 4-115 和图 4-116 所示分别是将颜色容差设置为 10 和 50 时的效果。

- 【色相】/【饱和度】/【明度】：选择颜色范围后，通过这 3 项可设置所选颜色的色相、饱和度、明度。

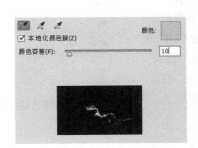

图 4-115　将颜色容差设置为 10 的效果

图 4-116　将颜色容差设置为 50 的效果

2．使用【替换颜色】命令

下面使用【替换颜色】命令为衣服更换颜色，具体操作步骤如下。

step 01　打开"素材\ch04\15.jpg"文件，如图 4-117 所示。

step 02　选择【图像】→【调整】→【替换颜色】命令，弹出【替换颜色】对话框，单击 ✎ 按钮，将【颜色容差】设置为 77，然后在衣服上连续单击，对颜色进行取样。选择颜色范围后，设置【色相】、【饱和度】等参数，如图 4-118 所示。

step 03　单击【确定】按钮，即可更换衣服的颜色，如图 4-119 所示。

网站开发案例课堂

图 4-117　素材文件　　　图 4-118　【替换颜色】对话框　　　图 4-119　更换衣服的颜色

4.3.9　【可选颜色】命令

【可选颜色】命令用于调整单个颜色分量的印刷色数量。通俗来讲，可选颜色就是一个局部调色工具。例如，当需要调整一幅图像中的红色部分时，使用该命令，可以选择红色，然后调节红色中包含的 4 种基本印刷色(CMYK)的含量，从而调整图像中的红色，而不会影响到其他颜色。

1. 认识【可选颜色】对话框

打开一幅图像，选择【图像】→【调整】→【可选颜色】命令，即弹出【可选颜色】对话框，如图 4-120 所示。

图 4-120　【可选颜色】对话框

● 【颜色】：选择一种主色，即可调整该颜色中青色、洋红色、黄色和黑色的比例。Photoshop 共提供了 9 个主色供选择，分别是 RGB 三原色(红、绿、蓝)、CMY 三原色(黄、青、洋红)和黑白灰明度(白、黑、灰)，如图 4-121 所示。其中，白色用于调节高光、中性色和黑色分别用于调节中间调和暗调。

提示　　读者应了解基本的油墨原色的配色原理，才能准确地使用【可选颜色】命令进行调色。例如，红色可以分离出黄色和洋红色，黄色加青色油墨可以得到绿色，若要增加某种颜色，可以减少其补色的数量等，通过色轮我们可以清楚地了解这些关系，如图 4-122 所示。

图 4-121　9 个主色

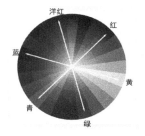

图 4-122　色轮

- 【相对】：选择该项可按照总量的百分比修改油墨的含量。例如，如果从 50%洋红的像素开始添加 10%，则 5%(50%×10% = 5%)将添加到洋红，结果为 55%的洋红。
- 【绝对】：选择该项可直接按照输入的值来修改含量。例如，如果从 50%洋红的像素开始，然后添加 10%，洋红油墨就会设置为 60%。

2. 使用【可选颜色】命令

下面使用【可选颜色】命令，使草原由黄色转换为绿色，具体操作步骤如下。

`step 01` 打开"素材\ch04\16.jpg"文件，如图 4-123 所示。

`step 02` 选择【图像】→【调整】→【可选颜色】命令，弹出【可选颜色】对话框，将【颜色】设置为【黄色】，将【青色】设置为100%，如图 4-124 所示。

`step 03` 在黄色油墨基础上增加青色油墨的含量，此时大树和草原将变为绿色，而天空的颜色没有改变，如图 4-125 所示。

图 4-123　素材文件　　　图 4-124　将【颜色】设置为【黄色】　　　图 4-125　调整后的效果

`step 04` 将【颜色】设置为【蓝色】，将【青色】和【洋红】设置为 100%，将【黄色】设置为-100%，如图 4-126 所示。

 通过色轮可以知道，青色加洋红油墨可以得到蓝色。另外，降低黄色油墨的含量，可以增加其补色蓝色的含量。因此，天空将增加蓝色油墨的含量。

`step 05` 此时天空将变为蓝色天空，如图 4-127 所示。

图 4-126　将【颜色】设置为【蓝色】　　　　　图 4-127　天空将变为蓝色天空

4.3.10　【阴影/高光】命令

【阴影/高光】命令能基于阴影或高光中的局部相邻像素来校正每像素，从而调整图像的阴影和高光区域。它适用于校正由强逆光而形成剪影的照片，或者由于太接近相机闪光灯而有些发白的焦点，具体操作步骤如下。

step 01 打开"素材\ch04\17.jpg"文件，如图 4-128 所示。

step 02 选择【图像】→【调整】→【阴影/高光】命令，弹出【阴影/高光】对话框，此时 Photoshop 会默认提高阴影的亮度，也可以手动设置阴影的【数量】为 61%，如图 4-129 所示。

step 03 单击【确定】按钮，此时阴影区域将会变亮，而高光区域不受影响，如图 4-130 所示。

　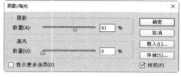　

图 4-128　素材文件　　　图 4-129　【阴影/高光】对话框　　　图 4-130　设置后的效果

 在【阴影/高光】对话框中勾选【显示更多选项】复选框，还可以调整阴影、高光区域的色调、半径等参数，如图 4-131 所示。其中，【色调】参数可设置修改范围，较小的值只会对较暗的范围进行调整；【半径】参数可设置每像素周围的局部相邻像素的大小，而相邻像素决定了像素是属于阴影还是高光区域。

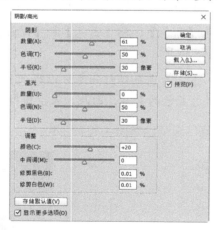

图 4-131　勾选【显示更多选项】复选框可进行更多参数设置

4.4　特殊效果的色调调整

【反相】、【色调分离】和【阈值】等命令可以改变图像中的颜色或亮度值，通常用于增加颜色或使图像产生特殊的效果，而不用于校正颜色。

4.4.1　【反相】命令

【反相】命令可以反转图像中的颜色，使图像中每像素的亮度值都会转换为 256 级颜色值刻度上相反的值。例如，值为 255 的正片图像中的像素会转换为 0，值为 5 的像素会转换为 250。下面使用【反相】命令给图片制作出一种底片的效果，具体操作步骤如下。

step 01　打开"素材\ch04\18.jpg"文件，如图 4-132 所示。

step 02　选择【图像】→【调整】→【反相】命令，即可反转图像中的颜色，使其呈现一种底片的效果，如图 4-133 所示。

　　图 4-132　素材文件　　　　　　　　　　　图 4-133　反转图像中的颜色

4.4.2　【色调分离】命令

【色调分离】命令可以指定每个通道的亮度值的数目，并将指定亮度的像素映射为最接近的匹配色调，主要用于制造分色效果。在灰阶图像中可用该命令减少灰阶数量，对于灰阶图像效果最为明显。但它也可以在彩色图像中产生一些特殊的效果，具体操作步骤如下。

step 01　打开"素材\ch04\19.jpg"文件，如图 4-134 所示。

step 02　选择【图像】→【调整】→【色调分离】命令，弹出【色调分离】对话框，将【色阶】设置为 4，单击【确定】按钮，可以得到简化的图像，效果如图 4-135 所示。

step 03　若将【色阶】设置为 255，可以显示更多细节，效果如图 4-136 所示。

　　图 4-134　素材文件　　　图 4-135　得到简化的图像　　　图 4-136　图像显示更多细节

提示　　　【色阶】值越大，颜色过渡越细腻；反之，图像的色块效果显示越明显。

4.4.3 【阈值】命令

【阈值】命令可以将灰度或彩色图像转换为只有黑白 2 种色调的高对比度的黑白图像，具体操作步骤如下。

step 01 打开"素材\ch04\20.jpg"文件，如图 4-137 所示。

step 02 选择【图像】→【调整】→【阈值】命令，弹出【阈值】对话框，将【阈值色阶】设置为 128，如图 4-138 所示。

> 提示　在使用【阈值】命令时，会根据所设置的阈值(亮度值)将所有像素一分为二，所有比阈值亮的像素用白色表示，反之，比其暗的用黑色表示。因此，当【阈值色阶】值越大时，图像的黑色区域越多。

step 03 单击【确定】按钮，可以得到黑白图像，如图 4-139 所示。

图 4-137　素材文件　　　图 4-138　【阈值】对话框　　　图 4-139　黑白图像

4.4.4 【渐变映射】命令

【渐变映射】命令是以图像中像素的亮度值为标准，将相等的图像灰度范围映射到指定的渐变填充色上。若指定以双色渐变填充时，图像中的暗调被映射到渐变填充的起点(左端)端点颜色，高光被映射到右端点颜色，中间调被映射到两个端点之间的层次，具体操作步骤如下。

step 01 打开"素材\ch04\21.jpg"文件，如图 4-140 所示。

step 02 选择【图像】→【调整】→【渐变映射】命令，将弹出【渐变映射】对话框，此时默认以当前的前景色和背景色作为渐变颜色，如图 4-141 所示。

step 03 单击渐变条右侧的下拉按钮，在弹出的下拉列表中选择要使用的渐变填充色，如图 4-142 所示。

图 4-140　素材文件　　　图 4-141　【渐变映射】对话框　　　图 4-142　选择要使用的渐变填充色

step 04 单击【确定】按钮，即可将图像映射到渐变填充色上，如图 4-143 所示。

勾选【仿色】复选框表示添加随机杂色，从而使渐变效果更为平滑；勾选【反向】复选框可以颠倒渐变颜色的填充方向，效果如图 4-144 所示。

此外，单击【渐变映射】对话框中的渐变条，将弹出【渐变编辑器】对话框，在其中还可以编辑渐变类型、平滑度等，如图 4-145 所示。

图 4-143　将图像映射到　　　图 4-144　颠倒渐变颜色的　　　图 4-145　【渐变编辑器】对话框
　　　　　　渐变填充色上　　　　　　　　　填充方向

4.4.5　【去色】命令

【去色】命令可以快速去除图像中的饱和色彩，变成相同颜色模式下的灰度图像，每像素仅保留原有的明暗度。该命令与使用【色相/饱和度】命令将【饱和度】参数设置为-100 的作用是相同的，具体操作步骤如下。

step 01 打开"素材\ch04\22. jpg"文件，如图 4-146 所示。

step 02 选择【图像】→【调整】→【去色】命令，即可将图像转换为灰度图像，如图 4-147 所示。

图 4-146　素材文件　　　　　　　　　图 4-147　将图像转换为灰度图像

4.4.6　【色调均化】命令

【色调均化】命令可以重新分布图像中像素的亮度值，它会查找图像中最亮和最暗的值并重新映射这些值，将最亮的值调整为白色，最暗的值调整为黑色，使它们更均匀地呈现所有范围的亮度级别，具体操作步骤如下。

step 01 打开 "素材\ch04\23. jpg" 文件，选择椭圆选框工具，创建一个选区，如图 4-148 所示。

step 02 选择【图像】→【调整】→【色调均化】命令，弹出【色调均化】对话框，在其中选中【仅色调均化所选区域】单选按钮，如图 4-149 所示。

step 03 单击【确定】按钮，即可均匀分布选区内像素的亮度值，如图 4-150 所示。

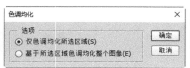

图 4-148 创建一个选区　　图 4-149 【色调均化】对话框　　图 4-150 均匀分布选区内像素的亮度值

 提示

若选中【基于所选区域色调均化整个图像】单选按钮，可根据选区内的像素均匀地分布所有图像像素，效果如图 4-151 所示。若不创建选区，将不会弹出【色调均化】对话框，Photoshop 会直接均匀分布图像中所有像素的亮度值，效果如图 4-152 所示。

图 4-151 根据选区内的像素均匀地分布所有图像像素　　　图 4-152 不创建选区的效果

4.5　自动调整图像色彩

在 Photoshop CC 中，使用【图像】菜单中的【自动色调】、【自动对比度】和【自动颜色】3 个命令可以自动调整图像的色调、对比度、颜色等信息，非常适合初学者使用。

1.【自动色调】命令

【自动色调】命令可以自动调整图像中的黑场和白场，将每个颜色通道中最亮的和最暗的像素映射到纯白和纯黑，中间像素值按比例重新分布。如图 4-153 和图 4-154 所示，分别是原图和使用【自动色调】命令后的效果，可以看到，调整后图像的色调将变得清晰。

图 4-153 原图 　　　　　　　　　图 4-154 使用【自动色调】命令后的效果

2. 【自动对比度】命令

【自动对比度】命令可以自动调整图像的对比度，使高光看上去更亮，阴影看上去更暗，该命令可以改进摄影或连续色调图像的外观，但无法改善单调颜色的图像。如图 4-155 和图 4-156 所示，分别是原图和使用【自动对比度】命令后的效果。

图 4-155 原图 　　　　　　　　　图 4-156 使用【自动对比度】命令后的效果

3. 【自动颜色】命令

【自动颜色】命令可以自动搜索图像来标识阴影、中间调和高光，从而调整图像的对比度和颜色。如图 4-157 和图 4-158 所示，分别是原图和使用【自动颜色】命令后的效果。

图 4-157 原图 　　　　　　　　　图 4-158 使用【自动颜色】命令后的效果

4.6 综合案例——校正显示效果偏红的图片

拍摄的图片由于曝光等问题，有可能会发红，这种图片就可以使用【应用图像】命令进行调整，具体操作方法如下。

step 01 打开"素材\ch04\偏红图片.jpg"文件，如图 4-159 所示。

step 02 选择【图像】→【应用图像】命令，弹出【应用图像】对话框，在【通道】下拉列表中选择【绿】，在【混合】下拉列表中选择【滤色】，将【不透明度】设为50%，勾选【蒙版】复选框，在【通道】下拉列表中选择【绿】，并勾选【反相】复选框。设置完成后单击【确定】按钮，如图 4-160 所示。

> 提示　设置【不透明度】时，要结合当前图片红的程度调整参数。

图 4-159　素材文件

图 4-160　【应用图像】对话框

step 03 打开【应用图像】对话框，使用同样方法对蓝色通道执行滤色操作，如图 4-161 所示。

step 04 打开【应用图像】对话框，在【通道】下拉列表中选择 RGB，在【混合】下拉列表中选择【变暗】，【不透明度】设置为 100%，单击【确定】按钮，如图 4-162 所示。

图 4-161　设置蓝色通道参数

图 4-162　设置 RGB 通道参数

step 05 打开【应用图像】对话框，在【通道】下拉列表中选择【红】，在【混合】下拉列表中选择【正片叠底】，将【不透明度】设置为 100%，勾选【蒙版】复选框，在【通道】下拉列表中选择【绿】，勾选【反相】复选框，单击【确定】按钮，如图 4-163 所示。

step 06 返回图像，可以看到红色已经减淡，但是还是有些微微泛红，可以使用曲线工具再做微调，如图 4-164 所示。

图 4-163 设置红色通道参数   图 4-164 调整后的效果

step 07 选择【图像】→【调整】→【曲线】命令，打开【曲线】对话框，在【通道】下拉列表中选择【红】，单击曲线中间，向下拖动，图像颜色调整差不多时，释放鼠标，单击【确定】按钮，如图 4-165 所示。

step 08 调整结束，图像已经没有泛红的感觉，如图 4-166 所示。

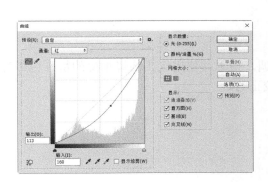

图 4-165 【曲线】对话框   图 4-166 最终的显示效果

使用【应用图像】命令校正偏红图像时，要结合偏红程度做参数调整，这就要求操作者对图像的颜色构成有基本的了解。

4.7 跟我学上机——查看图像印刷效果

在印刷杂志、报纸前，我们可以先在电脑上预览其中包含的图像在印刷后的效果，具体操作步骤如下。

step 01 打开"素材\ch04\24.jpg"文件，如图 4-167 所示。

step 02 选择【视图】→【校样设置】→【工作中的 CMYK】命令，然后再选择【视图】→【校样颜色】命令，如图 4-168 所示。

step 03 此时 Photoshop 会启动电子校样，模拟出图像在商用印刷机上印刷后的效果，如图 4-169 所示。

图 4-167 素材文件　　　　　图 4-168　选择相应的命令　　　　图 4-169　模拟在商用印刷机上
　　　　　　　　　　　　　　　　　　　　　　　　　　　　　　　　　　印刷后的效果

4.8　疑　难　解　惑

疑问 1：调整图像时，为什么会出现两个直方图？

答： 用户使用【色阶】或【曲线】调整图像时，【直方图】面板会出现两个直方图，黑色的是当前调整状态下的直方图，灰色的则是调整前的直方图，应用调整之后，原始直方图会被新直方图取代。

疑问 2：什么样的色偏不需要校正？

答： 夕阳下的金黄色调，室内温馨的暖色调，摄影师使用镜头滤镜拍摄的特殊色调等可以增强图像的视觉效果，这样的色偏是不需要校正的。

第 5 章
修饰和绘制图像

在处理图像过程中，有时图像可能不符合我们的要求，这就需要对图像进行修饰。Photoshop 提供了多种修饰图像工具，如修复和修补工具组、图章工具组、橡皮擦工具组等，使用这些工具，可以使图像更加完美。另外，使用画笔工具还可以根据需要绘制各种图像。在图像绘制完成后，可以通过设置前景色或背景色来填充图像，为图像添加色彩，从而制作出符合自己需求的图像。本章就来介绍修饰与绘制图像的方法。

重点案例效果

网站开发案例课堂

5.1 修复图像中的污点与瑕疵

修复和修补工具组主要用于修复图像中的污点或瑕疵。该工具组共包含 5 个工具，分别是污点修复画笔工具、修复画笔工具、修补工具、内容感知移动工具和红眼工具，如图 5-1 所示。

图 5-1 修复和修补工具组

5.1.1 修复图像中的污点

使用污点修复画笔工具 ✎ 可以快速去除照片中的污点、划痕和其他不理想的部分。下面使用污点修复画笔工具去除人物脸上的斑点，具体操作步骤如下。

step 01 打开"素材\ch05\01.jpg"文件，如图 5-2 所示。

step 02 选择污点修复画笔工具 ✎，在选项栏中设置各项参数保持不变(画笔大小可根据需要进行调整)，然后将光标移动到人物脸上的斑点处并单击鼠标，该工具会自动在图像中进行取样，结合周围像素的特点对斑点进行修复，如图 5-3 所示。

step 03 在其他的斑点区域单击鼠标，或者直接拖动鼠标，即可修复这些斑点，如图 5-4 所示。

 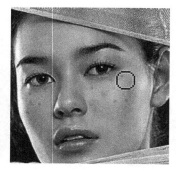 

图 5-2 素材文件 图 5-3 在斑点上单击鼠标 图 5-4 修复斑点

在修复时可使用缩放工具 ◎ 放大图像，以便精确定位要修复的斑点。

5.1.2 修复图像中的瑕疵

修复画笔工具 ✎ 可用于校正瑕疵，它与污点修复画笔工具的工作方式类似，但不同的是，修复画笔工具要求指定样本点，而后者可自动从所修饰区域的周围取样。

 修饰大片区域或需要更大程度地控制来源取样时，用户可使用修复画笔而不是污点修复画笔。

下面使用修复画笔工具去除衣服上的污点，具体操作步骤如下。

step 01 打开"素材\ch05\02.jpg"文件，如图5-5所示。

step 02 选择修复画笔工具 ，在选项栏中设置【源】为【取样】，并取消勾选【对齐】复选框，然后按住 Alt 键并在图像上单击，如图5-6所示。

step 03 取样后，在衣服的污点处单击，即可将取样点复制到污点处，从而去除衣服上的污点，如图5-7所示。

 对于复杂的图片，也可多次改变取样点进行修复。

图5-5　素材文件　　　图5-6　单击鼠标在图像上取样　　图5-7　将取样点复制到污点处

 无论是使用何种工具修复图像，都可结合选区完成，以避免在涂抹目标区域时改变目标周围的像素。

5.1.3　修复图像选中的区域

使用修补工具 ，可以用其他区域或图案中的像素来修复选中的区域。像修复画笔工具一样，修补工具能将样本像素的纹理、光照、阴影等与源像素进行匹配，不同的是，它是通过选区对图像进行修复的。下面使用修补工具除去多余的人物图像，具体操作步骤如下。

step 01 打开"素材\ch05\03.jpg"文件，如图5-8所示。

step 02 在【图层】面板中选择背景图层，按 Ctrl+J 组合键复制图层，如图5-9所示。

 在操作前，用户应养成复制图层的习惯，以免在操作时破坏原图，造成不必要的损失。

step 03 选择修补工具 ，在选项栏中设置【修补】为【源】，然后在图像上拖动鼠标创建一个选区，如图5-10所示。

 用户也可以使用选框工具、快速选择工具、套索工具等创建选区，然后再使用修补工具修复图像。

图 5-8　素材文件

图 5-9　复制图层

图 5-10　创建一个选区

step 04　将光标定位在选区内，单击并向右侧拖动鼠标，如图 5-11 所示。

step 05　释放鼠标后，即可使用右侧的图像来修复选区，如图 5-12 所示。

step 06　按 Ctrl+D 组合键，取消选区的选择，然后重复步骤 3 至步骤 5，将其他多余的人物图像去除，如图 5-13 所示。

图 5-11　单击并向右侧拖动鼠标

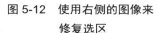
图 5-12　使用右侧的图像来修复选区

图 5-13　将其他多余的人物图像去除

5.1.4　内容感知移动工具

使用内容感知移动工具 ，可以将选中的对象移动或扩展到图像的其他区域中，使图像重新组合，留下的空洞将自动使用图像中的匹配元素填充。下面使用内容感知移动工具移动小狗的位置，具体操作步骤如下。

step 01　打开"素材\ch05\04.jpg"文件，在【图层】面板中按 Ctrl+J 组合键复制图层，如图 5-14 所示。

step 02　选择内容感知移动工具，在工具选项栏中设置【模式】为【移动】，并勾选【投影时变换】复选框，然后在图像中单击并拖动鼠标，创建一个选区选中小狗，如图 5-15 所示。

step 03　将光标定位在选区内，单击并向左下方拖动鼠标，释放鼠标后，选区周围出现一个方框，如图 5-16 所示。

step 04　将光标定位在方框四周的控制点上，将变为箭头形状，拖动鼠标可调整选区的大小，如图 5-17 所示。

step 05　将光标定位在方框周围，将变为弯曲的箭头形状，拖动鼠标可旋转选区，如图 5-18 所示。

step 06　设置完成后，按 Enter 键，即可移动小狗，并调整小狗的大小和角度，而小狗原来的位置被修复为绿色草地样式，如图 5-19 所示。

图 5-14　复制图层

图 5-15　创建一个选区选中小狗

图 5-16　选区周围出现一个方框

图 5-17　调整选区的大小

图 5-18　旋转选区

图 5-19　最终效果

5.1.5　消除照片中的红眼

红眼工具 可消除用闪光灯拍摄的人物照片中的红眼，也可以消除用闪光灯拍摄的动物照片中的白色或绿色反光。下面使用红眼工具消除人物照片中的红眼，具体操作步骤如下。

step 01　打开"素材\ch05\05.jpg"文件，在【图层】面板中按 Ctrl+J 组合键复制图层，如图 5-20 所示。

step 02　选择红眼工具，将光标定位在红眼区域中，如图 5-21 所示。

step 03　单击鼠标即可消除红眼，使用同样的方法，消除其他区域中的红眼，如图 5-22 所示。

图 5-20　复制图层

图 5-21　将光标定位在红眼区域中

图 5-22　单击鼠标消除红眼

5.2　通过图像或图案修饰图像

图章工具组通常用于复制图像或图案，还可用于除去瑕疵。该工具组共包含 2 个工具，分别是仿制图章工具和图案图章工具，如图 5-23 所示。

图 5-23　图章工具组

5.2.1 通过复制图像修饰图像

仿制图章工具 用来复制取样的图像，并将其绘制到其他区域或者其他图像中。此外，该工具能够按涂抹的范围复制出取样点周围全部或者部分图像。

> **提示**
>
> 修复画笔工具和仿制图章工具都可以修复图像，其原理都是将取样点处的图像复制到目标位置。两者之间不同的是，前者是无损仿制，即将取样的图像原封不动地复制到目标位置，而后者有一个计算的过程，它可将取样的图像融合到目标位置，但在修复明暗对比强烈的边缘时，使用修复画笔工具容易出现计算错误，此种情况下可用仿制图章工具。

下面使用仿制图章工具，将一幅图像中的女孩复制到另一幅图像中，具体操作步骤如下。

step 01 打开"素材\ch05\06.jpg"和"素材\ch05\07.jpg"文件，如图 5-24 和图 5-25 所示。

step 02 选择仿制图章工具 ，把光标定位在女孩头部，按住 Alt 键并单击鼠标，设置该点为取样点，然后将光标定位在另一幅图像中，单击鼠标即可复制取样点，如图 5-26 所示。

图 5-24　素材文件 06.jpg

图 5-25　素材文件 07.jpg

图 5-26　复制取样点

step 03 若单击并拖动鼠标，可涂抹出女孩的身体，而不仅仅是头部，如图 5-27 所示。

step 04 若在工具选项栏中设置【不透明度】为 20%，将涂抹出透明效果的女孩，如图 5-28 所示。

图 5-27　涂抹出女孩的身体

图 5-28　涂抹出透明效果的女孩

5.2.2 通过图案修饰图像

使用图案图章工具![icon]可以利用图案进行绘画。下面使用图案图章工具为花瓶绘制图案，具体操作步骤如下。

step 01 打开"素材\ch05\08.jpg"文件，如图 5-29 所示。

step 02 在【图层】面板中选择背景图层，按 Ctrl+J 组合键复制图层，如图 5-30 所示。

step 03 选择快速选择工具![icon]，创建一个选区，选中花瓶，如图 5-31 所示。

图 5-29　素材文件　　　　　图 5-30　复制图层　　　　　图 5-31　创建选区选中花瓶

step 04 选择图案图章工具![icon]，设置【模式】为【柔光】，然后单击![icon]按钮，在弹出的菜单中选择叶子图案，如图 5-32 所示。

step 05 单击并拖动鼠标涂抹，即可为其绘制图案，如图 5-33 所示。

step 06 按 Ctrl+D 组合键，取消选区的选择，然后重复步骤 3 到步骤 5，为另一个花瓶绘制不同的图案，如图 5-34 所示。

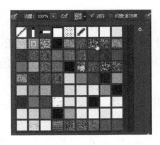

图 5-32　选择叶子图案　　　图 5-33　在选区内涂抹以　　　图 5-34　为另一个花瓶
　　　　　　　　　　　　　　　　　　　绘制图案　　　　　　　　　　　绘制不同的图案

5.3　通过橡皮擦修饰图像

橡皮擦工具组可以更改图像的像素，有选择地擦除部分图像或相似的颜色。该工具组共包含 3 个工具，分别是橡皮擦工具、背景橡皮擦工具和魔术橡皮擦工具，如图 5-35 所示。

图 5-35　橡皮擦工具组

5.3.1 擦除图像中指定的区域

使用橡皮擦工具 ▨️，通过拖动鼠标可以擦除图像中的指定区域。如果当前图层是背景图层，那么擦除后将显示为背景色；如果是普通图层，那么擦除后将显示为透明效果。

下面使用橡皮擦工具擦除花朵的花蕊部分，具体操作步骤如下。

`step 01` 打开"素材\ch05\09.jpg"文件，如图 5-36 所示。

`step 02` 选择椭圆选框工具 ⭕，按住 Shift 键不放，单击并拖动鼠标，在图像中创建一个圆形选区，选中花朵的花蕊部分，如图 5-37 所示。

`step 03` 选择橡皮擦工具 ▨️，单击并拖动鼠标涂抹选区，即可擦除花蕊，如图 5-38 所示。

图 5-36　素材文件　　　图 5-37　选中花朵的花蕊部分　　　图 5-38　擦除花蕊

5.3.2 擦除图像中指定的颜色

背景橡皮擦工具 ▨️是一种擦除指定颜色的擦除器，它可以自动取样橡皮擦笔尖中心的颜色，然后擦除在画笔范围内出现的这种颜色。使用该工具抠取图像非常有效，尤其是颜色对比明显时。

下面使用背景橡皮擦工具抠取大树并更换其背景，具体操作步骤如下。

`step 01` 打开"素材\ch05\10.jpg"文件，如图 5-39 所示。

`step 02` 选择背景橡皮擦工具 ▨️，在工具选项栏中选择合适的画笔大小，并设置取样方式为【取样一次】、限制为【不连续】、【容差】为50%，如图 5-40 所示。

图 5-39　素材文件　　　图 5-40　在背景橡皮擦工具选项栏中设置参数

`step 03` 将光标定位在图像中，此时光标显示为 ⊙ 形状，正中间十字表示取样的颜色，单击鼠标，即可以擦除圆圈范围内与取样的颜色相近的颜色区域，如图 5-41 所示。

step 04 使用步骤 3 的方法，单击并拖动鼠标，擦除背景区域，如图 5-42 所示。

 若要擦除的区域颜色一致，可单击并拖动鼠标直接擦除。若颜色不一致，需连续单击鼠标，以取样不同的颜色。

图 5-41 擦除与取样的颜色相近的颜色区域　　　　　图 5-42 擦除背景区域

step 05 在【图层】面板中单击底部的【创建新图层】按钮，新建一个空白图层，然后选中新建的图层 1，单击并向下拖动鼠标，使其位于图层 0 的下方，如图 5-43 所示。

step 06 选择图层 1，按 Alt+Delete 组合键，为其填充当前的前景色，如图 5-44 所示。

step 07 此时即成功抠取大树，并为其更换背景，如图 5-45 所示。

图 5-43 新建图层 1 并调整到 图 5-44 为图层 1 填充当前 图 5-45 为抠出的大树更换背景
　　　　图层 0 的下方 　　　　的前景色

5.3.3 擦除图像中相近的颜色

魔术橡皮擦工具相当于魔棒加删除命令，使用该工具在要擦除的颜色范围内单击，就会自动地擦除掉与此颜色相近的区域。使用该工具抠取图像非常有效。

 魔术橡皮擦工具和背景橡皮擦工具通常都用于抠取图像。不同的是，前者只需单击即可自动擦除图像中所有与取样颜色相近的颜色，而后者只能在画笔范围内擦除图像。

下面使用魔术橡皮擦工具抠取人像，具体操作步骤如下。

step 01 打开"素材\ch05\11.jpg"文件，如图 5-46 所示。

step 02 选择魔术橡皮擦工具，在工具选项栏中设置【容差】为 50，并取消勾选【连续】复选框，如图 5-47 所示。

step 03 在图像的背景处单击，即可消除与此单击点的颜色相近的颜色区域，如图 5-48 所示。

step 04 在图像的另一边背景处单击，即可抠出人像，如图 5-49 所示。

图 5-46　素材文件

图 5-47　在魔术橡皮擦工具选项栏中设置参数

图 5-48　消除与单击点颜色相近的颜色区域

图 5-49　抠出人像

5.4　修饰图像中的细节

　　模糊工具组可以进一步修饰图像的细节。该工具组共包含 3 个工具，分别是模糊工具、锐化工具和涂抹工具，如图 5-50 所示。

图 5-50　模糊工具组

5.4.1　修饰图像中生硬的边缘

　　使用模糊工具 可以柔化图像生硬的边缘或区域，减少图像的细节。下面使用模糊工具模糊人物的头像，具体操作步骤如下。

step 01 打开"素材\ch05\12.jpg"文件，如图 5-51 所示。

step 02 选择模糊工具 ，设置【模式】为【变亮】，然后单击并拖动鼠标在人物头像上涂抹，即可模糊头像，如图 5-52 所示。

图 5-51　素材文件　　　　　　　　图 5-52　模糊头像

5.4.2　提高图像的清晰度

使用锐化工具可以增大像素之间的对比度，以提高图像的清晰度。下面使用锐化工具使花朵更加清晰，具体操作步骤如下。

step 01　打开"素材\ch05\13.jpg"文件，如图 5-53 所示。

step 02　选择锐化工具，设置【模式】为【正常】，然后单击并拖动鼠标在花朵上涂抹，即可使花朵更加清晰，如图 5-54 所示。

图 5-53　素材文件　　　　　　　　图 5-54　使花朵更加清晰

5.4.3　通过涂抹修饰图像

使用涂抹工具可以模拟类似手指在湿颜料上擦过产生的效果。下面使用涂抹工具使小狗的耳朵变长，具体操作步骤如下。

step 01　打开"素材\ch05\14.jpg"文件，如图 5-55 所示。

step 02　选择涂抹工具，根据需要设置画笔的大小，然后取消勾选【手指绘画】复选框，如图 5-56 所示。

图 5-55　素材文件

模式：正常　　强度：50%　　□对所有图层取样　　□手指绘画

图 5-56　在涂抹工具选项栏中设置参数

step 03 ▶ 在耳朵上单击并拖动鼠标向上涂抹,即可使小狗的耳朵变长,如图 5-57 所示。

step 04 ▶ 若在工具选项栏中勾选【手指绘画】复选框,那么在涂抹时将添加前景色,如图 5-58 所示。

图 5-57　使小狗的耳朵变长　　　　　　图 5-58　在涂抹时将添加前景色

5.5　通过调色修饰图像

调色工具组用于调整图像的明暗度及图像色彩的饱和度。该工具组共包含 3 个工具,分别是减淡工具、加深工具和海绵工具,如图 5-59 所示。

5.5.1　减淡工具和加深工具

图 5-59　调色工具组

减淡工具 和加深工具 可以调节图像特定区域的曝光度,以提高或降低图像的亮度。在摄影时,摄影师减弱光线可以使照片中的某个区域变亮(减淡),或增加曝光度使照片中的区域变暗(加深),减淡和加深工具的作用就相当于摄影师调节光线。

下面分别使用减淡和加深工具提高或降低小狗的亮度,具体操作步骤如下。

step 01 ▶ 打开"素材\ch05\15.jpg"文件,使用快速选择工具 ,创建一个选区,选中小狗,如图 5-60 所示。

step 02 ▶ 选择减淡工具 ,保持各项参数不变,可根据需要设置画笔的大小,然后单击并拖动鼠标在选区中涂抹,可提高小狗的亮度,如图 5-61 所示。

step 03 ▶ 若选择加深工具 ,在选区中涂抹,则可降低小狗的亮度,如图 5-62 所示。

图 5-60　创建选区选中小狗　　　图 5-61　提高小狗的亮度　　　图 5-62　降低小狗的亮度

5.5.2 改变图像色彩的饱和度

使用海绵工具  可以更改图像色彩的饱和度。在灰度模式下，该工具通过使灰阶远离或靠近中间灰色来增加或降低对比度。

下面使用海绵工具使花儿的颜色更加鲜艳突出，具体操作步骤如下。

step 01 打开"素材\ch05\08.jpg"文件，如图 5-63 所示。

step 02 选择海绵工具 ，设置【模式】为【加色】，单击并拖动鼠标在花朵上涂抹，即可使花儿的颜色更加鲜艳突出，如图 5-64 所示。

step 03 若在工具选项栏中设置【模式】为【去色】，那么可使花儿的颜色暗淡无光，如图 5-65 所示。

图 5-63 素材文件

图 5-64 使花儿的颜色鲜艳突出

图 5-65 使花儿的颜色暗淡无光

5.6 使用绘画工具绘制图像

绘画工具组主要用于绘制和修改图像。该工具组共包含 4 个工具，分别是画笔工具、铅笔工具、颜色替换工具和混合器画笔工具，如图 5-66 所示。

图 5-66 绘画工具组

5.6.1 认识【画笔】和【画笔预设】面板

在绘画工具组或者修饰工具组中，单击工具选项栏中的 按钮，或者选择【窗口】→【画笔】/【画笔预设】命令，将打开【画笔】面板和【画笔预设】面板，这两个面板通常以组合的形式出现，主要用于设置画笔笔尖的大小、硬度及其他更多的选项，如图 5-67 和图 5-68 所示。

1. 画笔笔尖形状

在【画笔】面板中选择【画笔笔尖形状】选项，不仅可以设置画笔笔尖的样式、大小和硬度，还可以设置画笔翻转、角度、圆度等选项。下面介绍其中主要几个参数。

- 【翻转 X】/【翻转 Y】：选择这两个选项，可以改变笔尖在 X 轴和 Y 轴上的方向。如图 5-69 所示是原图，如图 5-70 和图 5-71 所示，分别是选择【翻转 X】和【翻转 Y】选项时的效果。

图 5-67　【画笔】面板

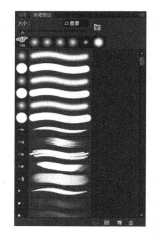

图 5-68　【画笔预设】面板

- 【角度】：设置笔尖的旋转角度，如图 5-72 所示是将该值设置为 40°时的效果。

图 5-69　原图　　　图 5-70　翻转 X　　　图 5-71　翻转 Y　　　图 5-72　设置笔尖的旋转角度

- 【圆度】：设置笔尖的笔触形状，可以理解为笔尖图案与纸张的接触角度，如图 5-73 所示是将该值设置为 40%时的效果。
- 【间距】：设置笔尖图案之间的间距。如图 5-74 和图 5-75 所示，分别是将该值设置为 30%和 60%的效果。

图 5-73　设置笔尖的笔触形状　　　图 5-74　将间距设置为 30%的效果　　　图 5-75　将间距设置为 60%的效果

2. 形状动态

【形状动态】选项用于设置画笔抖动的大小、角度、圆度等，如图 5-76 所示。下面介绍其中几个主要参数。

- 【大小抖动】：设置画笔随机产生抖动效果，该值越大抖动大小也越大。如图 5-77 和图 5-78 所示，分别是原图和将该值设置为 60%的效果。
- 【角度抖动】：设置在画笔抖动时画笔的角度，效果如图 5-79 所示。
- 【圆度抖动】：设置在画笔抖动时笔触的椭圆程度，效果如图 5-80 所示。

图 5-76　【形状动态】选项

图 5-77　原图

图 5-78　大小抖动为 60% 的效果

图 5-79　设置角度抖动的效果

图 5-80　设置圆度抖动的效果

3. 散布

【散布】选项用于设置画笔分布的数目和位置，如图 5-81 和图 5-82 所示，分别是不选择该项和设置该项后的绘制效果。

4. 传递

【传递】选项用于调整画笔颜色的改变方式，可以制作断断续续的效果，如图 5-83 所示。

图 5-81　不选择【散布】
选项的效果

图 5-82　选择【散布】
选项的效果

图 5-83　设置【传递】选项的效果

5. 颜色动态

【颜色动态】选项用于设置绘制时线条的颜色、明暗度及饱和度等发生变化，如图 5-84 所示。下面介绍其中几个主要参数。

- 【前景/背景抖动】：设置线条颜色在前景色和背景色之间的变化方式。该值越小，线条颜色越接近于前景色。反之，该值越大越接近于背景色，如图 5-85 所示。
- 【色相抖动】：以前景色为基准设置颜色变化范围，效果如图 5-86 所示。
- 【饱和度抖动】/【亮度抖动】：用于调整颜色饱和度和亮度变化范围。

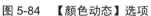

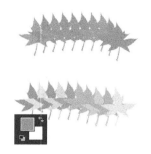

图 5-84 【颜色动态】选项	图 5-85 设置【前景/背景抖动】的效果	图 5-86 设置【色相抖动】的效果

6. 其他选项

在【画笔】面板中还有其他的选项用于设置画笔,这里不再详细介绍。

- 【纹理】选项可以使线条效果类似于在带纹理的画布上绘制的一样。
- 【双重画笔】选项可以线条呈现出两种画笔的混合效果。
- 【杂色】选项可以在画笔边缘部分添加杂色。
- 【湿边】选项可以创建水彩画特色的画笔笔触效果。
- 【建立】选项与工具选项栏中的 ✍ 按钮作用相同,选择该项将启用喷枪功能。

此外,【画笔预设】面板中提供了各种预设的画笔。通过该面板,不仅可以选择预设的画笔,还可以创建新画笔或删除画笔,如图 5-87 所示。

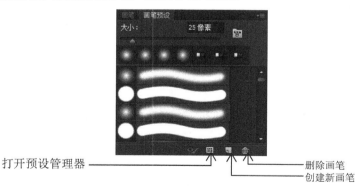

打开预设管理器 —————————————— 删除画笔
创建新画笔

图 5-87 【画笔预设】面板

5.6.2 使用画笔工具为黑白图像着色

画笔工具 ✍ 是最为常用的绘图工具之一,类似于使用水彩画笔在纸张上绘画一样。使用画笔工具不仅可以使用前景色来绘制线条或图像,还可以修改蒙版或通道。

下面介绍如何使用画笔工具给黑白漫画上色,具体操作步骤如下。

step 01 打开"素材\ch05\17.jpg"文件，按 Ctrl+J 组合键，复制当前的图层，如图 5-88 和图 5-89 所示。

step 02 选择魔棒工具 ，在选项栏中将【容差】设置为 20，并勾选【连续】复选框，然后选中脸和脖子，如图 5-90 所示。

图 5-88　素材文件　　　　图 5-89　复制当前的图层　　　图 5-90　创建选区选中脸和脖子

step 03 选择画笔工具 ，将前景色设置为皮肤颜色，在选项栏中将画笔【硬度】设置为 0，【不透明度】设置为 20%，然后在选区内涂抹，给脸和脖子绘制颜色，如图 5-91 所示。

step 04 按 Ctrl+D 组合键取消选区的选择，然后使用魔棒工具 选中头部的发饰，如图 5-92 所示。

step 05 将前景色设置为紫色，然后重复步骤 3，为发饰涂抹颜色，如图 5-93 所示。

step 06 接着将前景色设置为粉色，涂抹脸部边缘、嘴唇等部位，如图 5-94 所示。

图 5-91　给脸和脖子　　　图 5-92　选中头部的　　　图 5-93　为发饰涂抹颜色　　　图 5-94　涂抹脸部边缘
　　　　　绘制颜色　　　　　　　　发饰　　　　　　　　　　　　　　　　　　　　　　及嘴唇等部位

5.6.3　使用铅笔工具绘制铅笔形状

铅笔工具 可以使用前景色来绘制带有锯齿的硬边线条，效果与现实生活中的铅笔类似。它与画笔工具的区别在于，铅笔工具只能绘制硬边线条，而画笔工具还可以绘制带有柔边效果的线条。

使用铅笔工具可以绘制硬边线条。下面以绘制一个铅笔形状为例，介绍铅笔工具的使用，具体操作步骤如下。

step 01 在 Photoshop CC 工作界面中按 Ctrl+N 组合键，打开【新建】对话框，在其中设置文件的高度、宽度、分辨率等信息，如图 5-95 所示。

step 02 单击【确定】按钮，即可创建一个空白文件，单击工具箱中的铅笔工具，在铅笔工具选项栏中设置画笔的样式为【圆点硬】，并设置画笔的大小为 1 像素，如图 5-96 所示。

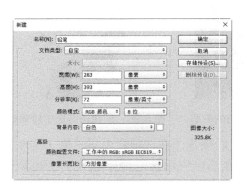

图 5-95 【新建】对话框

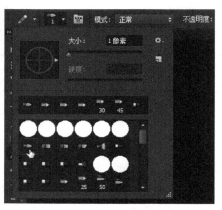

图 5-96 设置铅笔笔尖的样式及大小

step 03 单击前景色图标，打开【拾色器(前景色)】对话框，在其中设置铅笔的颜色为黑色，如图 5-97 所示。

step 04 使用铅笔工具在文件中绘制铅笔形状，最终的显示效果如图 5-98 所示。

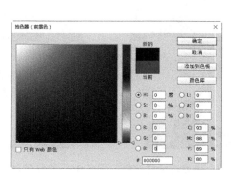

图 5-97 【拾色器(前景色)】对话框

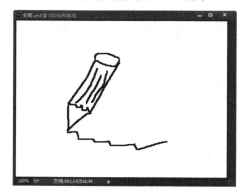

图 5-98 在文件中绘制铅笔形状

5.6.4 使用颜色替换工具为图像换色

颜色替换工具 可以使用前景色来替换图像中的颜色。该工具不适用于位图、索引和多通道颜色模式下的图像。

下面使用颜色替换工具替换裙子的颜色，具体操作步骤如下。

step 01 打开"素材\ch05\18.jpg"文件，按 Ctrl+J 组合键，复制当前的图层，如图 5-99 所示。

step 02 将前景色设置为浅黄色，选择颜色替换工具，在选项栏中将【限制】设置为【连续】，【容差】设为 40%，然后在裙子区域涂抹，如图 5-100 所示。

step 03 继续涂抹裙子区域，在绘制过程中可按 [和] 键缩小或放大笔尖的大小，进行裙子边缘的绘制，最终效果如图 5-101 所示。

图 5-99　素材文件　　　　图 5-100　在裙子区域涂抹　　　图 5-101　继续涂抹裙子区域

5.6.5　使用混合器画笔工具绘制油画

混合器画笔工具可以混合像素，模拟出真实的绘画效果。混合器画笔有两个绘画色管(一个储槽和一个拾取器)，其中储槽中存储着最终应用于画布的颜色，而拾取色管则接收来自画布的油彩，其内容与画布颜色是连续混合的。

下面使用混合器画笔工具把照片打造成油画效果，具体操作步骤如下。

step 01 打开"素材\ch05\19.jpg"文件，按 Ctrl+J 组合键，复制当前的图层，如图 5-102 所示。

图 5-102　素材文件

step 02 选择混合器画笔工具，在选项栏中将笔刷设置为样式，然后在【预设】中选择【非常潮湿】选项，并将【流量】设置为 60%，如图 5-103 所示。

图 5-103　在混合器画笔工具选项栏中设置参数

step 03 按住 Alt 键滚动鼠标滚轮使图像放大，然后按住 Alt 键单击房子区域以载入油彩到储槽中，接下来涂抹房子正面，如图 5-104 所示。

step 04 当涂抹房顶区域时，按住 Alt 键单击房顶区域以载入当前的颜色，如图 5-105 所示。

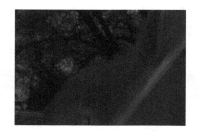

图 5-104　涂抹房子正面　　　　　　　　　　图 5-105　涂抹房顶区域

当图像放大铺满整个窗口时，按住空格键并拖动鼠标可移动图像，以控制当前窗口的显示区域。

step 05 房子绘制完成后，在选项栏中将笔刷设置为■样式，将【流量】设置为 20%，然后涂抹剩余部分，如图 5-106 所示。

step 06 选择【滤镜】→【模糊】→【表面模糊】命令，弹出【表面模糊】对话框，将【半径】设置为 4，【阈值】设置为 11，如图 5-107 所示。

step 07 单击【确定】按钮，此时照片变为油画效果，如图 5-108 所示。

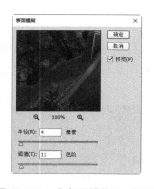

图 5-106　涂抹剩余部分　　　图 5-107　【表面模糊】对话框　　图 5-108　使照片变为油画效果

读者可根据需要调整笔刷的样式，绘制出属于自己风格的油画效果。

5.7　使用历史记录画笔工具绘制图像

历史记录画笔工具组是图像编辑恢复工具，可以将图像编辑中的某个状态还原出来。该工具组共包含 2 个工具，分别是历史记录画笔工具和历史记录艺术画笔工具，如图 5-109

所示。

图 5-109　历史记录画笔工具组

5.7.1　使用历史记录画笔工具通过源数据绘画

历史记录画笔工具 通过指定的源数据，使图像恢复为之前编辑过程中的某一状态，具体操作步骤如下。

step 01　打开"素材\ch05\20.jpg"文件，如图 5-110 所示。

step 02　按 Ctrl+J 组合键，复制当前的图层，然后选择【图像】→【调整】→【去色】命令，将图像调整为黑白照片，如图 5-111 和图 5-112 所示。

图 5-110　素材文件　　　图 5-111　复制当前的图层　　　图 5-112　将图像调整为黑白照片

step 03　在【历史记录】面板中勾选【通过拷贝的图层】前面的复选框，将该历史记录状态作为源数据，此时其前面显示出 源图标，如图 5-113 所示。

step 04　选择历史记录画笔工具 ，在选项栏中将【模式】设置为【正常】，【不透明度】设置为 100%，如图 5-114 所示。

图 5-113　设置源数据　　　图 5-114　在历史记录画笔工具选项栏中设置参数

step 05　在图像中涂抹，即可将图像恢复到【通过拷贝的图层】这一操作时的状态，如图 5-115 所示。

step 06　继续涂抹女孩的身体，可将女孩恢复为彩色图像，而其他部分保持黑白效果，如图 5-116 所示。

提示　历史记录画笔工具的选项栏与画笔工具相同，这里不再赘述。

图 5-115　在图像中涂抹以恢复操作　　　　图 5-116　继续涂抹将女孩恢复为彩色图像

5.7.2　使用历史记录艺术画笔工具绘制粉笔画

历史记录艺术画笔工具 ✍ 也可以将图像恢复为之前编辑过程中的某一状态，与历史记录画笔工具不同的是，该工具可以风格化描边进行绘画，创建出不同艺术风格的绘画效果。

下面使用历史记录艺术画笔工具，把照片打造成粉笔画效果，具体操作步骤如下。

step 01　打开"素材\ch05\21.jpg"文件，按 Ctrl+J 组合键，复制当前的图层，如图 5-117所示。

图 5-117　素材文件

step 02　选择历史记录艺术画笔工具 ✍，将笔尖大小设置为 9，【样式】设置为【绷紧短】，【区域】设置为 30 像素，【容差】设置为 0%，如图 5-118 所示。

9 ▼ 🖌 模式：正常 ▼ 不透明度：100% ▼ 🖌 样式：绷紧短 ▼ 区域：30 像素 容差：0% ▼

图 5-118　在历史记录艺术画笔工具选项栏中设置参数

step 03 在人物上涂抹，进行风格化处理，然后将笔尖大小设置为 20，在草坪和天空上涂抹，创建类似粉笔画的效果，如图 5-119 所示。

图 5-119 将图像转变为类似粉笔画的效果

 本实例是在原始图像上操作，因此无须调整源图标 的位置。

5.8 使用填充工具填充图像

可以使用颜色或图案来填充图像或选区，该工具组共包含 3 个工具，如图 5-120 所示。下面主要介绍前两个工具：渐变工具和油漆桶工具。

图 5-120 填充工具组

5.8.1 使用渐变工具绘制彩虹

渐变工具 可以在图层或选区内填充渐变颜色，也可以用于填充图层蒙版、快速蒙版或通道。下面使用渐变工具制作一个七色彩虹特效，具体操作步骤如下。

step 01 启动 Photoshop 软件，按 Ctrl+N 组合键，弹出【新建】对话框，在其中设置参数，新建一个空白文件，如图 5-121 所示。

step 02 在【图层】面板中单击底部的 按钮，创建一个空白图层，如图 5-122 所示。

step 03 选择渐变工具 ，在选项栏中按下【径向渐变】按钮 ，然后单击 按钮，在弹出的面板中选择【透明彩虹渐变】选项，如图 5-123 所示。

step 04 选择预设的渐变后，单击渐变条，弹出【渐变编辑器】对话框，如图 5-124 所示。

step 05 拖动不透明度色标和下方的色标，使其集中在渐变条的右侧，设置完成后，单击【确定】按钮，如图 5-125 所示。

step 06 返回到新建的空白文档窗口，从下到上拖动鼠标拖出一条直线，释放鼠标后，即可填充一个径向渐变效果，如图 5-126 所示。

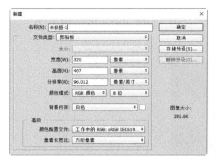

图 5-121　【新建】对话框

图 5-122　创建一个空白图层

图 5-123　选择【透明彩虹渐变】
选项

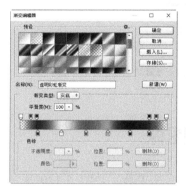

图 5-124　【渐变编辑器】对话框

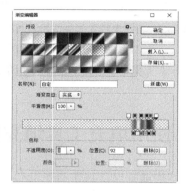

图 5-125　使不透明度色标和下方
的色标集中在右侧

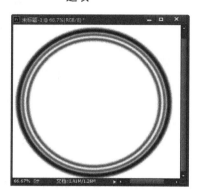

图 5-126　填充一个径向渐变效果

step 07　使用椭圆选框工具 创建一个椭圆选区，选中渐变填充的下半部分，然后按
　　　　Delete 键删除选区，效果如图 5-127 所示。

step 08　再次创建一个椭圆选区，选中彩虹的左侧，然后右击鼠标，在弹出的快捷菜单
　　　　中选择【羽化】命令，如图 5-128 所示。

step 09　弹出【羽化选区】对话框，在【羽化半径】文本框中输入 20，单击【确定】按
　　　　钮，如图 5-129 所示。

图 5-127　删除渐变的下半部分

图 5-128　创建一个椭圆选区

图 5-129　【羽化选区】对话框

step 10　按 Delete 键删除选区得到羽化效果。重复步骤 8 和步骤 9，羽化彩虹的右侧区
　　　　域，此时七色彩虹创建完成，如图 5-130 所示。

step 11　使用移动工具 将彩虹拖动到其他背景中，在【图层】面板中设置【不透明
　　　　度】为 30%，如图 5-131 所示。

step 12　按 Ctrl+T 组合键，对彩虹进行适当的变形，拉长彩虹以适应背景，效果如图 5-132
　　　　所示。

图 5-130 羽化渐变的两端区域　　　图 5-131 设置不透明度　　　图 5-132 最终效果

5.8.2 使用油漆桶工具为图像着色

油漆桶工具可以使用前景色或图案进行填充，若创建了选区，那么将填充选区；若没有创建选区，则填充与单击点相近的区域。

下面使用油漆桶工具为黑白漫画填充颜色，具体操作步骤如下。

step 01　打开"素材\ch05\22.jpg"文件，按 Ctrl+J 组合键，复制当前的图层，如图 5-133 所示。

step 02　选择油漆桶工具，在选项栏中将填充类型设置为【前景】，【容差】设置为 30，并勾选【连续的】复选框，如图 5-134 所示。

图 5-133　素材文件　　　　　图 5-134　在油漆桶工具选项栏中设置参数

step 03　在工具箱中单击前景色按钮，在弹出的【拾色器】对话框中设置前景色，然后在动物的肚子上单击，为其填充前景色，如图 5-135 所示。

step 04　重新设置前景色，使用步骤 3 的方法，为毛笔填充前景色，如图 5-136 所示。

step 05　在选项栏中将填充类型设置为【图案】，然后单击右侧的▼按钮，选择一种图案，如图 5-137 所示。

step 06　在图像的背景处单击，即可为背景填充图案，如图 5-138 所示。

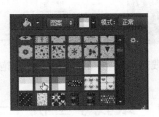

图 5-135　为动物的肚子　　图 5-136　为毛笔填充　　图 5-137　选择一种图案　　图 5-138　为背景填充图案
　　　　　填充前景色　　　　　　　　前景色

153

5.9　综合案例——制作放射线背景图

杂色渐变是指在指定的色彩范围内随机地分布颜色，其颜色变化效果更加丰富。下面利用杂色渐变制作一个放射线背景图像，具体操作步骤如下。

step 01　启动 Photoshop 软件，按 Ctrl+N 组合键，弹出【新建】对话框，在其中设置参数，新建一个空白文件，然后将背景色设置为黑色，如图 5-139 所示。

step 02　选择渐变工具██，在选项栏中按下【角度渐变】按钮█，然后单击█按钮，在弹出的面板中选择需要的渐变条，如图 5-140 所示。

step 03　单击选项栏中的渐变条，弹出【渐变编辑器】对话框，在其中将【渐变类型】设置为【杂色】，【粗糙度】设置为 100%，【颜色模型】设置为 LAB，如图 5-141 所示。

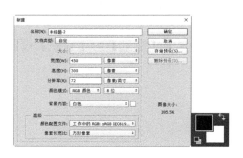

图 5-139　新建一个文件并设置背景色　　图 5-140　选择渐变色　　图 5-141　【渐变编辑器】对话框

step 04　单击【确定】按钮，返回到新建文档中，从窗口右上角往左下方拖动鼠标，释放鼠标后，即可使用杂色渐变创建一个放射线效果，如图 5-142 所示。

step 05　按 Ctrl+U 组合键，弹出【色相/饱和度】对话框，在其中根据需要设置色相及饱和度，如图 5-143 所示。

step 06　单击【确定】按钮，可调整杂色渐变的颜色，如图 5-144 所示。

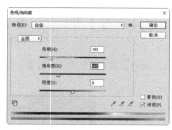

图 5-142　创建一个放射线效果　　图 5-143　【色相/饱和度】对话框　　图 5-144　调整杂色渐变的颜色

5.10　跟我学上机——自定义我的画笔

除了系统提供的预设画笔外，我们可以将某个图像或选区创建为自定义的画笔，具体操作步骤如下。

step 01 打开"素材\ch05\24.jpg"文件，如图 5-145 所示。

step 02 选择【编辑】→【定义画笔预设】命令，弹出【画笔名称】对话框，在【名称】文本框中输入名称，单击【确定】按钮，如图 5-146 所示。

step 03 选择画笔工具，在选项栏中单击 按钮，弹出画笔预设选取器，在底部可以看到此时已添加了新建的画笔，如图 5-147 所示。

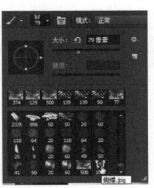

图 5-145 素材文件　　　图 5-146 【画笔名称】对话框　　　图 5-147 成功添加画笔

5.11 疑 难 解 惑

疑问 1：在 Photoshop 中仿制图章工具和修补画笔有什么异同？

答：在 Photoshop 中，仿制图章工具是从图像中的某一部分取样之后，再将取样绘制到其他位置或其他图片中。而修补画笔工具和仿制图章工具十分类似，不同之处在于仿制图章工具是将取样部分全部照搬，而修补画笔工具会对目标点的纹理、阴影、光照等因素进行自动分析并匹配，从而使修复后的像素不留痕迹地融入图像的其余部分。

疑问 2：在使用仿制图章工具时，光标中心的十字线有什么用处？

答：在使用仿制图章工具时，按住 Alt 键在图像中单击，定义要复制的内容，然后将光标放在其他位置，释放 Alt 键拖动鼠标涂抹，即可将复制的图像应用到当前位置。与此同时，画面中会出现一个圆形光标和一个十字形光标。圆形光标是用户正在涂抹的区域，而该区域的内容则是从十字形光标所在位置的图像上拷贝的。在操作时，两个光标始终保持相同的距离，用户只要观察十字形光标位置的图像，便知道将要涂抹出什么样的图像内容了。

第 6 章
快速制作图像特效

所谓滤镜就是把原有的画面进行艺术过滤，得到一种艺术或更完美的展示。滤镜功能是 Photoshop CC 的强大功能之一，利用滤镜可以实现许多其他工具无法实现的图像特效。这为众多的非艺术专业人员提供了一种创造艺术化作品的手段。

重点案例效果

6.1　滤镜基础知识

Photoshop 中的滤镜分为内置滤镜和外挂滤镜。内置滤镜是 Photoshop 自带的滤镜；外挂滤镜一般是由第三方厂商开发的，主要用于 Photoshop 功能的增强。使用这两种滤镜可以制作出各种图像特效。

6.1.1　滤镜与滤镜库

通过使用滤镜，可以清除和修饰照片，能够为图像添加素描或印象派绘画外观的特殊艺术效果，还可以使用扭曲和光照效果创建独特的变换。Adobe 提供的滤镜显示在【滤镜】菜单中；第三方开发商提供的某些滤镜可以作为增效工具使用，在安装后，这些增效工具滤镜出现在【滤镜】菜单的底部。

在滤镜库中可预览许多特殊效果的滤镜，如果用户对预览效果满意，则可以将它应用于图像。不过，滤镜库并不包含【滤镜】菜单中的所有滤镜。如图 6-1 所示为 Photoshop CC 的滤镜库。

图 6-1　滤镜库

6.1.2　滤镜的基础操作

滤镜常用的基础操作分 3 种，分别是：使用 Ctrl+F 组合键，重复应用上一次滤镜；使用 Shift+Ctrl+F 组合键，渐隐上一次滤镜；使用 Ctrl+Alt+F 组合键，打开上一次滤镜对话框，重新设置滤镜参数并应用。下面以一个实例来介绍滤镜基础操作的使用方法，具体操作步骤如下。

step 01 打开"素材\ch06\02.jpg"文件，如图 6-2 所示。

step 02 选择【滤镜】→【扭曲】→【旋转扭曲】命令，打开【旋转扭曲】对话框，如图 6-3 所示。

step 03 在【旋转扭曲】对话框中拖动【角度】下方的滑块或者在文本框中输入数值，
如这里输入-540，如图 6-4 所示。

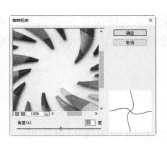
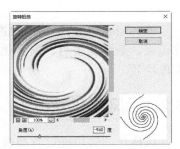

图 6-2　素材文件　　　　　　图 6-3　【旋转扭曲】对话框　　　　图 6-4　设置扭曲角度

step 04 单击【确定】按钮，返回到图像文件中，可以看到图像效果，如图 6-5 所示。

step 05 按 Ctrl+F 组合键，按照上一次应用该滤镜的参数设置再次对图像应用该滤镜，
效果如图 6-6 所示。

step 06 按 Shift+Ctrl+F 组合键，打开【渐隐】对话框，在其中设置参数，如图 6-7 所
示。

图 6-5　图像效果　　　图 6-6　再次对图像应用滤镜的效果　　　图 6-7　【渐隐】对话框

step 07 单击【确定】按钮，返回到图像文件中，可以看到图像效果，如图 6-8 所示。

step 08 按 Ctrl+Alt+F 组合键，打开【旋转扭曲】对话框，在其中可以重新设置该滤镜
的参数，如图 6-9 所示。

step 09 单击【确定】按钮，返回到图像文件中，可以看到修改滤镜参数后的显示效
果，如图 6-10 所示。

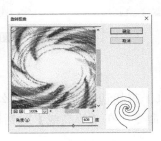

图 6-8　添加渐隐后的图像效果　　　图 6-9　重新设置扭曲角度　　　图 6-10　设置后的图像效果

6.2 使用内置滤镜制作图像特效

Photoshop CC 提供的内置滤镜包括风格化滤镜组、画笔描边滤镜组、模糊滤镜组、扭曲滤镜组、杂色滤镜组、像素化滤镜组、艺术效果滤镜组等，使用这些内置滤镜可以轻松制作图像特效。

6.2.1 风格化滤镜组

风格化滤镜组通过置换像素并增加图像的对比度，可使图像生成印象派风格的效果。该滤镜组共包含 9 种滤镜，如图 6-11 所示。

图 6-11 风格化滤镜组

打开"素材\ch06\03.jpg"文件，下面以该图为例进行介绍，如图 6-12 所示。

1. 查找边缘滤镜

查找边缘滤镜可自动查找图像对比度强烈的边缘，并使高反差区变亮，低反差区变暗，从而形成清晰的轮廓。如图 6-13 所示是应用查找边缘滤镜后的效果。

图 6-12 原图

图 6-13 应用查找边缘滤镜

2. 等高线滤镜

等高线滤镜产生的效果类似于查找边缘滤镜，可以勾画出图像的色阶范围。选择【滤镜】→【风格化】→【等高线】命令，在【等高线】对话框中设置参数，即可制作出等高线效果，如图 6-14 和图 6-15 所示。

提示 【色阶】用于设置描绘边缘亮度的级别；【较低】表示勾画像素颜色低于指定色阶的区域；【较高】表示勾画像素颜色高于指定色阶的区域。

图6-14 【等高线】对话框   图6-15 应用等高线滤镜

3. 风滤镜

风滤镜用于制作水平方向上风吹的效果。选择【滤镜】→【风格化】→【风】命令，在【风】对话框中设置参数，即可制作出风吹的效果，如图6-16和图6-17所示。

提示 【方法】用于调整风的强度，如图6-18所示是设置为【飓风】的效果；【方向】用于设置风吹的方向。

图6-16 【风】对话框   图6-17 应用风滤镜   图6-18 设置为【飓风】的效果

4. 浮雕效果滤镜

浮雕效果滤镜用于制作凸出和浮雕的效果，图像对比度越大，浮雕效果越明显。选择【滤镜】→【风格化】→【浮雕效果】命令，在打开的【浮雕效果】对话框中设置参数，即可制作出浮雕效果，如图6-19和图6-20所示。

提示 【角度】用于设置光源照射浮雕的方向；【高度】设置浮雕凸起的高度；【数量】用于设置滤镜的应用程度，该值越大效果越明显。

5. 扩散滤镜

扩散滤镜可扩散图像的像素，产生透过磨砂玻璃观看图像的效果。选择【滤镜】→【风格化】→【扩散】命令，在【扩散】对话框中选择扩散的模式，即可制作出扩散效果，如图 6-21 所示。

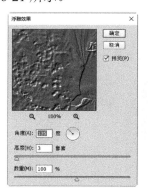 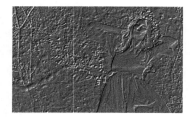 

图 6-19 　【浮雕效果】对话框 　　图 6-20 　应用浮雕效果滤镜 　　图 6-21 　应用扩散滤镜

6. 拼贴滤镜

拼贴滤镜可以将图像分裂为若干个正方形图块，并使其发生位移，从而产生瓷砖拼凑出的效果。选择【滤镜】→【风格化】→【拼贴】命令，在【拼贴】对话框中设置参数，即可制作出拼贴效果，如图 6-22 和图 6-23 所示。

【拼贴数】用于设置图像分裂出的拼贴块数；【最大位移】用于设置拼贴块偏移其原始位置的比例；【填充空白区域用】用于设置瓷砖间的间隙以何种图案填充。

7. 曝光过度滤镜

曝光过度滤镜可将图像正片和负片混合，产生摄影时过度曝光的效果，如图 6-24 所示。

图 6-22 　【拼贴】对话框 　　图 6-23 　应用拼贴滤镜 　　图 6-24 　应用曝光过度滤镜

8. 凸出滤镜

凸出滤镜可以将图像分割成均匀的块状或金字塔状，并使其凸出来，从而产生特殊的三维立体效果。选择【滤镜】→【风格化】→【凸出】命令，在【凸出】对话框中设置参数，即可制作出凸出效果，如图 6-25 和图 6-26 所示。

【类型】用于设置凸出类型；【大小】用于设置块或金字塔的底面尺寸；【深度】用于设置块或金字塔凸出来的高度。

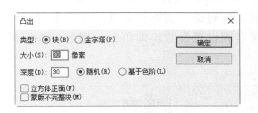

图 6-25 【凸出】对话框

图 6-26 应用凸出滤镜

9. 照亮边缘滤镜

照亮边缘滤镜可以查找图像中颜色的边缘并给它们增加类似霓虹灯的亮光。选择【滤镜】→【滤镜库】→【风格化】→【照亮边缘】命令，在【照亮边缘】对话框的右侧设置参数，即可制作出照亮边缘效果，如图 6-27 和图 6-28 所示。

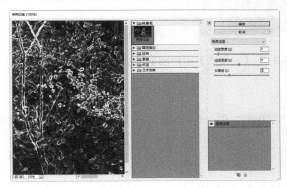

图 6-27 【照亮边缘】对话框

图 6-28 应用照亮边缘滤镜

6.2.2 画笔描边滤镜组

画笔描边滤镜组主要是使用不同的画笔和油墨进行描边，从而制作出绘画效果的外观。其中有些滤镜是向图像添加颗粒、绘画、杂色、边缘细节或纹理，以制作出点状化的效果。该滤镜组中共包含 8 种滤镜，如图 6-29 所示。

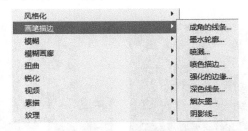

图 6-29 画笔描边滤镜组

注意

画笔描边滤镜组只能在 RGB 模式、灰度模式和多通道模式下使用。

打开"素材\ch06\04.jpg"文件，如图 6-30 所示。选择【滤镜】→【画笔描边】→【成角的线条】命令，弹出【成角的线条】对话框，该对话框实际就是【滤镜库】对话框，在其中单击【画笔描边】区域中的各个滤镜，并在右侧设置参数，即可制作出各种画笔描边效果，如图 6-31 所示。

图 6-30　原图

图 6-31　【滤镜库】中的画笔描边滤镜组

1. 成角的线条滤镜

成角的线条滤镜是使用对角描边重新绘制图像，用一对相反方向的线条来绘制亮区和暗区，效果如图 6-32 所示。

2. 墨水轮廓滤镜

墨水轮廓滤镜是以钢笔画的风格，用纤细的线条在原细节上重绘图像，效果如图 6-33 所示。

3. 喷溅滤镜

喷溅滤镜是模拟喷溅喷枪的效果，如图 6-34 所示。

4. 喷色描边滤镜

喷色描边滤镜是使用图像的主导色，用成角的、喷溅的颜色线条重新绘制图像，效果如图 6-35 所示。

图 6-32　应用成角的线条滤镜　　图 6-33　应用墨水轮廓滤镜　　图 6-34　应用喷溅滤镜　　图 6-35　应用喷色描边滤镜

5. 强化的边缘滤镜

强化的边缘滤镜可以强化图像边缘，效果如图 6-36 所示。

6. 深色线条滤镜

深色线条滤镜是使用短而绷紧的深色线条绘制暗区，使用长的白色线条绘制亮区，效果如图 6-37 所示。

7. 烟灰墨滤镜

烟灰墨滤镜是以日本画的风格绘制图像，看起来像是用蘸满油墨的画笔在宣纸上绘画，效果如图 6-38 所示。

8. 阴影线滤镜

阴影线滤镜能够保留原始图像的细节和特征，同时使用模拟的铅笔阴影线添加纹理，并使彩色区域的边缘变粗糙，效果如图 6-39 所示。

图 6-36　应用强化的 　　图 6-37　应用深色线条 　　图 6-38　应用烟灰墨 　　图 6-39　应用阴影线
　　　　　边缘滤镜 　　　　　　　　滤镜 　　　　　　　　　滤镜 　　　　　　　　　滤镜

6.2.3　模糊滤镜组

模糊滤镜组可以柔化图像或选区，使图像产生模糊效果，这对于修饰图像非常有用。该滤镜组共包含 11 种滤镜，如图 6-40 所示。

图 6-40　模糊滤镜组

1. 表面模糊滤镜

表面模糊滤镜可在保留边缘的同时模糊图像，主要用于创建特殊效果并消除杂色或颗粒。此外，使用该滤镜还可以为人物磨皮。

打开"素材\ch06\05.jpg"文件，如图 6-41 所示。选择【滤镜】→【模糊】→【表面模糊】命令，在【表面模糊】对话框中设置【半径】和【阈值】，即可制作出表面模糊效果，如图 6-42 和图 6-43 所示。

图 6-41　原图　　　　图 6-42　【表面模糊】对话框　　　图 6-43　应用表面模糊滤镜

提示　　【半径】用于指定模糊取样区域的大小；【阈值】用于控制相邻像素色调值与中心像素值相差多大时才能成为模糊的一部分，色调值差小于阈值的像素被排除在模糊之外。

2. 动感模糊滤镜

动感模糊滤镜可以沿指定方向以指定的强度进行模糊，产生给移动的对象拍照的效果。选择【滤镜】→【模糊】→【动感模糊】命令，在【动感模糊】对话框中设置参数，即可制作出动感模糊效果，如图 6-44 和图 6-45 所示。

提示　　【角度】用于设置模糊的方向；【距离】用于设置像素移动的距离。

3. 方框模糊

方框模糊滤镜可基于相邻像素的平均颜色值来模糊图像，用于创建特殊模糊效果。选择【滤镜】→【模糊】→【方框模糊】命令，在【方框模糊】对话框中设置【半径】，即可制作出方框模糊效果，如图 6-46 所示。

图 6-44　【动感模糊】对话框　　图 6-45　应用动感模糊滤镜　　　图 6-46　应用方框模糊滤镜

4. 高斯模糊滤镜

高斯模糊滤镜是通过添加低频细节，使图像产生一种朦胧效果。选择【滤镜】→【模糊】→【高斯模糊】命令，在【高斯模糊】对话框中设置【半径】，即可制作出高斯模糊效果，如图6-47所示。

 提示　　　【半径】用于控制模糊的范围，该值越高图像越模糊。

5. 径向模糊滤镜

径向模糊滤镜可以模拟缩放或旋转的相机所产生的柔化的模糊效果。选择【滤镜】→【模糊】→【径向模糊】命令，在【径向模糊】对话框中拖动【中心模糊】方框中的图案，指定模糊的原点，然后在左侧设置参数，即可制作出径向模糊效果，如图6-48和图6-49所示。

 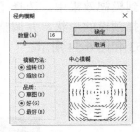 

图6-47　应用高斯模糊滤镜　　　图6-48　【径向模糊】对话框　　　图6-49　应用径向模糊滤镜

 提示　　　【数量】用于控制模糊的强度；【模糊方法】用于设置是沿同心圆环线产生旋转的模糊效果，还是产生放射状的缩放模糊效果；【品质】用于设置图像模糊后的品质，其中【草图】产生的速度最快但会有颗粒状，【好】和【最好】两个选项产生比较平滑的效果。

6. 进一步模糊滤镜和模糊滤镜

进一步模糊滤镜和模糊滤镜都可以使图像中有显著颜色变化的地方消除杂色，对图像进行轻微的柔和处理，但前者比后者的模糊程度强3～4倍。

7. 平均模糊滤镜

平均模糊滤镜可以找出图像或选区的平均颜色，然后用该颜色填充图像或选区以创建平滑的外观，效果如图6-50所示。

8. 特殊模糊滤镜

特殊模糊滤镜通过指定半径、阈值和模糊品质等参数可以精确地模糊图像。选择【滤镜】→【模糊】→【特殊模糊】命令，在【特殊模糊】对话框中设置参数，即可制作出特殊模糊效果，如图6-51和图6-52所示。

图 6-50　应用平均模糊滤镜　　　图 6-51　【特殊模糊】对话框　　　图 6-52　应用特殊模糊滤镜

9. 形状模糊滤镜

形状模糊滤镜可以将形状应用到模糊效果中。选择【滤镜】→【模糊】→【形状模糊】命令，在【形状模糊】对话框中选择预设的形状，并调整【半径】参数来设置形状的大小，即可制作出形状模糊效果，如图 6-53 和图 6-54 所示。

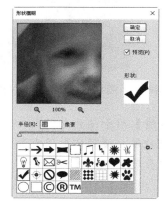

图 6-53　【形状模糊】对话框　　　　　　图 6-54　应用形状模糊滤镜

10. 镜头模糊滤镜

镜头模糊滤镜是使用 Alpha 通道或图层蒙版的深度值来映射像素的位置，使图像中的一些对象在焦点内，而使另一些区域变模糊，从而制作出景深效果。当然，也可以直接使用选区来确定哪些区域变模糊。具体操作步骤如下。

step 01　打开"素材\ch06\05.jpg"文件，使用快速选择工具 选中男孩，如图 6-55 所示。

step 02　在工具选项栏中单击【调整边缘】按钮，弹出【调整边缘】对话框，在其中设置【羽化】参数羽化选区，然后单击【确定】按钮，如图 6-56 所示。

step 03　在【通道】面板中单击底部的 按钮，将选区存储在 Alpha 1 通道中，然后按 Ctrl+D 组合键，取消选区的选择，如图 6-57 所示。

图 6-55 创建选区选中男孩

图 6-56 【调整边缘】对话框

图 6-57 将选区存储在通道中

step 04 选择【滤镜】→【模糊】→【镜头模糊】命令，弹出【镜头模糊】对话框，将
【源】设置为 Alpha 1，【模糊焦距】设置为 255，用于限定模糊的范围，然后设置
光圈的形状及半径等参数，如图 6-58 所示。

step 05 单击【确定】按钮关闭对话框，效果如图 6-59 所示。

图 6-58 【镜头模糊】对话框

图 6-59 最终的图像效果

6.2.4 模糊画廊滤镜组

模糊滤镜组是对图像进行整体模糊，当然创建
选区也可以进行局部模糊。而使用模糊画廊滤镜
组，无须使用选区，就可以控制图像任意位置的模
糊程度，从而创建主观的景深效果。该滤镜组共包
含 5 种滤镜，如图 6-60 所示。

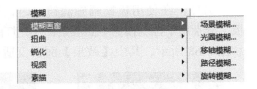

图 6-60 模糊画廊滤镜组

1. 场景模糊滤镜

场景模糊滤镜可以在图像中添加一个或多个图钉，通过调整每个图钉的【模糊】参数，
来分别控制不同区域的清晰或模糊程度，创建渐变的模糊效果。

具体操作步骤如下。

step 01 打开"素材\ch06\06.jpg"文件，如图 6-61 所示。

step 02 选择【滤镜】→【模糊画廊】→【场景模糊】命令，此时图像中将自动添加一个图钉，并且右侧将出现【模糊工具】面板，用于设置该图钉的模糊程度，如图 6-62 和图 6-63 所示。

图 6-61　素材文件　　　　图 6-62　图像中自动添加一个图钉　　　图 6-63　【模糊工具】面板

step 03 将图像中自动添加的图钉的【模糊】参数设置为 0，使该处最清晰，如图 6-64 所示。

step 04 分别单击图像左右两侧，再次添加两个图钉，将其【模糊】参数设置为 6，使两侧较为模糊。设置完成后，单击工具选项栏中的【确定】按钮或按 Enter 键确认，效果如图 6-65 所示。

图 6-64　设置图钉的【模糊】参数　　　　图 6-65　添加两个图钉并设置【模糊】参数

 　　　　选中图钉后，拖动鼠标可移动图钉的位置，按 Delete 键，可删除图钉。

另外，在使用模糊画廊滤镜组时，还会出现【效果】、【动感效果】和【杂色】3 个面板，分别用于控制模糊中的散景、闪光灯的强度以及是否在模糊中添加杂色，如图 6-66、图 6-67 和图 6-68 所示。其中【效果】面板仅适用于场景模糊、光圈模糊和倾斜偏移 3 个滤镜。

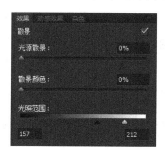  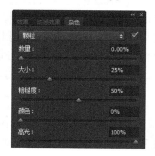

图 6-66　【效果】面板　　　　图 6-67　【动感效果】面板　　　　图 6-68　【杂色】面板

2. 光圈模糊滤镜

光圈模糊滤镜可为图片模拟景深效果，并且可以定义多个焦点，这是使用传统相机技术几乎不可能实现的效果，具体操作步骤如下。

step 01 ▶ 打开"素材\ch06\07.jpg"文件，如图 6-69 所示。

step 02 ▶ 选择【滤镜】→【模糊画廊】→【光圈模糊】命令，图像中将添加一个光圈，光圈内的图像清晰，光圈外的图像呈模糊状态，并且右侧将出现【模糊工具】面板，通过【模糊】参数可设置光圈外图像的模糊程度，如图 6-70 和图 6-71 所示。

step 03 ▶ 将光标定位在光圈上下左右 4 个控制点的附近，当光标变为 ↷ 形状时，拖动鼠标调整光圈的大小，如图 6-72 所示。

图 6-69　素材文件　　图 6-70　图像中添加　图 6-71　【模糊工具】面板　图 6-72　调整光圈的大小
　　　　　　　　　　　　　　一个光圈

step 04 ▶ 将光标定位在光圈内部，当光标变为 ✛ 形状时，拖动鼠标调整光圈的位置，如图 6-73 所示。

step 05 ▶ 在光圈外其他位置处单击，再次添加一个光圈，如图 6-74 所示。

step 06 ▶ 使用步骤 3 和步骤 4 的方法调整新建光圈的大小和位置，然后将光标定位在光圈内部 4 个 ◯ 图标上，拖动鼠标控制光圈内部的模糊范围，如图 6-75 所示。设置完成后，单击工具选项栏中的【确定】按钮或按 Enter 键确认即可。

图 6-73　调整光圈的位置　　　图 6-74　再添加一个光圈　　　图 6-75　调整新建光圈的大小和位置

3. 移轴模糊滤镜

移轴模糊滤镜可模拟移轴摄影的效果，该特殊的模糊效果可以定义锐化区域，然后在边缘处逐渐变得模糊，使图片拍得像微缩模型一样。

具体操作步骤如下。

step 01 打开"素材\ch06\02.jpg"文件，选择【滤镜】→【模糊画廊】→【移轴模糊】命令，此时图像中将自动添加 1 个图钉、2 条直线和 2 条虚线，并且右侧将出现【模糊工具】面板，用于设置该图钉的模糊程度与扭曲度，如图 6-76 和图 6-77 所示。

step 02 将光标放置在上面的直线上，待光标变成 ↕ 形状时，按住鼠标左键不放，移动鼠标，可以调整直线的位置，如图 6-78 所示。

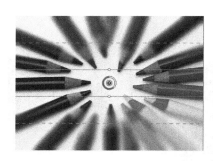  

图 6-76　选择【移轴模糊】命令后的效果　图 6-77　【模糊工具】面板　　　图 6-78　调整直线的位置

step 03 将光标放置在图像区域中，待光标变成 形状后，单击鼠标可以移动图钉的位置，进而调整移轴模糊的中心点，如图 6-79 所示。

step 04 将光标放置中图像的图钉之上，待光标变成 形状后，按住鼠标左键不放，拖动鼠标，可以移动整个移轴模糊的位置，如图 6-80 所示。

step 05 设置完毕后，按 Enter 键，即可应用移轴模糊滤镜，并得到如图 6-81 所示的图像效果。

图 6-79　调整移轴模糊的中心点　　图 6-80　移动整个移轴模糊的位置　　图 6-81　最终效果

4. 路径模糊滤镜

使用路径模糊滤镜，可以沿路径创建运动模糊，还可以控制形状和模糊量，Photoshop 可自动合成应用于图像的多路径模糊效果。

使用路径模糊滤镜的具体操作步骤如下。

step 01 打开"素材\ch06\08.jpg"文件，如图 6-82 所示。

step 02 选择【滤镜】→【模糊画廊】→【路径模糊】命令，此时图像中将自动添加一个带箭头的直线，并且右侧将出现【模糊工具】面板，用于设置路径模糊速度、锥度等，如图 6-83 和图 6-84 所示。

图 6-82　素材文件　　　　图 6-83　图像中添加一个带箭头的直线　　图 6-84　【模糊工具】面板

step 03　将光标放置在箭头直线的最左端，按住鼠标左键不放，移动鼠标，可以调整路径模糊的起点，如图 6-85 所示。

step 04　将光标放置在箭头直线中间的圆点上，按住鼠标左键不放，移动鼠标，可以调整路径模糊的中点，如图 6-86 所示。

图 6-85　调整路径模糊的起点　　　　　　　　图 6-86　调整路径模糊的中点

step 05　将光标放置在箭头直线的最右端，按住鼠标左键不放，移动鼠标，可以调整路径模糊的终点，如图 6-87 所示。

step 06　设置完毕后，按 Enter 键，即可应用路径模糊滤镜，并得出如图 6-88 所示的图像效果。

图 6-87　调整路径模糊的终点　　　　　　　　图 6-88　最终效果

5. 旋转模糊滤镜

使用旋转模糊滤镜,用户可以在一个或更多点旋转和模糊图像,旋转模糊是等级测量的径向模糊,Photoshop 可以让用户在设置中心点、模糊大小和形状以及其他设置时实时预览。使用旋转模糊滤镜的具体操作步骤如下。

step 01 打开 "素材\ch06\01.jpg" 文件,如图 6-89 所示。

step 02 选择【滤镜】→【模糊画廊】→【旋转模糊】命令,此时图像中将自动添加一个模糊圆圈,并且右侧将出现【模糊工具】面板,用于设置旋转模糊角度,如图 6-90 和图 6-91 所示。

图 6-89　素材文件　　　　图 6-90　图像中自动添加一个模糊圆圈　　　图 6-91　【模糊工具】面板

step 03 将光标放置在模糊圆圈中,按住鼠标左键不放,移动鼠标,即可移动模糊圆圈的位置,如图 6-92 所示。

step 04 将光标放置在模糊圆圈的圈线上,待光标变成 ↙ 形状后,按住鼠标左键不放,拖动鼠标,可以放大或缩小模糊圆圈的大小,如图 6-93 所示。

step 05 将光标放置在模糊圆圈的小点上,待光标变成 ↑ 形状后,按住鼠标左键不放,拖动鼠标,可以放大或缩小模糊圆圈的大小,并改变模糊圆圈的形状,如图 6-94 所示。

图 6-92　移动模糊圆圈的位置　　图 6-93　放大或缩小模糊圆圈的大小　　图 6-94　改变模糊圆圈的形状

step 06 将光标放置在模糊圆圈的大圆点上,待光标变成 ▫ 形状后,按住鼠标左键不放,拖动鼠标,可以放大或缩小模糊的范围,如图 6-95 所示。

step 07 将光标放置在模糊圆圈的中心点上,按住鼠标左键不放,拖动鼠标,可以放大或缩小模糊的角度,如图 6-96 所示。

step 08 设置完毕后,按 Enter 键,即可应用旋转模糊滤镜,并得到如图 6-97 所示的图像效果。

图 6-95 放大或缩小模糊的范围

图 6-96 放大或缩小模糊的角度

图 6-97 最终效果

6.2.5 扭曲滤镜组

扭曲滤镜组主要是通过移动、扩展或缩小图像的像素，对图像进行几何扭曲，以产生 3D 或整形效果。该滤镜组共包含 12 种滤镜，如图 6-98 所示。

图 6-98 扭曲滤镜组

打开"素材\ch06\09.jpg"文件。下面以该图为例进行介绍，如图 6-99 所示。

1. 波浪滤镜

波浪滤镜是在图像上创建波状起伏的图案，类似水池表面的波纹。选择【滤镜】→【扭曲】→【波浪】命令，在弹出的【波浪】对话框中设置参数，单击【确定】按钮，即可制作出波浪效果，如图 6-100 和图 6-101 所示。

图 6-99 原图

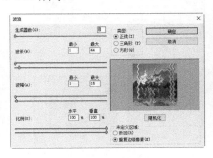
图 6-100 【波浪】对话框

图 6-101 应用波浪滤镜

【生成器数】用于设置波浪生成器的数量；【波长】用于设置相邻两个波峰的水平距离；【波幅】用于设置波浪的宽度和高度；【随机化】可随机生成新的波浪效果。

2. 波纹滤镜

波纹滤镜相当于简化版的波浪滤镜，它们的工作方式相同。选择【滤镜】→【扭曲】→【波纹】命令，在弹出的【波纹】对话框中设置波纹的数量和大小，单击【确定】按钮，即可制作出波纹效果，如图 6-102 和图 6-103 所示。

图 6-102　【波纹】对话框　　　　　　　　图 6-103　应用波纹滤镜

3. 玻璃滤镜

玻璃滤镜可以产生透过不同类型的玻璃观看图像的效果。选择【滤镜】→【扭曲】→【玻璃】命令，在弹出的【玻璃】对话框的右侧设置参数，单击【确定】按钮，即可制作出玻璃效果，如图 6-104 和图 6-105 所示。

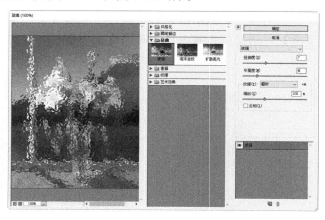

图 6-104　【玻璃】对话框　　　　　　　　图 6-105　应用玻璃滤镜

提示 通过【纹理】可以设置不同类型的玻璃。

4. 极坐标滤镜

根据选中的选项，可以将选区从平面坐标转换到极坐标，或将选区从极坐标转换到平面坐标。可以使用此滤镜创建圆柱变体，当在镜面圆柱中观看圆柱变体中扭曲的图像时，图像是正常的。选择【滤镜】→【扭曲】→【极坐标】命令，在弹出的【极坐标】对话框中设置坐标方式，单击【确定】按钮即可制作出极坐标效果，如图 6-106 和图 6-107 所示。

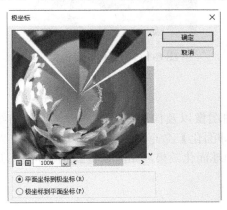

图 6-106 【极坐标】对话框

图 6-107 应用极坐标滤镜

5. 挤压滤镜

选择【滤镜】→【扭曲】→【挤压】命令，在弹出的【挤压】对话框中设置数量值，单击【确定】按钮，即可制作出挤压效果，如图 6-108 和图 6-109 所示。

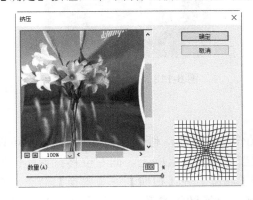

图 6-108 【挤压】对话框

图 6-109 应用挤压滤镜

6. 切变滤镜

选择【滤镜】→【扭曲】→【切变】命令，在弹出的【切变】对话框中设置切换角度与方式，单击【确定】按钮，即可制作出切变效果，如图 6-110 和图 6-111 所示。

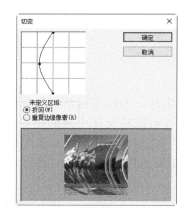

图 6-110 【切变】对话框

图 6-111 应用切变滤镜

7. 球面化滤镜

【球面化】滤镜是通过将选区折成球形、扭曲图像以及伸展图像以适合选中的曲线，使对象具有 3D 效果。选择【滤镜】→【扭曲】→【球面化】命令，在弹出的【球面化】对话框中设置数量与模式，单击【确定】按钮，即可制作出球面化效果，如图 6-112 和图 6-113 所示。

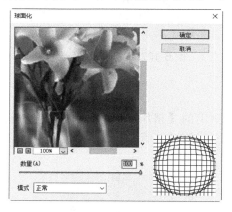

图 6-112 【球面化】对话框

图 6-113 应用球面化滤镜

8. 置换滤镜

应用置换滤镜时必须选择一张 PSD 格式的图作为置换图，利用置换图的明暗信息可以对当前图像像素进行位移。置换图的明亮区域将让当前图像像素向上、向左位移；置换图的暗调区域将让当前图像像素向下、向右位移。选择【滤镜】→【扭曲】→【置换】命令，在弹出的【置换】对话框中设置水平比例、垂直比例、置换图等参数，单击【确定】按钮，如图 6-114 所示。打开【选取一个置换图】对话框，在其中选择要置换的图像，单击【打开】按钮，即可得出置换图之后的图像显示效果，如图 6-115 和图 6-116 所示。

图 6-114　【置换】对话框

图 6-115　【选取一个置换图】对话框

图 6-116　应用置换滤镜

9. 其他扭曲滤镜

扭曲滤镜组中还有旋转扭曲、水波、海洋波纹、扩散亮光 4 个滤镜，它们所产生的效果如图 6-117 所示。

应用旋转扭曲滤镜

应用水波滤镜

应用海洋波纹滤镜

应用扩散亮光滤镜

图 6-117　其他扭曲滤镜效果

6.2.6　锐化滤镜组

锐化滤镜组通过增加相邻像素的对比度来聚焦图像，使图像更加清晰，效果更加鲜明。该滤镜组共包含 6 种滤镜，如图 6-118 所示。

图 6-118　锐化滤镜组

打开"素材\ch06\10.jpg"文件，如图 6-119 所示。

1. 进一步锐化滤镜和锐化滤镜

进一步锐化滤镜和锐化滤镜都可以聚焦图像并提高清晰度。但前者所产生的效果比后者更加强烈。如图 6-120 和图 6-121 所示分别是应用进一步锐化滤镜和锐化滤镜的效果。

图 6-119　原图　　　　图 6-120　应用进一步锐化滤镜　　　　图 6-121　应用锐化滤镜

2. USM 锐化滤镜和锐化边缘滤镜

USM 锐化滤镜和锐化边缘滤镜都可以查找图像中颜色发生显著变化的区域，然后将其锐化。其中，锐化边缘滤镜只锐化图像的边缘，同时保留总体的平滑度，效果如图 6-122 所示。而 USM 锐化滤镜可以调整边缘细节的对比度，可用于更专业的色彩校正，选择【滤镜】→【锐化】→【USM 锐化】命令，打开【USM 锐化】对话框，在其中设置相关参数，如图 6-123 所示。单击【确定】按钮，即可得到应用 USM 锐化滤镜后的图像效果，如图 6-124 所示。

图 6-122　应用锐化边缘滤镜　　图 6-123　【USM 锐化】对话框　　图 6-124　应用 USM 锐化滤镜

3. 智能锐化滤镜

智能锐化滤镜具有 USM 锐化滤镜所没有的锐化控制功能，它可以设置锐化算法，或控制阴影和高光区域中的锐化量，而且能避免色晕等问题，使图像细节变得清晰。选择【滤镜】→【锐化】→【智能锐化】命令，打开【智能锐化】对话框，在其中设置相关参数，如图 6-125 所示。单击【确定】按钮，即可得到应用智能锐化滤镜后的图像效果，如图 6-126 所示。

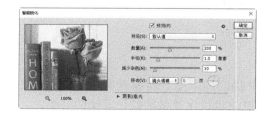

图 6-125　【智能锐化】对话框　　　　图 6-126　应用智能锐化滤镜

4. 防抖滤镜

在拍摄时会发生由于抖动而使图片模糊的情况，为了解决该问题，Photoshop CC 版本添加了一个新功能：防抖滤镜。通过该滤镜，可有效地降低由于抖动而产生的模糊，恢复图片的清晰度。打开因抖动而模糊的照片，选择【滤镜】→【锐化】→【防抖】命令，打开【防抖】对话框，在其中设置相关参数，如图 6-127 所示。单击【确定】按钮，即可得到应用防抖滤镜后的图像效果，如图 6-128 所示。

图 6-127　原图　　　　　　　　　　　　　图 6-128　应用防抖滤镜

6.2.7　素描滤镜组

素描滤镜组是使用前景色代表暗部，背景色代表亮部，使图像产生一种单色调的素描艺术效果或手绘外观。由此可知，适当地设置前景色和背景色可以得到不同的效果。该滤镜组共包含 14 种滤镜，如图 6-129 所示。

素描滤镜组中的滤镜都保存在滤镜库中，只需要打开滤镜库，就可以方便地查看和设置该组中的每个滤镜，如图 6-130 所示。

 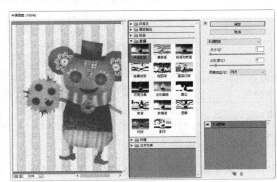

图 6-129　素描滤镜组　　　　　　　　图 6-130　【滤镜库】中的素描滤镜组

打开"素材\ch06\11.jpg"文件,下面以该图为例进行介绍,如图 6-131 所示。

1. 半调图案滤镜

半调图案滤镜能够在保持连续的色调范围的同时,模拟半调网屏的效果。如图 6-132 和图 6-133 所示分别是半调图案滤镜的参数设置及应用效果。

图 6-131 原图　　　图 6-132 半调图案滤镜的参数　　　图 6-133 应用半调图案滤镜

【大小】用于设置网格的大小;【对比度】用于设置前景色与背景色的对比度;【图案类型】用于设置网格图案的类型。

2. 便条纸滤镜

便条纸滤镜能够创建类似用手工制作的纸张构建的图像。该滤镜简化了图像,并可以结合使用浮雕滤镜和颗粒滤镜的效果,如图 6-134 和图 6-135 所示。

【粒度】和【凸现】分别用于设置图像颗粒的数量和浮雕效果的凹陷程度。

3. 粉笔和炭笔滤镜

粉笔和炭笔滤镜可以制作出用粉笔和炭笔绘制图像的效果。其中粉笔使用背景色在图像上绘制中间色调,炭笔使用前景色绘制粗糙的高光区,如图 6-136 和图 6-137 所示。

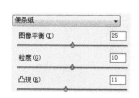

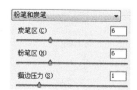

图 6-134 便条纸滤镜的　　图 6-135 应用便条纸　　图 6-136 粉笔和炭笔　　图 6-137 应用粉笔和炭笔
　　　　　 参数　　　　　　　　　 滤镜　　　　　　 滤镜的参数　　　　　　 滤镜

【炭笔区】用于设置炭笔绘制的区域范围，该值越大前景色就越多；同理，【粉笔区】用于设置粉笔绘制的区域范围。

4. 铬黄滤镜

铬黄滤镜能够渲染图像，使图像出现发亮光的液体金属的效果，如图6-138和图6-139所示。

【细节】和【平滑度】分别用于设置图像细节的清晰度及光滑度。

5. 绘图笔滤镜

绘图笔滤镜使用细的、线状的油墨描边以捕捉原图像中的细节。该滤镜使用前景色作为油墨，并使用背景色作为纸张，以替换原图像中的颜色，如图6-140和图6-141所示。

【描边长度】和【描边方向】分别用于设置生成的线条的长度和方向。

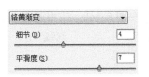

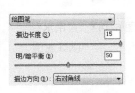

图6-138　铬黄滤镜的参数　　　图6-139　应用铬黄滤镜　　　图6-140　绘图笔滤镜的参数　　　图6-141　应用绘图笔滤镜

6. 基底凸现滤镜

基底凸现滤镜能够变换图像，使之呈现浮雕的雕刻状和突出光照下变化各异的表面。其中图像的暗区呈现前景色，而浅色呈现背景色，如图6-142和图6-143所示。

7. 石膏效果滤镜

石膏效果滤镜能够按照 3D 塑料效果塑造图像，然后使用前景色与背景色为结果图像着色，如图6-144和图6-145所示。

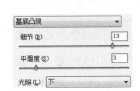

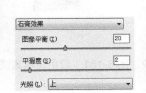

图6-142　基底凸现滤镜的参数　　　图6-143　应用基底凸现滤镜　　　图6-144　石膏效果滤镜的参数　　　图6-145　应用石膏效果滤镜

8. 水彩画纸滤镜

水彩画纸滤镜可使图像产生水彩画的效果，如图 6-146 和图 6-147 所示。

 【提示】 【纤维长度】用于设置生成的纤维的长度。

9. 撕边滤镜

撕边滤镜能够重建图像，使之出现由粗糙、撕破的纸片组成的效果，然后使用前景色与背景色为图像着色，如图 6-148 和图 6-149 所示。

图 6-146　水彩画纸滤镜　　图 6-147　应用水彩　　图 6-148　撕边滤镜的　　图 6-149　应用撕边
　　　　　 的参数　　　　　　　　 画纸滤镜　　　　　　 参数　　　　　　　　 滤镜

10. 炭笔滤镜

炭笔滤镜能够产生色调分离的涂抹效果，其中主要边缘以粗线条绘制，而中间色调用对角描边进行素描。炭笔是前景色，背景是纸张颜色，如图 6-150 和图 6-151 所示。

11. 炭精笔滤镜

炭精笔滤镜在暗区使用前景色，在亮区使用背景色，能够模拟出蜡笔质感的绘画效果，如图 6-152 和图 6-153 所示。

图 6-150　炭笔滤镜的参数　　图 6-151　应用炭笔滤镜　　图 6-152　炭精笔滤镜的　　图 6-153　应用炭精笔
　　　　　　　　　　　　　　　　　　　　　　　　　　　 参数　　　　　　　　 滤镜

12. 图章滤镜

图章滤镜能够简化图像，使之看起来就像是用橡皮或木制图章创建的一样，该滤镜用于黑白图像时效果最佳，如图 6-154 和图 6-155 所示。

13. 网状滤镜

网状滤镜能够产生网眼覆盖效果，使图像呈现网状结构，如图 6-156 和图 6-157 所示。

  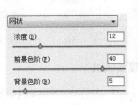 

图 6-154 图章滤镜的参数　图 6-155 应用图章滤镜　图 6-156 网状滤镜的参数　图 6-157 应用网状滤镜

14. 影印滤镜

影印滤镜可以模拟出使用复印机复印的图像效果，其中前景色用于表现图像的阴影部分，背景色用于表现高光部分，如图 6-158 和图 6-159 所示。

 提示　　设置前景色和背景色后，应用影印滤镜产生的效果如图 6-160 所示。

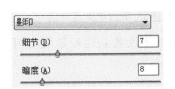  

图 6-158 影印滤镜的参数　　图 6-159 应用影印滤镜　　图 6-160 设置前景色和背景色后应用
影印滤镜的效果

6.2.8 纹理滤镜组

纹理滤镜组可在图像上添加特殊的纹理质感，使图像表面具有深度感或物质感。该滤镜组共包含 6 种滤镜，如图 6-161 所示。

纹理滤镜组中的滤镜都保存在滤镜库中，只需要打开滤镜库，就可以方便地查看和设置该组中的每个滤镜，如图 6-162 所示。

图 6-161　纹理滤镜组　　　　　　　　图 6-162　【滤镜库】中的纹理滤镜组

打开"素材\ch6\12.jpg"文件，下面以该图为例进行介绍，如图 6-163 所示。

1. 龟裂缝滤镜

龟裂缝滤镜能够将图像绘制在一个高凸现的石膏表面，以循着图像等高线生成精细的网状裂缝。如图 6-164 和图 6-165 所示分别是龟裂缝滤镜的参数设置及应用效果。

图 6-163　原图　　　　图 6-164　龟裂缝滤镜的参数　　　图 6-165　应用龟裂缝滤镜

　　　　【裂缝间距】、【裂缝深度】和【裂缝亮度】分别用于设置裂缝和裂缝之间的距离、裂缝的深度和亮度。

2. 颗粒滤镜

颗粒滤镜通过在图像上添加各种类型的颗粒，从而改变图像表面的纹理效果，如图 6-166 和图 6-167 所示。

　　　　【强度】和【对比度】用于设置颗粒的密度和对比度；【颗粒类型】用于选择不同类型的颗粒。

3. 马赛克拼贴滤镜

马赛克拼贴滤镜可使图像看起来是由小的碎片或拼贴组成，然后在拼贴之间灌浆，如图 6-168 和图 6-169 所示。

图 6-166　颗粒滤镜的参数	图 6-167　应用颗粒滤镜	图 6-168　马赛克拼贴滤镜的参数	图 6-169　应用马赛克拼贴滤镜

4. 拼缀图滤镜

拼缀图滤镜能够将图像分解为用图像中颜色近似的区域的主色填充的正方形，如图 6-170 和图 6-171 所示。

5. 染色玻璃滤镜

染色玻璃滤镜能够将图像重新绘制成许多相邻的单色单元格，边框由前景色填充，如图 6-172 和图 6-173 所示。

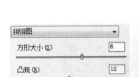

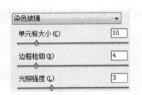

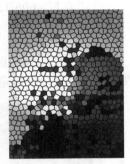

图 6-170　拼缀图滤镜的参数	图 6-171　应用拼缀图滤镜	图 6-172　染色玻璃滤镜的参数	图 6-173　应用染色玻璃滤镜

6. 纹理化滤镜

纹理化滤镜能够将各种纹理应用于图像上，如图 6-174 和图 6-175 所示。

图 6-174　纹理化滤镜的参数	图 6-175　应用纹理化滤镜

6.2.9　艺术效果滤镜组

艺术效果滤镜组可以为美术或商业项目制作和提供绘画效果或艺术效果。该滤镜组共包含 15 种滤镜，如图 6-176 所示。

艺术效果滤镜组中的滤镜都保存在滤镜库中，只需要打开滤镜库，就可以方便地查看和设置该组中的每个滤镜，如图 6-177 所示。

图 6-176　艺术效果滤镜组　　　　　　　图 6-177　滤镜库中的艺术效果滤镜组

打开"素材\ch06\13.jpg"文件，下面以该图为例进行介绍，如图 6-178 所示。

1. 壁画滤镜

壁画滤镜使用短而圆的、粗略涂抹的小块颜料，以一种粗糙的风格绘制图像。如图 6-179 和图 6-180 所示分别是壁画滤镜的参数设置及应用效果。

图 6-178　原图　　　　图 6-179　壁画滤镜的参数　　　　图 6-180　应用壁画滤镜

2. 彩色铅笔滤镜

彩色铅笔滤镜是使用彩色铅笔在纯色背景上绘制图像，可以保留重要边缘，外观呈粗糙阴影线，纯色背景色透过比较平滑的区域显示出来，如图 6-181 和图 6-182 所示。

3. 粗糙蜡笔滤镜

粗糙蜡笔滤镜在带纹理的背景上应用蜡笔描边。在亮色区域，蜡笔看上去很厚，几乎看不见纹理；在深色区域，蜡笔似乎被擦去了，使纹理显露出来，如图 6-183 和图 6-184 所示。

图 6-181　彩色铅笔　　图 6-182　应用彩色铅笔　　图 6-183　粗糙蜡笔滤镜　　图 6-184　应用粗糙蜡笔
　　　　滤镜的参数　　　　　　　滤镜　　　　　　　　　的参数　　　　　　　　　滤镜

4. 底纹效果滤镜

底纹效果滤镜在带纹理的背景上绘制图像，然后将最终图像绘制在该图像上，如图 6-185 和图 6-186 所示。

5. 干画笔滤镜

干画笔滤镜使用干画笔技术(介于油彩和水彩之间)绘制图像边缘。此滤镜通过将图像的颜色范围降到普通颜色范围来简化图像，如图 6-187 和图 6-188 所示。

图 6-185　底纹效果滤镜　　图 6-186　应用底纹效果　　图 6-187　干画笔滤镜　　图 6-188　应用干画笔
　　　　的参数　　　　　　　　　滤镜　　　　　　　　的参数　　　　　　　　　滤镜

6. 海报边缘滤镜

海报边缘滤镜根据设置的【海报化】选项减少图像中的颜色数量(对其进行色调分离)，并查找图像的边缘，在边缘上绘制黑色线条。大而宽的区域有简单的阴影，而细小的深色细节遍布图像，如图 6-189 和图 6-190 所示。

7. 海绵滤镜

海绵滤镜使用颜色对比强烈、纹理较重的区域创建图像，以模拟用海绵绘画的效果，如图 6-191 和图 6-192 所示。

8. 绘画涂抹滤镜

绘画涂抹滤镜可以选取各种大小(从 1 到 50)和类型的画笔来创建绘画效果。画笔类型包括简单、未处理光照、暗光、宽锐化、宽模糊和火花，如图 6-193 和图 6-194 所示。

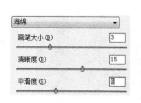

图 6-189　海报边缘　　图 6-190　应用海报　　图 6-191　海绵滤镜的参数　　图 6-192　应用海绵滤镜
　　　　　　滤镜的参数　　　　　　　边缘滤镜

9. 胶片颗粒滤镜

胶片颗粒滤镜将平滑图案应用于阴影和中间色调。将一种更平滑、饱和度更高的图案添加到亮区。在消除混合的条纹和将各种来源的图素在视觉上进行统一时，此滤镜非常有用，如图 6-195 和图 6-196 所示。

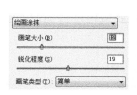

图 6-193　绘画涂抹滤镜　图 6-194　应用绘画涂抹　图 6-195　胶片颗粒滤镜　图 6-196　应用胶片颗粒
　　　　　　的参数　　　　　　　　滤镜　　　　　　　　的参数　　　　　　　滤镜

10. 木刻滤镜

木刻滤镜使图像看上去好像是由从彩纸上剪下的边缘粗糙的剪纸片组成的。高对比度的图像看起来呈剪影状，而彩色图像看上去是由几层彩纸组成的，如图 6-197 和图 6-198 所示。

11. 霓虹灯光滤镜

霓虹灯光滤镜可以将各种类型的灯光添加到图像中的对象上。此滤镜用于在柔化图像外观时给图像着色。要选择一种发光颜色，请单击发光颜色框，并从拾色器中选择一种颜色，如图 6-199 和图 6-200 所示。

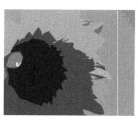
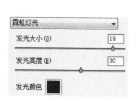

图 6-197　木刻滤镜的　　图 6-198　应用木刻　　图 6-199　霓虹灯光　　图 6-200　应用霓虹
　　　　　　参数　　　　　　　　滤镜　　　　　　　　滤镜的参数　　　　　灯光滤镜

12. 水彩滤镜

水彩滤镜以水彩的风格绘制图像，使用蘸了水和颜料的中号画笔绘制以简化细节。当边缘有显著的色调变化时，此滤镜会使颜色更饱满，如图6-201和图6-202所示。

13. 塑料包装滤镜

塑料包装滤镜可以给图像涂上一层光亮的塑料，以强调表面细节，如图6-203和图6-204所示。

图 6-201　水彩滤镜 的参数　　　　　图 6-202　应用水彩 滤镜　　　　　图 6-203　塑料包装滤镜 的参数　　　　　图 6-204　应用塑料 包装滤镜

14. 调色刀滤镜

调色刀滤镜可以减少图像中的细节以生成描绘得很淡的画布效果，可以显示出下面的纹理，如图6-205和图6-206所示。

15. 涂抹棒滤镜

涂抹棒滤镜使用短的对角描边涂抹暗区以柔化图像，亮区会变得更亮，以致失去细节，如图6-207和图6-208所示。

  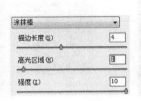 

图 6-205　调色刀滤镜 的参数　　　　　图 6-206　应用调色刀 滤镜　　　　　图 6-207　涂抹棒滤镜 的参数　　　　　图 6-208　应用涂抹棒 滤镜

6.2.10　像素化滤镜组

像素化滤镜组共有7种滤镜，如图6-209所示。它们可以使图像像素通过单元格的形式分布，使图像产生网点状、点状化、马赛克等效果。

打开"素材\ch06\14.jpg"文件，下面以该图为例进行介绍，如图6-210所示。

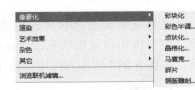

图 6-209　像素化滤镜组

1. 彩块化滤镜

彩块化滤镜使纯色或相近颜色的像素结成像素块。可以使用此滤镜使扫描的图像看起来像手绘图像，或使现实主义图像类似抽象派绘画。选择【滤镜】→【像素化】→【彩块化】命令，即可应用该滤镜，并得到如图 6-211 所示的图像效果。

2. 彩色半调滤镜

彩色半调滤镜可以模拟在图像的每个通道上使用放大的半调网屏的效果，滤镜将图像划分为矩形，并用圆形替换每个矩形，圆形的大小与矩形的亮度成比例。

选择【滤镜】→【像素化】→【彩色半调】命令，打开【彩色半调】对话框，在其中设置彩色半调的最大半径、网角(度)等参数的值，如图 6-212 所示。单击【确定】按钮，即可得出应用彩色半调滤镜后的图像显示效果，如图 6-213 所示。

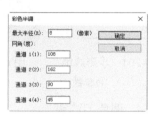

图 6-210　原图　　　　图 6-211　应用彩块化滤镜　　图 6-212　【彩色半调】对话框

3. 点状化滤镜

点状化滤镜可以使相近有色像素结为纯色多边形，通过设置【单元格大小】参数来决定点状化的大小。如图 6-214 所示为【点状化】对话框，如图 6-215 所示为应用点状化滤镜后的图像显示效果。

图 6-213　应用彩色半调滤镜　　图 6-214　【点状化】对话框　　图 6-215　应用点状化滤镜

4. 晶格化滤镜

晶格化滤镜与点状化滤镜的作用相同，不同之处在于点状化滤镜会在点状之间产生空隙，空隙内用背景色填充，而晶格化滤镜不会产生空隙。如图 6-216 所示为【晶格化】对话框；如图 6-217 所示为应用晶格化滤镜后的图像显示效果。

5. 马赛克滤镜

使用马赛克滤镜可以为图像制作马赛克效果。如图 6-218 所示为【马赛克】对话框，在其中可以设置【单元格大小】；如图 6-219 所示为应用马赛克滤镜后的图像显示效果。

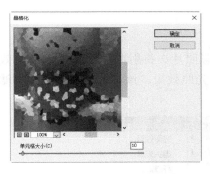

图 6-216　【晶格化】对话框

图 6-217　应用晶格化滤镜

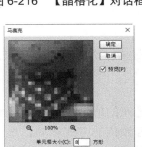

图 6-218　【马赛克】对话框

图 6-219　应用马赛克滤镜

6. 碎片滤镜

使用碎片滤镜可以制作出纸片碎裂的效果，选择【滤镜】→【像素化】→【碎片】命令，即可为当前图层添加碎片效果，如图 6-220 所示。

7. 铜版雕刻滤镜

使用铜版雕刻滤镜可以制作图像的铜版雕刻效果。如图 6-221 所示为【铜版雕刻】对话框，在其中可以设置铜版雕刻的类型，包括精细点、中等点、粒状点、粗网点、短线、中长直线、长线、短描边、中长描边和长边等类型，选择不同的类型将有不同的效果。如图 6-222 所示为将铜版雕刻类型设置为【精细点】而得到的图像显示效果。

图 6-220　应用碎片滤镜

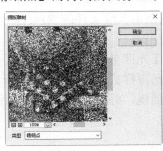

图 6-221　【铜版雕刻】对话框

图 6-222　应用铜版雕刻滤镜

6.2.11 渲染滤镜组

使用渲染滤镜组中的滤镜可以在图像中创建云彩照片、折射照片和模拟光反射效果，还可以用灰度文件创建纹理进行填充以产生类似 3D 的光照效果。该滤镜组共包含 5 种滤镜，如图 6-223 所示。

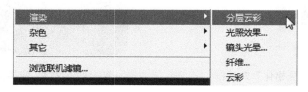

图 6-223　渲染滤镜组

打开"素材\ch06\15.jpg"文件，下面以该图为例进行介绍，如图 6-224 所示。

1. 分层云彩滤镜

分层云彩滤镜使用随机生成的介于前景色与背景色之间的值，生成云彩图案，此滤镜将云彩数据和现有的像素混合，其方式与【差值】模式混合颜色的方式相同。选择【滤镜】→【渲染】→【分层云彩】命令，即可应用该滤镜，并得到如图 6-225 所示的图像效果。

图 6-224　原图

图 6-225　应用分层云彩滤镜

2. 光照效果滤镜

光照效果滤镜可以通过改变 17 种光照样式、3 种光照类型和 4 套光照属性，在 RGB 图像上产生无数种光照效果；还可以使用灰度文件的纹理(称为凹凸图)产生类似 3D 的效果，并存储自己的样式以在其他图像中使用。

选择【滤镜】→【渲染】→【光照效果】命令，进入【光照效果】设置界面，在【属性】面板中可以选择光照效果的光源样式，如图 6-226 所示，在图像中可以更改光源的位置，最后按 Enter 键，即可应用该滤镜，并得到如图 6-227 所示的图像效果。

3. 镜头光晕滤镜

镜头光晕滤镜可以为图像添加光晕效果，选择【滤镜】→【渲染】→【镜头光晕】命令，打开【镜头光晕】对话框，在其中可以设置亮度、镜头类型等参数，如图 6-228 所示。最后单击【确定】按钮，即可为图像添加镜头光晕效果，如图 6-229 所示。

图 6-226　【属性】面板

图 6-227　应用光照效果滤镜

图 6-228　【镜头光晕】对话框

图 6-229　应用镜头光晕滤镜

4. 纤维滤镜和云彩滤镜

渲染效果滤镜组中还有纤维、云彩两个滤镜，其中纤维滤镜主要用于制作木质条纹材质的背景图像。如图 6-230 所示为【纤维】对话框，在其中可以设置纤维的差异与强度，最后单击【确定】按钮，即可得到纤维效果的图像，如图 6-231 所示。云彩滤镜没有相对应的对话框，直接作用于图像之上，即可得到云彩效果，如图 6-232 所示。

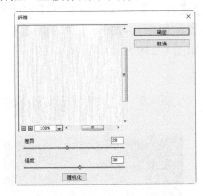

图 6-230　【纤维】对话框

图 6-231　应用纤维滤镜

图 6-232　应用云彩滤镜

6.2.12 杂色滤镜组

图 6-233　杂色滤镜组

杂色滤镜组可以为图像添加或者除去杂色，使图像具有与众不同的纹理，通常用于修复人像照片或者扫描的印刷品。该滤镜组共有 5 种滤镜，如图 6-233 所示。

1. 减少杂色滤镜

减少杂色滤镜可以在不影响图像边缘的同时，减少整个图像或各个通道中的杂色，使图像更为清晰。打开"素材\ch06\16.jpg"文件，如图 6-234 所示。选择【滤镜】→【杂色】→【减少杂色】命令，打开【减少杂色】对话框，在其中设置强度、保留细节等参数，如图 6-235 所示。单击【确定】按钮，即可减少图像中的杂色，如图 6-236 所示。

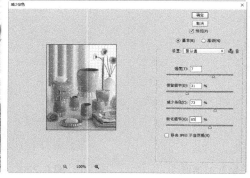

图 6-234　原图　　　　图 6-235　【减少杂色】对话框　　　图 6-236　应用减少杂色滤镜

2. 蒙尘与划痕滤镜

蒙尘与划痕滤镜可用于更改图像中相异的像素以减少杂色。它可以根据亮度的过渡差值，找出突出周围像素的像素，用周围的颜色填充这些区域。需要注意的是，使用该滤镜有可能将图像中应该保留的亮点也清除，所以要慎重使用。

打开"素材\ch06\17.jpg"文件，如图 6-237 所示。选择【滤镜】→【杂色】→【蒙尘与划痕】命令，打开【蒙尘与划痕】对话框，在其中设置参数，如图 6-238 所示。单击【确定】按钮，即可应用蒙尘与划痕滤镜，得到的图像显示效果如图 6-239 所示。

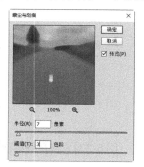

图 6-237　原图　　　　图 6-238　【蒙尘与划痕】对话框　　　图 6-239　应用蒙尘与划痕滤镜

3. 添加杂色滤镜

添加杂色滤镜在图像上按照像素形态产生杂点，模拟出在高速胶片上拍照的效果。如图 6-240 所示为【添加杂色】对话框，在其中设置杂色的数量与分布情况，单击【确定】按钮，即可应用添加杂色滤镜，得到如图 6-241 所示的图像显示效果。

4. 中间值滤镜

中间值滤镜通过混合图像中像素的亮度来减少图像的杂色，它将搜索某个距离内像素颜色的平均值来平滑图像中的区域。此滤镜在消除或减少图像的动感效果时非常有用。如图 6-242 所示为【中间值】对话框，在其中设置中间值的半径大小，单击【确定】按钮，即可应用中间值滤镜，得到如图 6-243 所示的图像显示效果。

  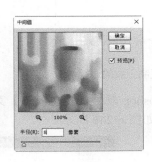 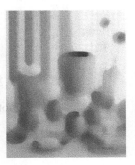

图 6-240 【添加杂色】 对话框   图 6-241 应用添加 杂色滤镜   图 6-242 【中间值】 对话框   图 6-243 应用中间值 滤镜

5. 去斑滤镜

去斑滤镜检测图像的边缘并模糊边缘之外的所有选区，该模糊操作会移去杂色，同时保留细节。

6.2.13 视频滤镜组

视频滤镜组用于转换图像中的色域，从而使普通图像转换为可被视频设备接收的图像。只有图像要在电视或其他视频设备上播放时才会用到该滤镜组，这里不再举例说明。

6.3 使用外挂滤镜制作图像特效

Photoshop 的外挂滤镜是由第三方厂商开发，以插件的形式安装在 Photoshop 中使用的，也被称为第三方滤镜。它们不仅种类齐全，品种繁多，而且功能强大。在 Photoshop 中运用外挂滤镜进行图像处理和创意设计，能够实现各种神奇的图像效果。

6.3.1 安装外挂滤镜

外挂滤镜的安装方法很简单。用户只需要将下载的滤镜压缩文件解压，然后放在

Photoshop CC 安装程序的 Plug-ins 文件夹下即可，具体操作步骤如下。

step 01 在网上下载需要使用的滤镜，如这里下载的是 EyeCandy 滤镜，打开该滤镜所在的文件夹，选中该滤镜，按 Ctrl+C 组合键进行复制，如图 6-244 所示。

step 02 找到 Photoshop 安装文件夹中的 Plug-ins 文件夹并打开，按 Ctrl+V 组合键将 EyeCandy 滤镜粘贴到该文件夹中，如图 6-245 所示。

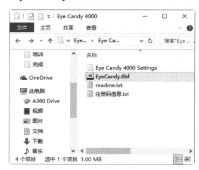

图 6-244 复制下载的滤镜

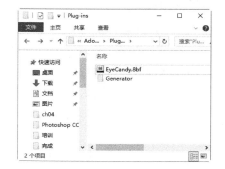

图 6-245 将滤镜粘贴到 Plug-ins 文件夹中

step 03 启动 Photoshop 软件，在【滤镜】菜单中可以找到安装的外挂滤镜，表示外挂滤镜安装成功，如图 6-246 所示。

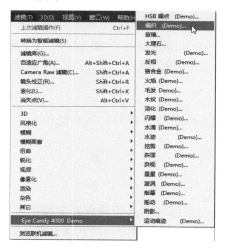

图 6-246 在【滤镜】菜单中找到安装的外挂滤镜

6.3.2 使用外挂滤镜

外挂滤镜安装成功后，就可以使用外挂滤镜制作图像特效了。下面以制作编织效果和水珠效果为例，来介绍使用外挂滤镜制作图像特效的方法。

具体操作步骤如下。

step 01 打开"素材\ch06\15.jpg"文件，如图 6-247 所示。

step 02 依次选择【滤镜】→ Eye Candy 4000 Demo →【编织】命令，在弹出的【编织】对话框中进行相应选项的设置，如图 6-248 所示。

step 03 单击【确定】按钮即可为图像添加编织效果，如图 6-249 所示。

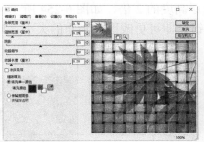

图 6-247 素材文件　　　　图 6-248 【编织】对话框　　　　图 6-249 为图像添加编织效果

step 04 按 Ctrl+Z 组合键，返回上一步操作，选择【滤镜】→ Eye Candy 4000 Demo→【水迹】命令，在弹出的【水迹】对话框中进行设置，如图 6-250 所示。

step 05 单击【确定】按钮即可为图像添加水迹效果，如图 6-251 所示。

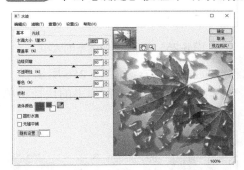

图 6-250 【水迹】对话框　　　　　　图 6-251 为图像添加水迹效果

6.4 综合案例——制作水中倒影效果

综合使用扭曲滤镜组中的波浪滤镜与 Photoshop 的其他工具可以制作水中倒影效果，具体操作步骤如下。

step 01 打开"素材\ch06\18.jpg"文件，如图 6-252 所示。

step 02 按 Ctrl+J 组合键，复制【背景】图层，得到【图层 1】图层，如图 6-253 所示。

图 6-252 素材文件　　　　　　图 6-253 复制【背景】图层

step 03 选择【图像】→【画布大小】命令，打开【画布大小】对话框，单击 ⬆ 图标定位后，将高度设置为原高度的 2 倍，如图 6-254 所示。

step 04 单击【确定】按钮，即可更改图像画布的大小，如图 6-255 所示。

图 6-254　【画布大小】对话框　　　　图 6-255　更改图像画布的大小

step 05 使用移动工具将【图层 1】中的图像移至页面的下方，如图 6-256 所示。

step 06 按 Ctrl+T 组合键，自由变换图像，然后单击鼠标右键，在弹出的快捷菜单中选择【垂直翻转】命令，如图 6-257 所示。

图 6-256　将图像移至页面的下方　　　　图 6-257　选择【垂直翻转】命令

step 07 将图像垂直翻转显示，然后按 Enter 键，即可结束编辑操作，效果如图 6-258 所示。

step 08 选择【滤镜】→【扭曲】→【波浪】命令，打开【波浪】对话框，在其中设置波浪滤镜的相关参数，如图 6-259 所示。

step 09 单击【确定】按钮，即可应用该滤镜，并得到如图 6-260 所示的图像效果。

step 10 单击【图层】面板下方的【创建新的填充或调整图层】按钮，在弹出的列表中选择【亮度/对比度】选项，即可添加调整图层，如图 6-261 所示。

图 6-258　将图像垂直翻转显示

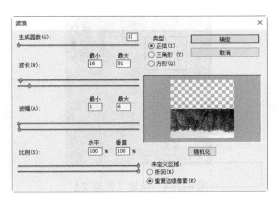

图 6-259　【波浪】对话框

图 6-260　应用波浪滤镜

图 6-261　添加调整图层

step 11　在调整图层的【属性】面板中单击 按钮后，设置亮度值为-102，如图 6-262 所示。

step 12　返回到图像文件中，可以看到降低亮度后的图像显示效果，如图 6-263 所示。

图 6-262　设置亮度值为-102

图 6-263　图像降低亮度

step 13　隐藏【图层 1】与【亮度/对比度 1】图层，选择【背景】图层，单击【图层】面板下方的【创建新图层】按钮，得到【图层 2】图层，如图 6-264 所示。

step 14　选择【背景】图层，使用魔棒工具在空白处单击，生成选区，如图 6-265 所示。

图 6-264　新建【图层 2】

图 6-265　创建选区选中下方空白处

step 15 ▶ 选择工具箱中的渐变工具，设置黑色到蓝色的渐变，设置蓝色时可以吸取图像中蓝色天空的颜色，如图 6-266 所示。

step 16 ▶ 选择【图层 2】图层，绘制由下到上的渐变，按 Ctrl+D 组合键取消选区，最后得到如图 6-267 所示的图像效果。

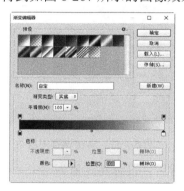

图 6-266　设置渐变色

图 6-267　绘制由下到上的渐变

step 17 ▶ 选择【图层 1】图层，单击【图层】面板下方的【添加图层蒙版】按钮，为【图层 1】添加图层蒙版，如图 6-268 所示。

step 18 ▶ 选择工具箱中的渐变工具，设置黑白渐变，在图像倒影区域设置由下到上的渐变填充效果，最终得到如图 6-269 所示的水中倒影效果。

图 6-268　添加图层蒙版

图 6-269　最终的水中倒影效果

6.5　跟我学上机——制作蓝天白云图像

　　大部分的滤镜都需要有源图像做依托，在源图像的基础上进行滤镜变换，但是【渲染】滤镜自身就可以产生图形。比如云彩滤镜，它利用前景和背景色来生成随机云雾效果。由于是随机，所以每次生成的图像都不相同。

　　下面使用云彩滤镜制作一个简单的云彩特效，具体操作步骤如下。

`step 01` 选择【文件】→【新建】命令，弹出【新建】对话框，设置文件的高度与宽度均为 500 像素，如图 6-270 所示。

`step 02` 单击【确定】按钮，即可新建一个图像文件，如图 6-271 所示。

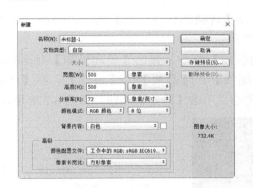

图 6-270　【新建】对话框

图 6-271　新建一个图像文件

`step 03` 采用默认的黑色前景色和白色背景色，选择【滤镜】→【渲染】→【分层云彩】命令，然后重复按 Ctrl+F 组合键，重复使用分层云彩 5～10 次，得到灰度图像，如图 6-272 所示。

`step 04` 选择【图像】→【调整】→【渐变映射】命令，弹出【渐变映射】对话框，默认显示黑白渐变，单击渐变条，如图 6-273 所示。

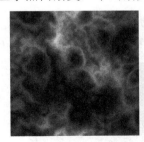

图 6-272　灰度图像

图 6-273　【渐变映射】对话框

`step 05` 弹出【渐变编辑器】对话框，在渐变条下方单击鼠标添加色标，双击色标可打开选择色标颜色的对话框，依图所示分别为色标添加蓝白两种颜色，如图 6-274 所示。

`step 06` 单击【确定】按钮，返回到图像界面，显示如图 6-275 所示的云彩效果。该云彩效果略显生硬。

图 6-274 【渐变编辑器】对话框

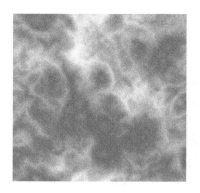

图 6-275 得到云彩效果

step 07 ▶ 右击图层，在弹出的快捷菜单中选择【转换为智能对象】命令，如图 6-276 所示，将图层转换为智能对象，如图 6-277 所示。

step 08 ▶ 选择【滤镜】→【模糊】→【径向模糊】命令，弹出【径向模糊】对话框，设置【数量】为 80、【模糊方法】为【缩放】、【品质】为【最好】，在【中心模糊】框中用鼠标拖动，调整径向模糊的中心，单击【确定】按钮，如图 6-278 所示。

图 6-276 选择【转换为智能对象】命令

图 6-277 将图层转换为智能对象

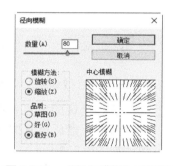

图 6-278 【径向模糊】对话框

step 09 ▶ 调整后效果如图 6-279 所示，云彩呈现放射状模糊。

step 10 ▶ 双击【图层】面板中【图层 0】下方【径向模糊】右侧的箭头，如图 6-280 所示。

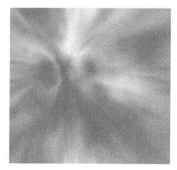

图 6-279 云彩呈现放射状模糊

图 6-280 双击【图层 0】下方【径向模糊】右侧的箭头

step 11　弹出【混合选项(径向模糊)】对话框，在【模式】下拉列表中选择【变亮】选项，单击【确定】按钮，如图 6-281 所示。

step 12　返回图像界面，得到最终的云彩效果，如图 6-282 所示。

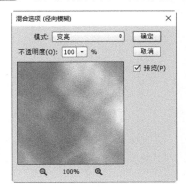

图 6-281　【混合选项(径向模糊)】对话框

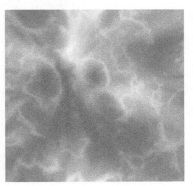

图 6-282　最终的云彩效果

6.6　疑 难 解 惑

疑问 1：为什么在有些图像中不能应用滤镜效果呢？

答：滤镜效果不能应用于位图模式、索引颜色以及 16 位/通道的图像，并且有些滤镜只能应用于 RGB 颜色模式的图像，而不能应用于 CMYK 颜色模式的图像。

疑问 2：能够对滤镜进行复制、粘贴操作吗？

答：普通滤镜不能进行复制、粘贴等操作。要想对滤镜进行复制、粘贴等操作，需要将普通滤镜转换为智能滤镜。操作方式为：在 Photoshop 工作界面中选择【滤镜】→【转换为智能滤镜】命令；而且需要将图像所在的图层转换为智能对象，然后就可以为智能图层添加滤镜了，这时添加的滤镜就是智能滤镜。这样就可以对滤镜进行复制、粘贴操作了。

第 7 章
图层与图层样式的应用

　　图层是 Photoshop 中最基本也是最重要的功能之一，一幅作品通常是由很多元素构成的，在设计的过程中希望对某些元素单独处理和编辑，而不会影响到其他元素，为了实现这一需求，Photoshop 引入了图层这一功能。使用图层不仅可以单独编辑某个元素，还可以改变叠放顺序或添加样式，来设计多元素的合成效果。本章就带领大家学习图层与图层样式的应用。

重点案例效果

7.1 新建图层

在默认状态下，在 Photoshop 中新建或打开的文件中只包含有背景图层。因此，若要使用图层对图像进行更多的操作，必须新建图层。

7.1.1 通过【图层】命令新建图层

通过【图层】命令可新建一个空白图层，具体操作步骤如下。

step 01 选择【图层】→【新建】→【图层】命令，如图 7-1 所示。

step 02 弹出【新建图层】对话框，在其中设置图层的名称、颜色、混合模式及不透明度等参数，如图 7-2 所示。

图 7-1 选择【图层】命令   图 7-2 【新建图层】对话框

step 03 单击【确定】按钮，即可新建一个空白图层，如图 7-3 所示。

在【新建图层】对话框中，若在【颜色】下拉列表中选择颜色，如图 7-4 所示，那么图层前面的 👁 图标会显示出颜色，用于区分或标记不同用途的图层，如图 7-5 所示。

图 7-3 新建一个空白图层   图 7-4 在【颜色】下拉列表中   图 7-5 新建图层前面会
　　　　　　　　　　　　　　　　　选择颜色　　　　　　　　　　显示出颜色

7.1.2 通过【通过拷贝的图层】命令新建图层

通过【通过拷贝的图层】命令可以复制图层或将选区复制到新的图层中，具体操作步骤如下。

step 01 在【图层】面板中选中要复制的图层，选择【图层】→【新建】→【通过拷贝的图层】命令，即可快速复制选中的图层，如图 7-6 所示。

step 02 若在图像中创建了选区，那么执行该命令时，会将选区复制到一个新的图层中，如图 7-7 所示。

图 7-6 快速复制选中的图层　　　　　　图 7-7 将选区复制到一个新的图层中

7.1.3 通过【通过剪切的图层】命令新建图层

通过【通过剪切的图层】命令可将选区从原图层剪切到新的图层中。首先在图像中创建一个选区，如图 7-8 所示。然后选择【图层】→【新建】→【通过剪切的图层】命令，即可将选区剪切到一个新的图层中，如图 7-9 所示。

图 7-8 创建一个选区　　　　　　　图 7-9 将选区剪切到一个新的图层中

7.1.4 通过【图层】面板新建图层

通过【图层】面板也可以新建一个空白图层，具体操作步骤如下。

step 01 选中图层 1，单击底部的【创建新图层】按钮 🔳，即可在当前图层的上方新建一个空白图层，如图 7-10 所示。

step 02 选中图层 1，按住 Ctrl 键不放并单击🔳按钮，即可在当前图层的下方新建一个空白图层，如图 7-11 所示。

提示　　　　背景图层下方不能新建图层。

此外，单击【图层】面板右上角的菜单按钮▤，在弹出的下拉列表中选择【新建图层】命令，同样可以新建图层，如图 7-12 所示。

图 7-10　在当前图层的　　图 7-11　在当前图层的　　图 7-12　选择【新建图层】命令
　　　　　上方新建图层　　　　　　　　下方新建图层　　　　　　　　也可新建图层

7.1.5　新建背景图层

背景图层是较为特殊的图层，它永远位于【图层】面板的最底部，不能移动，不能设置不透明度或混合模式，也不能删除。

当打开一幅图像时，默认其中只有背景图层；当新建文档时，若将【背景内容】参数设置为白色、背景色或其他颜色，如图 7-13 所示，那么新文件中有一个背景图层，如图 7-14 所示。若设置为透明，则新文件中有一个普通图层，如图 7-15 所示。

图 7-13　设置【背景内容】参数　　图 7-14　新文件中有一个　　图 7-15　新文件中有一个
　　　　　　　　　　　　　　　　　　　　背景图层　　　　　　　　　　普通图层

一个文件中只能存在一个背景图层。若文件中没有背景图层，我们可以将普通图层转换为背景图层，具体操作步骤如下。

step 01　选中要作为背景图层的普通图层，如图 7-16 所示。

step 02　选择【图层】→【新建】→【背景图层】命令，即可将当前的图层转换为背景图层，并自动调整到最底部，如图 7-17 所示。

图 7-16　选中普通图层　　　　　　图 7-17　将当前图层转换为背景图层

7.1.6　将背景图层转换为普通图层

若要移动背景图层中的图像，或者进行设置样式、混合模式等操作，首先需要将背景图层转换为普通图层。转换方法有多种，下面分别进行介绍。

(1) 按住 Alt 键，双击背景图层，即可将其转换为普通图层。

(2) 单击背景图层右侧的🔒按钮，即可转换为普通图层，如图 7-18 所示。

(3) 双击背景图层，弹出【新建图层】对话框，如图 7-19 所示。单击【确定】按钮，即可进行转换。

 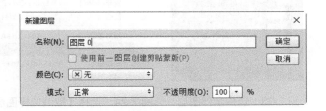

图 7-18　单击背景图层右侧的🔒按钮　　　　图 7-19　【新建图层】对话框

7.2　图层的基本操作

图层的基本操作包括复制和删除图层、对齐和分布图层等，这些操作大都是通过【图层】面板来完成的。

7.2.1　选择图层

若文件中有多个图层，首先需要选择图层，然后才能编辑该图层。

(1) 选择一个图层。在【图层】面板中单击一个图层，即可选择该图层，如图 7-20 所示。

(2) 选择多个图层。若要选择多个不相邻的图层，按住 Ctrl 键不放，单击这些图层即可，如图 7-21 所示；若要选择多个相邻的图层，首先单击第 1 个图层，然后按住 Shift 键不放，单击最后 1 个图层即可，如图 7-22 所示。

图 7-20　选择一个图层　　　图 7-21　选择多个不相邻的图层　　　图 7-22　选择多个相邻的图层

(3) 选择全部图层。选择【选择】→【所有图层】命令，可选择所有的图层，如图 7-23 所示。

(4) 取消选择图层。在【图层】面板的空白处单击，或者选择【选择】→【取消选择图层】命令，均可取消选择的图层，如图 7-24 所示。

 当选择移动工具 ⊕ 或画板工具 ⊡ 时，在图像中单击鼠标右键，通过弹出的快捷菜单可选择其他的图层，如图 7-25 所示。

图 7-23　选择全部图层　　图 7-24　选择【取消选择图层】命令　　图 7-25　选择其他的图层

7.2.2　显示与隐藏图层

当不需要对图层上的内容进行修改时，可以将这些图层隐藏起来，以免因误操作而更改图层中的内容，具体操作步骤如下。

step 01 选中要隐藏的图层，选择【图层】→【隐藏图层】命令，或者在【图层】面板中单击图层左侧的 ◉ 图标，均可隐藏该图层，如图 7-26 所示。

 再次在该图标处单击，可显示该图层。

step 02 在 ◉ 图标所在的列处单击并向上或向下拖动鼠标，可同时隐藏多个相邻的图层，如图 7-27 所示。

图 7-26　隐藏一个图层　　　　图 7-27　隐藏多个相邻的图层

7.2.3　复制图层

若需要制作出同样效果的图层，可以复制该图层。用户既可将图层复制到同一图像文件中，也可以复制到其他文件中。

1. 将图层复制到同一图像文件中

主要有 4 种方法可将图层复制到同一图像文件中，分别介绍如下。

(1) 使用【通过拷贝的图层】命令可复制选中的图层。

(2) 选择图层后，按 Ctrl+J 组合键，可快速复制该图层。

(3) 选择图层后，将其拖动到【创建新图层】按钮 上，可复制该图层。

(4) 选择要复制的图层后，选择【图层】→【复制图层】命令，弹出【复制图层】对话框，在【为】文本框中输入复制后的图层名称，在【文档】下拉列表中选择要将图层复制到的文件，单击【确定】按钮，即可复制图层，如图 7-28 所示。

 提示　　　通过该方法，也可将图层复制到其他文件中。

2. 将图层复制到其他图像文件中

用户主要有两种方法可将图层复制到其他图像文件中，分别介绍如下。

(1) 在【图层】面板中选中要复制的图层，将其拖动到另一个打开的图像文件中，即可将图层复制到该文件中。

(2) 该方法与上面的第 4 种方法类似，需要通过【复制图层】对话框完成，只需要在【文档】下拉列表中选择其他图像文件即可，如图 7-29 所示。

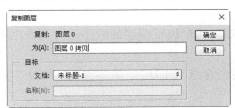

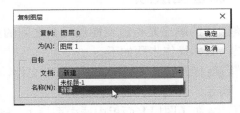

图 7-28　【复制图层】对话框　　　图 7-29　在【文档】下拉列表中选择其他图像文件

7.2.4　删除图层

选择要删除的图层后，选择【图层】→【删除】→【图层】命令，或者单击【图层】面板底部的【删除图层】按钮 ，将弹出对话框，提示是否删除图层，单击【是】按钮，即可删除该图层，如图 7-30 所示。

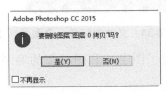

图 7-30　单击【是】按钮即可删除图层

提示　　　选择图层后，将其拖动到【删除图层】按钮🗑上，可直接删除该图层，而不会出现对话框。

7.2.5　重命名图层

对图层重命名可有效地管理图层，具体操作步骤如下。

step 01 选择要重命名的图层后，选择【图层】→【重命名图层】命令，或者直接在【图层】面板中双击图层名称，均可使其进入编辑状态，如图 7-31 所示。

step 02 重新输入图层的名称，按 Enter 键即可将其重命名，如图 7-32 所示。

图 7-31　使图层名称进入编辑状态　　　　　　　图 7-32　重命名图层

7.2.6　调整图层顺序

调整图层的顺序是指改变图层元素之间的叠加次序。通过调整图层的顺序，可设计出不同的效果，具体操作步骤如下。

step 01 打开"素材\ch07\01.psd"文件，其中共包含 3 个图层，如图 7-33 和图 7-34 所示。

step 02 在【图层】面板中选中图层 1，将其拖动到图层 2 的上方，如图 7-35 所示。

图 7-33　素材文件　　　图 7-34　文件中包含 3 个图层　　　图 7-35　将图层 1 拖动到图层 2 的上方

step 03 释放鼠标后，即调整了图层 1 和图层 2 的顺序，如图 7-36 所示。此时图像效果如图 7-37 所示。

除了直接拖动图层来调整顺序外，选择【图层】→【排列】命令，通过弹出的子菜单也可调整图层的顺序，如图 7-38 所示。

图 7-36　调整了图层 1 和图层 2 的顺序

图 7-37　图像效果

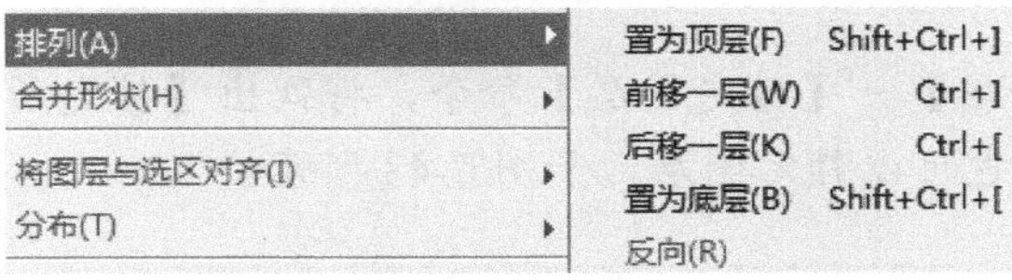

排列(A)	▶	置为顶层(F)	Shift+Ctrl+]
合并形状(H)	▶	前移一层(W)	Ctrl+]
		后移一层(K)	Ctrl+[
将图层与选区对齐(I)	▶	置为底层(B)	Shift+Ctrl+[
分布(T)	▶	反向(R)	

图 7-38　通过【排列】子菜单可调整图层的顺序

- 置为顶层：将当前图层移动到最上层。
- 前移一层：将当前图层向上移一层。
- 后移一层：将当前图层向下移一层。
- 置为底层：将当前图层移动到最底层，即背景图层的上一层。
- 反向：将选择的多个图层的顺序反转。

7.2.7　锁定图层

锁定图层是指限制对图层的某些操作，从而更好地保护图层。选择图层后，【图层】面板的【锁定】区域中提供了 4 个按钮，根据需要单击按钮，即可部分或完全锁定图层，如图 7-39 所示。

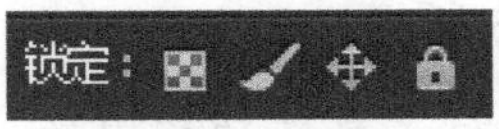

锁定：图　✓　✦　🔒

图 7-39　【锁定】区域中的 4 个按钮

(1) 锁定透明像素图：单击该按钮后，只能编辑图层的不透明区域，而锁定图层的透明区域。例如，对于如图 7-40 所示的图像文件，锁定图层 1 的透明像素，如图 7-41 所示，那么当使用油漆桶等工具对其操作时，只能操作图层 1 中花瓶和花朵部分，而无法操作透明区域，如图 7-42 所示。

(2) 锁定图像像素✓：单击该按钮后，只能对图层进行移动或变换等操作，而无法对其进行擦除、涂抹等操作。

(3) 锁定位置✦：单击该按钮后，将不能移动图层，但能对其进行其他操作。

(4) 锁定全部🔒：单击该按钮后，将不能对图层进行任何操作。

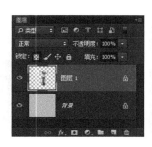

图 7-40 原图 　　　图 7-41 锁定图层 1 的 　　　图 7-42 图像效果
透明像素

提示　　　选择【图层】→【锁定图层】命令，将弹出【锁定所有链接图层】对话框，
通过该对话框也可以锁定图层，如图 7-43 所示。

图 7-43 【锁定所有链接图层】对话框

7.2.8 对齐和分布图层

在编辑图像过程中，对图层使用对齐和分布功能，可使这些图层更加整齐有序。

1. 对齐图层

选择要对齐的图层后，选择【图层】→【对齐】命令，在子菜单中可以看到，Photoshop
共提供了 6 种对齐方式，如图 7-44 所示。此外，若在图像中创建了选区，那么使用对齐功能
时，将基于选区对齐图层，如图 7-45 所示。

提示　　　选择移动工具后，通过工具选项栏中的 6 个对齐按钮，也可对齐图层，如
图 7-46 所示。

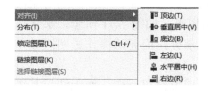

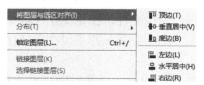

图 7-44 6 种对齐方式 　　图 7-45 基于选区对齐图层 　　图 7-46 移动工具选项栏中的
6 个对齐按钮

打开"素材\ch07\对齐图层.psd"文件，如图 7-47 所示。在【图层】面板中选择图层 1、
图层 2 和图层 3，如图 7-48 所示。

图 7-47 素材文件

图 7-48 选择图层 1、图层 2 和图层 3

(1)【顶边】：该命令可将所有选定图层的顶端像素与所选图层中最顶端的像素对齐，如图 7-49 所示。

(2)【垂直居中】：该命令可将所有选定图层的垂直中心像素与所选图层的垂直中心像素对齐，如图 7-50 所示。

(3)【底边】：该命令可将所有选定图层的底端像素与所选图层中最底端的像素对齐，如图 7-51 所示。

图 7-49 顶边对齐

图 7-50 垂直居中对齐

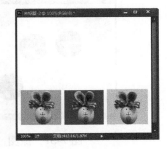

图 7-51 底边对齐

(4)【左边】：该命令可将所有选定图层的左端像素与最左端图层的左端像素对齐，如图 7-52 所示。

(5)【水平居中】：该命令可将所有选定图层的水平中心像素与所选图层的水平中心像素对齐，如图 7-53 所示。

(6)【右边】：该命令可将所有选定图层的右端像素与最右端图层的右端像素对齐，如图 7-54 所示。

图 7-52 左边对齐

图 7-53 水平居中对齐

图 7-54 右边对齐

2. 分布图层

分布图层功能只针对 3 个或 3 个以上的图层，该功能可使选定图层中每两个之间的水平或垂直间隔距离相等。Photoshop 共提供了 6 种分布方式，如图 7-55 所示。

 提示

选择移动工具后，通过选项栏中的 6 个分布按钮，也可分布图层，如图 7-56 所示。

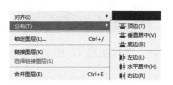

图 7-55　6 种分布方式　　　　　　图 7-56　移动工具选项栏中的 6 个分布按钮

(1)【顶边/垂直居中/底边】：以最顶端和最底端 2 个图层的顶端/垂直中心/底端像素为基准，在垂直方向上间隔均匀地分布图层。如图 7-57 和图 7-58 所示分别是原图和垂直居中分布后的效果。

　　　　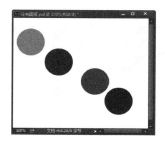

图 7-57　原图　　　　　　　　　图 7-58　垂直居中分布

(2)【左边/水平居中/右边】：以最左端和最右端 2 个图层的左端/水平中心/右端像素为基准，在水平方向上间隔均匀地分布图层。如图 7-59 和图 7-60 所示分别是原图和水平居中分布后的效果。

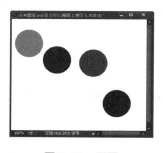　　　　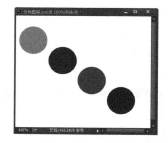

图 7-59　原图　　　　　　　　　图 7-60　水平居中分布

7.2.9　合并和盖印图层

合并和盖印图层都可将多个图层合并为一个图层。

1. 合并图层

合并图层既便于管理图层，还能减小文件的大小。选择【图层】命令，在子菜单中可以看到，Photoshop 共提供了 3 种合并图层的方式，如图 7-61 所示。

合并图层(E)	Ctrl+E
合并可见图层	Shift+Ctrl+E
拼合图像(F)	

图 7-61　3 种合并图层的方式

(1)【合并图层】：选中多个要合并的图层，如图 7-62 所示，选择【图层】→【合并图层】命令，或者按 Ctrl+E 组合键，可将所选图层合并到其中最上面的图层中，如图 7-63 所示。

 若只选择 1 个图层，此时【合并图层】命令变为【向下合并】命令，执行该命令，可将所选图层合并到其下面的图层中。

(2)【合并可见图层】：该命令可将所有的可见图层都合并到背景图层中，而保留所有隐藏的图层，如图 7-64 所示。

图 7-62　选中多个要合并的图层　　图 7-63　将所选图层合并到最　　图 7-64　合并可见图层的效果
上面的图层中

(3)【拼合图像】：该命令也可将所有图层都合并到背景图层中，但若有隐藏的图层，执行该命令时会弹出提示框，提示是否删除隐藏的图层，如图 7-65 所示。

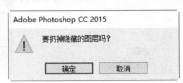

图 7-65　提示是否删除隐藏的图层

2. 盖印图层

盖印图层与合并图层不同的是，它不仅会将多个图层合并到一个新的图层中，同时会保持原有的图层不变，具体操作步骤如下。

step 01 选择要盖印的多个图层，如图 7-66 所示。

step 02 按 Ctrl+Alt+E 组合键，即可将所选图层合并到一个新的图层中，而原有的图层保持不变，如图 7-67 所示。

> **提示** 若只选择 1 个图层，会将该图层合并到其下面的图层中，原有图层不变。

step 03 按 Ctrl+Shift+Alt+E 组合键，可将所有的图层合并到一个新的图层中，而原有的图层不变，如图 7-68 所示。

图 7-66 选择多个图层

图 7-67 将所选图层合并到新图层中

图 7-68 将所有图层合并到新图层中

7.2.10 栅格化图层

栅格化图层是指将图层中的内容转化为光栅图像，以便对图层中的内容进行绘画、擦除、滤镜等操作，但转化后，不能再编辑原有的内容。

选择需要栅格化的图层，选择【图层】→【栅格化】子菜单命令，即可栅格化所选图层，如图 7-69 所示。例如，在【图层】面板中新建一个图层，并在该图层上输入文字，即可创建文字图层，对文字图层进行栅格化后的效果如图 7-70 所示。

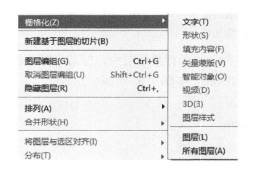

图 7-69 选择【栅格化】子菜单命令栅格化所选图层

图 7-70 对文字图层栅格化的效果

7.3 调 整 图 层

调整图层是用于调整图像色彩和色调的特殊图层，其主要特点是不会改变原图像的像素，因此不会对图像产生实质性破坏。

7.3.1　认识调整图层

使用【图像】→【调整】子菜单命令也可以调整图像的色彩和色调，但该方式会直接作用于原图像，即它会直接调整原有图像的像素。如果一幅图像应用了多种色彩调整命令的话，改变其中一种设置，图像就会发生改变，并且这种改变无法还原。

而调整图层则不受此限制，它既可调整图像的色调，同时不会破坏原始图像的像素。并且多个调整图层之间可以综合产生效果，彼此间还可以独立修改。当隐藏或删除调整图层后，即可将图像恢复为初始状态。由此可见，相对于【调整】命令，调整图层不仅能实现同样的功能，而且具有很大的灵活性。

此外，调整图层只会影响位于它下面的所有图层，这意味着可以通过一个调整图层来校正多个图层，而不用分别调整每个图层。例如，在图 7-71 中，将调整图层放置在最上方，它会影响下面的所有图层，如图 7-72 所示。若调整该图层的位置，将产生不同的效果，如图 7-73 和图 7-74 所示。

图 7-71　原图　　　　图 7-72　将调整图层放　图 7-73　调整图层的位置　图 7-74　调整位置后
　　　　　　　　　　　　　　　　置在最上方　　　　　　　　　　　　　　　　　　　的效果

7.3.2　新建调整图层

新建调整图层共有 3 种方法，分别介绍如下。

(1) 选择【图层】→【新建调整图层】子菜单，可新建相应的调整图层，如图 7-75 所示。

(2) 在【调整】面板中单击各调整按钮，可新建调整图层，如图 7-76 所示。

(3) 在【图层】面板中单击底部的 按钮，选择相应的调整命令，可新建调整图层，如图 7-77 所示。

图 7-75　【新建调整图层】子菜单　　　图 7-76　【调整】面板　　　图 7-77　 按钮的列表

新建调整图层后，主要是通过【属性】面板来设置和修改各调整参数，如图 7-78 所示。调整图层的各类型与【调整】命令相同，它们参数含义也相同，这里不再一一介绍各类型的具体参数设置。

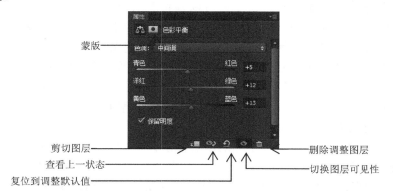

图 7-78　【属性】面板

【属性】面板中各按钮的含义如下。

- 蒙版 ![]：创建调整图层时，Photoshop 会自动添加一个图层蒙版。而单击该按钮，即可切换到【蒙版】选项，用于设置蒙版的浓度和羽化程度。
- 剪切图层 ![]：单击该按钮，可将当前图层和其下面的一个图层创建为一个剪贴蒙版组。
- 查看上一状态 ![]：按住该按钮，可查看图像的上一次状态。释放鼠标后，即恢复为当前状态。
- 复位到调整默认值 ![]：单击该按钮，可将调整参数恢复到初始状态。
- 切换图层可见性 ![]：单击该按钮，可显示或隐藏调整图层。
- 删除调整图层 ![]：单击该按钮，可删除当前的调整图层。

7.3.3　使用调整图层

使用调整图层可以调整图像的色彩和色调，下面以调整图像的色彩平衡为例，来介绍使用调整图层的方法，具体操作步骤如下。

step 01　打开"素材\ch07\01.jpg"文件，如图 7-79 所示。

step 02　单击【图层】面板下方的【创建新的填充或调整图层】按钮，在弹出列表中选择【色彩平衡】选项，如图 7-80 所示。

图 7-79　素材文件

图 7-80　选择【色彩平衡】选项

step 03 弹出【属性】面板，显示出【色彩平衡】参数，同时生成独立的【色彩平衡 1】调整图层，如图 7-81 所示。拖动最上方的滑块，增加红色，如图 7-82 所示。

step 04 返回到图像文件之中，可以看到增加红色之后的显示效果，如图 7-83 所示。

图 7-81　生成【色彩平衡 1】调整图层　　　图 7-82　调整参数　　　图 7-83　最终效果

7.3.4　指定影响范围

创建调整图层时，Photoshop 会为其添加一个图层蒙版，在蒙版中，白色代表了调整图层影响的区域，灰色会使调整强度变弱，黑色会遮盖调整图层。使用画笔、渐变等工具在图像中可以涂抹黑色和灰色，可以定义调整图层的影响范围，控制调整强度。

指定调整图层影响范围的具体操作步骤如下。

step 01 打开"素材\ch07\04.jpg"文件，如图 7-84 所示。

step 02 在【调整】面板中单击【色相/饱和度】按钮，如图 7-85 所示。

图 7-84　素材文件　　　　　　　图 7-85　单击【色相/饱和度】按钮

step 03 随即为图像添加调整图层，并打开【属性】面板，在其中单击按钮为其创建剪贴蒙版，如图 7-86 所示。

step 04 在【属性】面板中调整图像的颜色，如图 7-87 所示，最后得到的图像效果如图 7-88 所示。

step 05 按 Ctrl+I 组合键，将调整图层的蒙版反相成为黑色，如图 7-89 所示。这样图像会恢复为调整前的效果，如图 7-90 所示。

step 06 使用快速选择工具选中人偶图像中的手，并在工具栏中勾选【对所有图层取样】复选框，如图 7-91 所示。

图 7-86 创建一个剪贴蒙版

图 7-87 调整参数

图 7-88 图像效果

图 7-89 使调整图层的蒙版反相成为黑色

图 7-90 图像会恢复为调整前的效果

step 07 ▶ 按 Ctrl+Delete 组合键，在选区内填充白色，恢复调整效果，按 Ctrl+D 组合键取消选择，最后得出的效果如图 7-92 所示。

图 7-91 选中人偶图像中的手

图 7-92 图像效果

step 08 ▶ 如果想要改变调整的强度，可以选择一个调整图层，降低它的不透明度值，如这里设置为 50%，如图 7-93 所示。调整效果会减弱为原来的一半，最后得出的图像效果如图 7-94 所示。

图 7-93 降低调整图层的不透明度

图 7-94 图像效果

提示　　　调整图层的不透明度越低，则调整强度越弱。

7.3.5　修改调整参数

创建调整图层以后，可以随时修改调整参数，具体操作步骤如下。

step 01　在【图层】面板中可以单击调整图层，将它选中，设置其不透明度值为 80%，如图 7-95 所示，可以得到如图 7-96 所示的显示效果。

图 7-95　设置调整图层的不透明度

图 7-96　图像效果

step 02　此时在【属性】面板中会显示出调整参数选项，拖曳滑块，如图 7-97 所示，即可修改颜色，效果如图 7-98 所示。

图 7-97　调整参数

图 7-98　图像效果

7.3.6　删除调整图层

删除调整图层的方法很简单，只需要选择调整图层，按 Delete 键或者将其拖曳到【图层】面板底部的删除图层按钮上，即可将其删除。如果只想删除蒙版而保留调整图层，可以在调整图层的蒙版上单击鼠标右键，在弹出的快捷菜单中选择【删除图层蒙版】命令即可，如图 7-99 所示，随即可以得到如图 7-100 所示的图像显示效果。

网站开发案例课堂

图 7-99　原图

图 7-100　删除图层蒙版后的图像效果

7.4　填充图层

填充图层是指向图层中填充了纯色、渐变色或图案的特殊图层。通过设置填充图层的混合模式和不透明度后，可以修改图像的颜色或生成各种图像效果。Photoshop 共提供了 3 种类型的填充图层，包括纯色、渐变与图案，如图 7-101 所示。

图 7-101　3 种类型的填充图层

7.4.1　使用纯色填充图层

使用纯色填充图层后，并更改填充图层的混合模式与不透明度值，可以调整图像的色彩，具体操作步骤如下。

step 01　打开"素材\ch07\05.jpg"文件，如图 7-102 所示。

step 02　选择【图层】→【新建填充图层】→【纯色】命令，弹出【新建图层】对话框，在其中设置图层的名称、模式及不透明度等参数，如图 7-103 所示。

step 03　单击【确定】按钮，打开【拾色器(纯色)】对话框，在其中设置填充图层的颜色，如图 7-104 所示。

step 04　单击【确定】按钮，返回到图像文件中，在【图层】面板中可以看到添加的填充图层，如图 7-105 所示。

图 7-102　素材文件

图 7-103　【新建图层】对话框

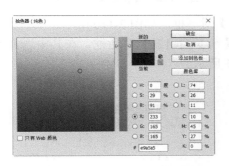

图 7-104　【拾色器(纯色)】对话框

图 7-105　添加了一个填充图层

 提示　　单击【图层】面板底部的【创建新的填充或调整图层】按钮，在弹出的列表中选择【纯色】选项，也可以打开【拾色器(纯色)】对话框，在其中设置填充图层的颜色。

step 05　调整图层的不透明度为 80%，如图 7-106 所示，得到如图 7-107 所示的图像显示效果。

图 7-106　调整图层的不透明度

图 7-107　最终效果

7.4.2　使用渐变填充图层

使用渐变填充图层可以为图像添加梦幻般的渐变效果，具体操作步骤如下。

step 01　打开"素材\ch07\01.jpg"文件，如图 7-108 所示。

step 02　选择【图层】→【新建填充图层】→【渐变】命令，弹出【新建图层】对话框，在其中设置图层的名称、模式及不透明度等参数，单击【确定】按钮，如图 7-109 所示。

图 7-108　素材文件

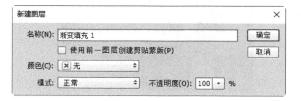

图 7-109　【新建图层】对话框

step 03 单击【确定】按钮，打开【渐变填充】对话框，如图 7-110 所示。

step 04 单击【渐变】后面的颜色条，打开【渐变编辑器】对话框，在其中选择预设中的【橙,黄,橙渐变】渐变模式，如图 7-111 所示。

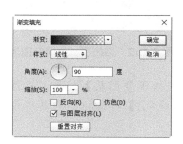

图 7-110　【渐变填充】对话框

图 7-111　【渐变编辑器】对话框

step 05 单击【确定】按钮，返回到【渐变填充】对话框中，设置【样式】为【径向】，并设置【角度】为 50 度，如图 7-112 所示。

step 06 单击【确定】按钮，返回到图像文件中，可以看到图像应用渐变填充图层后的显示效果，如图 7-113 所示。

图 7-112　设置渐变样式和角度

图 7-113　最终效果

7.4.3　使用图案填充图层

将图像定义为图案或使用预设好的图案，可以创建填充图层，具体操作步骤如下。

step 01 ▶ 打开"素材\ch07\06.jpg"文件，如图 7-114 所示。

step 02 ▶ 选择【编辑】→【定义图案】命令，弹出【图案名称】对话框，单击【确定】
按钮，将该图像自定义为图案，如图 7-115 所示。

step 03 ▶ 打开"素材\ch07\07.jpg"文件，使用矩形选框工具 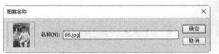，选择图像中的相框作为
选区，如图 7-116 所示。

图 7-114 素材文件　　　图 7-115 【图案名称】对话框　　　图 7-116 创建选区选择相框

step 04 ▶ 选择【图层】→【新建填充图层】→【图案】命令，弹出【新建图层】对话
框，在其中设置图层的名称、模式及不透明度等参数，单击【确定】按钮，如图 7-117
所示。

 提示　　　在【图层】面板中单击底部的 按钮，在弹出的菜单中选择【图案】命令，
也可新建填充图层。

step 05 ▶ 弹出【图案填充】对话框，在其中单击左侧的下拉按钮，在弹出的下拉面板中
选择步骤 2 中自定义的图案，如图 7-118 所示。

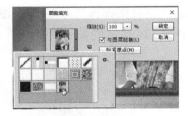

图 7-117 【新建图层】对话框　　　图 7-118 选择步骤 2 中自定义的图案

step 06 ▶ 选择填充图案后，在【缩放】文本框中输入缩放的比例，使其缩放为合适的大
小，单击【确定】按钮，如图 7-119 所示。

step 07 ▶ 此时即可创建一个填充图层，图像效果如图 7-120 所示，在【图层】面板中可查
看创建的填充图层，如图 7-121 所示。

图 7-119 设置缩放的比例　　　图 7-120 图层效果　　　图 7-121 新建的填充图层

7.4.4　修改填充图层参数

创建填充图层以后，可以随时修改填充颜色、渐变颜色和图像内容参数，以便制作出不同效果的图像，具体操作步骤如下。

step 01　打开前面创建的一个效果文件，如图 7-122 所示。

step 02　在【图层】面板中隐藏【颜色填充 1】图层，如图 7-123 所示。

step 03　双击下面的【图案填充 1】图层缩览图，或选择【图层】→【图层内容选项】命令，如图 7-124 所示。

图 7-122　效果文件　　　　图 7-123　隐藏【颜色填充 1】　图 7-124　选择【图层内容选
　　　　　　　　　　　　　　　　　图层　　　　　　　　　　项】命令

step 04　打开【图案填充】对话框，打开图案下拉面板，单击右上角的 ⚙ 按钮，在打开的菜单中选择【图案】命令，加载该图案库，如图 7-125 所示。

step 05　加载图案库完毕后，在图案库中选择需要的图案进行填充图层，最后得出如图 7-126 所示的显示效果。

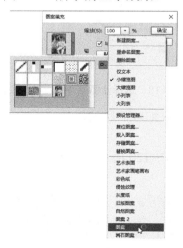

图 7-125　选择【图案】命令　　　　图 7-126　选择图案进行填充后的效果

step 06　设置填充图层的混合模式为【颜色加深】，如图 7-127 所示。得出如图 7-128 所示的图像效果。

图 7-127　设置混合模式

图 7-128　图像效果

step 07 显示【颜色填充 1】图层，双击【颜色填充 1】图层缩览图，打开【拾色器(纯色)】对话框，在其中设置颜色为白色，如图 7-129 所示。

step 08 单击【确定】按钮，返回到图像之中，然后调整图层中颜色填充图层的模式为【变亮】，并设置【不透明度】为 100%，如图 7-130 所示。

step 09 设置完毕后，得出最终图像显示效果，如图 7-131 所示。

图 7-129　重新设置填充颜色

图 7-130　设置填充图层的
模式和不透明度

图 7-131　最终效果

7.5　图层的混合模式

图层混合模式是 Photoshop 的重要内容，功能十分强大，在图像合成中扮演着主要的角色，是设计师必须掌握的 Photoshop 技能。

7.5.1　认识图层的混合模式

图层的混合模式是指位于上层的图层像素与下层的图层像素进行混合的方式。Photoshop 提供了多种混合模式。例如，在 Photoshop 的【图层】面板中可以设置图层的混合模式，如图 7-132 所示，还可以在画笔工具的选项栏中(见图 7-133)、在【应用图像】对话框中(见图 7-134)、在【图层样式】对话框中(见图 7-135)、在【计算】对话框中(见图 7-136)等位置进行图层混合模式的设置。用好混合模式可以轻松实现很多特殊效果。

网站开发案例课堂

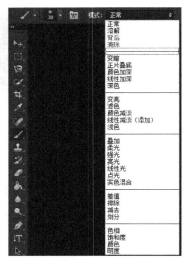

图 7-132　【图层】面板　　　图 7-133　画笔工具的选项栏　　　图 7-134　【应用图像】对话框

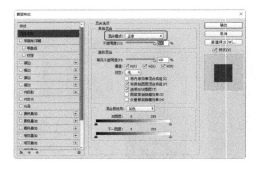

图 7-135　【图层样式】对话框　　　　　　　图 7-136　【计算】对话框

7.5.2　使用图层混合模式

使用图层混合模式可以轻松得出很多特殊效果。下面具体介绍应用各个图层混合模式后的图像显示效果。

打开"素材\ch07\07.psd"文件，其中共包含 2 个图层，如图 7-137 和图 7-138 所示。

图 7-137　素材文件　　　　　　　　图 7-138　文件中包含 2 个图层

下面设置图层 1 的混合模式，以观察不同混合模式下所产生的效果。

(1)【正常】：该模式是系统默认的模式。当不透明度为 100%时，当前图像会完全覆盖下层图像，只有降低不透明度才会产生效果。如图 7-139 所示是将不透明度设置为 50%的效果。

(2)【溶解】：该模式会使部分像素随机消失，产生点粒状效果。同【正常】模式类似，只有降低不透明度时该模式才会产生效果。如图 7-140 所示是将不透明度设置为 50%的效果。

(3)【变暗】：在该模式下，将对混合的两个图层相对应区域 RGB 通道中的颜色亮度值进行比较，比下层图层暗的像素将保留，而亮的像素则用下层图层中暗的像素替换。总的颜色灰度级降低，造成变暗的效果，如图 7-141 所示。

图 7-139　不透明度为 50%时　　　图 7-140　不透明度为 50%时　　　图 7-141　【变暗】模式
　　　　　的【正常】模式　　　　　　　　的【溶解】模式

(4)【正片叠底】：在该模式下，当前图层中的像素与下层图层中的白色混合，不会发生变化，而与黑色混合时会变为黑色，从而使图像变暗，如图 7-142 所示。

(5)【颜色加深】：在该模式下，通过增加对比度使下层图像变暗以反映混合色，如果与白色混合时将不会产生效果，如图 7-143 所示。

(6)【线性加深】：在该模式下，通过减小亮度使下层图像变暗以反映混合色，如果与白色混合时将不会产生效果，如图 7-144 所示。

图 7-142　【正片叠底】模式　　　图 7-143　【颜色加深】模式　　　图 7-144　【线性加深】模式

(7)【深色】：在该模式下，将计算两个图层所有通道的数值，然后选择数值较小的作为结果显示，如图 7-145 所示。

(8)【变亮】：该模式与【变暗】模式相反，在对两个图层的颜色亮度值进行比较后，比下层图层亮的像素将保留，而暗的像素则用下层图层中亮的像素替换，从而使图像变亮，如图 7-146 所示。

(9)【滤色】：该模式与【正片叠底】模式相反，它将两个图层的颜色混合起来，产生比两种颜色都浅的第三种颜色，如图 7-147 所示。

图 7-145　【深色】模式　　　　图 7-146　【变亮】模式　　　　图 7-147　【滤色】模式

(10) 【颜色减淡】：该模式与【颜色加深】模式相反，通过减小对比度使下层图像变亮以反映混合色，如果与黑色混合时将不会产生效果，如图 7-148 所示。

(11) 【线性减淡】：该模式与【线性加深】模式相反，通过增加亮度使下层图像变亮以反映混合色，如果与黑色混合时将不会产生效果，如图 7-149 所示。

(12) 【浅色】：该模式与【深色】模式相反，将计算两个图层所有通道的数值，然后选择数值较大的作为结果显示，如图 7-150 所示。

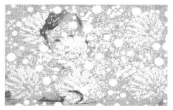

图 7-148　【颜色减淡】模式　　　图 7-149　【线性减淡】模式　　　图 7-150　【浅色】模式

(13) 【叠加】：在该模式下，下层图层中颜色的深度将被加深，颜色较浅的部分将被覆盖，而高光和暗调部分保持不变，如图 7-151 所示。

(14) 【柔光】：该模式会产生一种柔光照射的效果。如果当前图层的颜色亮度高于 50%灰，下层图层会被照亮(变淡)。如果当前图层的颜色亮度低于 50%灰，下层图层会变暗，如图 7-152 所示。

(15) 【强光】：该模式实质上同【柔光】模式相同，但它的效果更为强烈一些，如图 7-153 所示。

图 7-151　【叠加】模式　　　　图 7-152　【柔光】模式　　　　图 7-153　【强光】模式

(16) 【亮光】：该模式通过调整对比度来加深或减淡颜色。如果当前图层的颜色亮度高于 50%灰，则图像将降低对比度并且变亮；如果当前图层的颜色亮度低于 50%灰，则图像会提高对比度并且变暗，如图 7-154 所示。

(17) 【线性光】：该模式通过调整亮度来加深或减淡颜色。如果当前图层的颜色亮度高于 50%灰，则图像将增加亮度使之变亮；如果当前图层的颜色亮度低于 50%灰，则图像会减小亮度使之变暗，如图 7-155 所示。

（18）【点光】：该模式根据当前图层的颜色数值替换相应的颜色。如果当前图层的颜色亮度高于 50%灰，那么比当前图层的颜色暗的像素将被替换；如果当前图层的颜色亮度低于 50%灰，则比当前图层的颜色亮的像素将被替换，如图 7-156 所示。

图 7-154　【亮光】模式　　　　图 7-155　【线性光】模式　　　　图 7-156　【点光】模式

（19）【实色混合】：如果当前图层的颜色亮度高于 50%灰，那么下层图像将变亮；如果当前图层的颜色亮度低于 50%灰，那么下层图层将变暗，如图 7-157 所示。

（20）【差值】：在该模式下，当前图层的白色与下层图层混合时会反相，黑色则不发生变化，如图 7-158 所示。

（21）【排除】：该模式与【差值】模式类似，但是具有高对比度和低饱和度的特点，因此它所产生的效果更柔和明亮些，如图 7-159 所示。

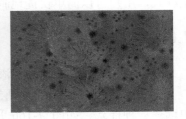

图 7-157　【实色混合】模式　　　　图 7-158　【差值】模式　　　　图 7-159　【排除】模式

（22）【减去】：在该模式下，将查看各通道的颜色信息，并从下层图像中减去上层图像的像素值，如图 7-160 所示。

（23）【划分】：在该模式下，若下层像素值大于或等于上层像素值，则结果色为白色；若小于上层像素值，则结果色比下层更暗，如图 7-161 所示。

（24）【色相】：在该模式下，将使用当前图层的色相值去替换下层图像的色相值，而饱和度和亮度不变，如图 7-162 所示。

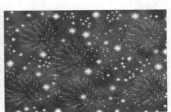

图 7-160　【减去】模式　　　　图 7-161　【划分】模式　　　　图 7-162　【色相】模式

(25) 【饱和度】：在该模式下，将使用当前图层的饱和度去替换下层图像的饱和度，而色相值和亮度不变，如图 7-163 所示。

(26) 【颜色】：在该模式下，将使用当前图层的饱和度和色相值去替换下层图像的饱和度和色相值，而亮度不变，如图 7-164 所示。该模式是给黑白图片上色的绝佳模式。

(27) 【明度】：在该模式下，将使用当前图层的亮度值去替换下层图像的亮度值，而饱和度和色相值不变，如图 7-165 所示。

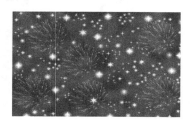

图 7-163　【饱和度】模式　　　图 7-164　【颜色】模式　　　图 7-165　【明度】模式

7.6　图层的图层样式

图层样式主要用于为图层制作各种效果，它是 Photoshop 中一个非常强大的功能。利用图层样式，用户可以简单快捷地制作出各种立体投影、各种质感以及光影效果的图像特效。

7.6.1　添加图层样式

用户主要有 3 种方法用于添加图层样式，分别介绍如下。

(1) 选择要添加样式的图层，在【图层】面板中单击底部的 ⓕ 按钮，在弹出的下拉列表中选择一种样式，如图 7-166 所示，即弹出【图层样式】对话框，在其中可添加各种样式，如图 7-167 所示。

(2) 选择要添加样式的图层后，双击图层缩览图，也会弹出【图层样式】对话框，用于添加图层样式。

(3) 在【样式】面板中选择一种样式，可以快速应用该样式，而无须弹出对话框设置参数，如图 7-168 所示。

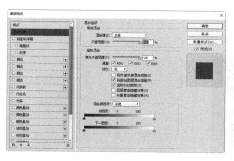

图 7-166　在 ⓕ 按钮的下拉列　　图 7-167　【图层样式】对话框　　图 7-168　在【样式】面板中
表中选择样式　　　　　　　　　　　　　　　　　　　　　　　　　选择样式

7.6.2 使用混合选项

在【图层样式】对话框中存在一个【混合选项】，主要用于高级混合设置，如指定混合图层的范围、限制混合通道、制作挖空效果等，如图 7-169 所示。

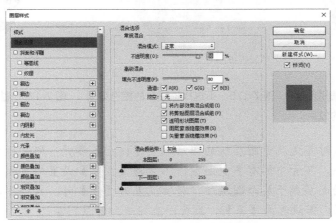

图 7-169 【图层样式】对话框

【混合选项】区域中各参数的含义如下。

- 【常规混合】：该区域中的混合模式和不透明度与【图层】面板中混合模式和不透明度的含义相同。
- 【填充不透明度】：该参数与【图层】面板中【填充】这一参数的含义相同。
- 【通道】：默认情况下，图层或图层组的混合效果将影响所有的通道。若取消选择某个通道，就会从复合通道中排除此通道，从而将效果限制在其他通道中。
- 【挖空】：设置使背景图层的图像穿透上面图层显示出来。例如在原图 7-170 中，选中图层 2 作为要挖空的图层，如图 7-171 所示。然后降低填充不透明度，将【挖空】设置为【浅】或【深】，都可挖空图像显示出背景图层，如图 7-172 所示。若该文件没有背景图层，则会显示出透明区域，如图 7-173 所示。

图 7-170 原图　　图 7-171 选中图层 2　　图 7-172 挖空图像显示　　图 7-173 显示出透明区域
　　　　　　　　　　　　　　　　　　　　　　出背景图层

- 【将内部效果混合成组】：当对图层使用了内发光、光泽和叠加样式时，若不选择该项，那么挖空时在背景图层上会显示出效果，如图 7-174 所示是对图层添加了图案叠加样式，如图 7-175 所示是不选择该项时的挖空效果。若选择该项，在挖空前会将应用的样式合并到图层本身去，挖空时不会显示出效果，如图 7-176 所示。

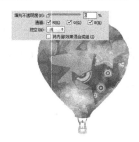
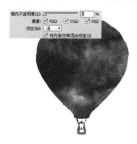

图 7-174　对原图层使用图案　　图 7-175　不选择该项时的挖空效果　　图 7-176　选择该项时的挖空效果
叠加样式的效果

　　　　如果对不是属于图层组的图层设置【挖空】参数，那么效果将会一直穿透到背景图层，不管中间有多少图层，不管将【挖空】设置为【浅】或【深】。如果要挖空的图层属于某个图层组，将其设置为【浅】时，只会穿透到图层组下面的一个图层；若设置为【深】，则会一直穿透到背景图层。

- 【将剪贴图层混合成组】：该项用于控制剪贴蒙版组中基底图层的混合方式。默认为选中状态，表示基底图层的混合模式将应用于整个剪贴蒙版组。反之，若不选择，组中所有的层都使用自己的混合模式。

- 【透明形状图层】：该项默认为选中状态，表示对图层设置样式或挖空都仅限于图层的不透明区域，对透明区域无影响。若不选择，那么所设置的样式或挖空效果将作用于图层的全部区域。

- 【图层蒙版隐藏效果】/【矢量蒙版隐藏效果】：这两项的含义类似，若对图层蒙版或矢量蒙版中的图层应用了样式，当选择该项时，将隐藏蒙版中的效果。

- 【混合颜色带】：该项用于控制当前图层和下面图层在混合结果中显示的像素。

7.6.3　使用斜面和浮雕样式

斜面和浮雕样式可以为图像添加阴影和高光部分，从而使图像呈现立体或浮雕效果。下面为图像添加斜面和浮雕样式，为图像添加立体效果，具体操作步骤如下。

step 01　打开"素材\ch07\08.psd"文件，如图 7-177 所示。

step 02　单击【图层】面板中的 fx. 按钮，在弹出的下拉列表中选择【斜面和浮雕】选项，弹出【图层样式】对话框，此时左侧的【斜面和浮雕】选项为选中状态，在右侧设置相关参数，如图 7-178 所示。

step 03　单击【确定】按钮，即可为图像添加立体效果，如图 7-179 所示。

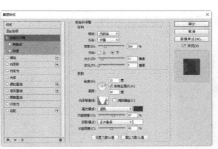

图 7-177　素材文件　　　　图 7-178　设置斜面和浮雕　　　　图 7-179　斜面和浮雕效果

7.6.4　使用描边样式

描边样式可以使用纯色、渐变色或图案来描画图像的轮廓。下面为图像添加描边效果，具体操作步骤如下。

step 01　打开"素材\ch07\09.psd"文件，如图 7-180 所示。

step 02　单击【图层】面板中的 _fx._ 按钮，在弹出的下拉列表中选择【描边】选项，弹出【图层样式】对话框，此时左侧的【描边】选项为选中状态，在右侧设置相关参数，如图 7-181 所示。

step 03　单击【确定】按钮，即可为图像添加描边，如图 7-182 所示。

图 7-180　素材文件　　　　图 7-181　设置描边　　　　图 7-182　描边效果

描边样式的各参数含义如下。

● 【大小】：设置描边的宽度。

● 【位置】：设置描边效果的位置。如图 7-183～图 7-185 所示分别是设置位置为【外部】、【内部】和【居中】后的效果。

图 7-183　位置为外部　　　　图 7-184　位置为内部　　　　图 7-185　位置为居中

● 【填充类型】：设置描边的类型。如图 7-186 和图 7-187 所示分别是设置为渐变色和图案的效果。

图 7-186 填充为渐变色

图 7-187 填充为图案

7.6.5 使用内阴影样式

内阴影样式可以在图像的内侧边缘处添加阴影效果，使图像呈凹陷状态。下面即为图像添加内阴影，具体操作步骤如下。

step 01 打开"素材\ch07\10.psd"文件，如图 7-188 所示。

step 02 单击【图层】面板中的 fx. 按钮，在弹出的下拉列表中选择【内阴影】选项，弹出【图层样式】对话框，此时左侧的【内阴影】选项为选中状态，在右侧设置相关参数，如图 7-189 所示。

step 03 单击【确定】按钮，即可为图像添加内阴影，如图 7-190 所示。

图 7-188 素材文件

图 7-189 设置内阴影

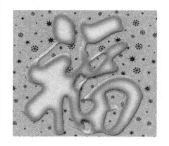

图 7-190 内阴影效果

7.6.6 使用投影样式

投影样式可以为图像添加投影效果。下面为图像添加投影效果，具体操作步骤如下。

step 01 打开"素材\ch07\11.psd"文件，如图 7-191 所示。

step 02 单击【图层】面板中的 fx. 按钮，在弹出的下拉列表中选择【投影】选项，弹出【图层样式】对话框，此时左侧的【投影】选项为选中状态，在右侧设置相关参数，如图 7-192 所示。

step 03 单击【确定】按钮，即可为图像添加投影，如图 7-193 所示。

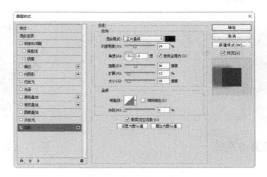

图 7-191　素材文件　　　　　　图 7-192　设置投影　　　　　　图 7-193　投影效果

投影样式的各参数含义如下。

- 【混合模式】/【不透明度】：设置投影与当前图层的混合模式、投影的颜色以及不透明度。
- 【角度】：设置投影作用于图像时的光照角度。指针指向的方向为光源的方向，而其相反的方向即为投影的方向。
- 【距离】：设置阴影与图像的距离。该值越大，距离越远。

提示　　当打开【图层样式】对话框设置投影效果时，将光标定位在图像中，此时光标变为 形状，按住左键不放并拖动投影，可直接调整投影的光照角度以及位置，如图 7-194 所示。

- 【扩展】：在【大小】值固定时，调整该值可扩展投影的范围。

提示　　当【大小】值为 0 时，调整【扩展】值将对投影无影响。

- 【大小】：设置投影的模糊范围。该值越大，模糊范围越广，如图 7-195 和图 7-196 所示分别是该值为 0 和 30 的效果。从中可以看到，当大小为 0 时，投影最清晰。
- 【等高线】：设置投影不透明度的变化，效果如图 7-197 所示。
- 【消除锯齿】：选择该项，可使投影效果的过渡更加柔和。
- 【杂色】：设置向阴影添加杂色，制作颗粒状效果，如图 7-198 所示。

图 7-194　调整投影的光照角度　　　图 7-195　【大小】为 0　　　图 7-196　【大小】为 30
　　　　　　及位置后的效果

图 7-197　设置等高线

图 7-198　设置杂色

7.6.7　使用内发光和外发光样式

外发光样式可以为图像的外边缘添加发光效果，而内发光是为内边缘添加发光效果，它们的使用方法类似。下面以外发光样式为例进行介绍。

下面为图像外边缘添加发光效果，具体操作步骤如下。

step 01　打开"素材\ch07\12.psd"文件，如图 7-199 所示。

step 02　单击【图层】面板中的 fx 按钮，在弹出的下拉列表中选择【外发光】选项，弹出【图层样式】对话框，此时左侧的【外发光】选项为选中状态，在右侧设置相关参数，如图 7-200 所示。

step 03　单击【确定】按钮，即可为图像外部边缘添加发光效果，如图 7-201 所示。

图 7-199　素材文件

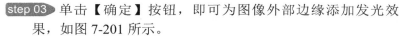

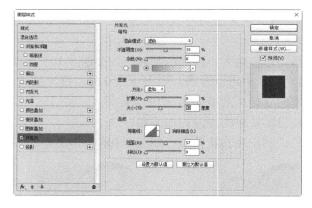

图 7-200　设置外发光

图 7-201　外发光效果

【外发光】样式的各参数含义如下。

● 设置发光颜色：单击左侧的颜色块，将弹出【拾色器(外发光颜色)】对话框，如图 7-202 所示，用于设置纯色作为发光的颜色，效果如图 7-203 所示。单击右侧的渐变条，将弹出【渐变编辑器】对话框，如图 7-204 所示，用于设置渐变色作为发光的颜色，效果如图 7-205 所示。

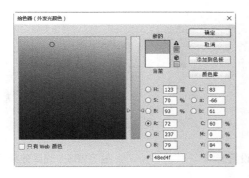

图 7-202 【拾色器(外发光颜色)】对话框

图 7-203 设置纯色为发光的颜色

图 7-204 【渐变编辑器】对话框

图 7-205 设置渐变色为发光的颜色

- 【方法】：设置光照的程度。【柔和】选项可以得到柔和的发光边缘；【精确】选项可以得到精确的发光边缘。
- 【范围】：设置等高线运用的范围，数值越大效果越不明显。
- 【抖动】：用于控制发光的渐变，数值越大图层阴影的效果越不清楚，且会变成有杂色的效果。

其余参数的含义与投影样式相同，这里不再赘述。

7.6.8 使用光泽样式

光泽样式可以在图像内部制作光滑的阴影，从而造成一种光滑的打磨效果，具体操作步骤如下。

step 01 打开"素材\ch07\13.psd"文件，如图 7-206 所示。

step 02 单击【图层】面板中的 fx 按钮，在弹出的下拉列表中选择【光泽】选项，弹出【图层样式】对话框，此时左侧的【光泽】选项为选中状态，在右侧设置相关参数，如图 7-207 所示。

step 03 单击【确定】按钮，即可为图像添加光泽，如图 7-208 所示。

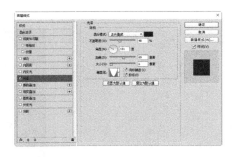

图 7-206　素材文件　　　　图 7-207　设置光泽　　　　图 7-208　光泽效果

7.6.9　使用颜色叠加、渐变叠加和图案叠加样式

颜色叠加、渐变叠加和图案叠加这 3 个样式分别是使用纯色、渐变色和图案与图像叠加，并调整混合模式及不透明度来产生效果。下面以使用颜色叠加样式为例进行介绍，具体操作步骤如下。

step 01 打开"素材\ch07\14.psd"文件，如图 7-209 所示。

step 02 单击【图层】面板中的 fx. 按钮，在弹出的下拉列表中选择【颜色叠加】选项，弹出【图层样式】对话框，此时左侧的【颜色叠加】选项为选中状态，在右侧设置要叠加的颜色、混合模式及不透明度，如图 7-210 所示。

step 03 单击【确定】按钮，即可为图像应用颜色叠加样式，如图 7-211 所示。

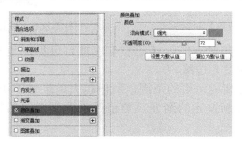

图 7-209　素材文件　　　　图 7-210　设置颜色叠加　　　　图 7-211　颜色叠加效果

若选择【渐变叠加】选项，即可在【图层样式】对话框中设置渐变叠加参数，如图 7-212 所示，应用渐变叠加样式后的效果如图 7-213 所示。

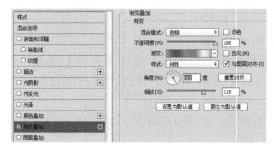

图 7-212　设置渐变叠加参数　　　　图 7-213　渐变叠加效果

若选择【图案叠加】选项，即可在【图层样式】对话框中设置图案叠加参数，如图7-214所示。应用图案叠加样式后的效果如图7-215所示。

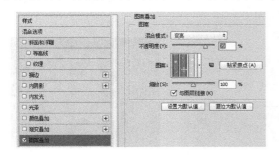

图 7-214 设置图案叠加参数　　　　　　　图 7-215 图案叠加效果

7.7 使用【样式】面板

【样式】面板中存储着 Photoshop 预设的图层样式，通过该面板可快速应用图层样式，而无须设置参数，也可新建或删除样式。

7.7.1 应用样式

打开一个文件，选择需要应用样式的图层，如图 7-216 所示。单击【样式】面板中的一个样式，如图 7-217 所示，即可快速应用样式到图层之中，得出具有特殊效果的图像，如图 7-218 所示。

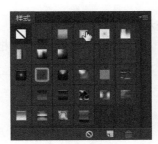

图 7-216 原图　　　　图 7-217 在【样式】面板中　　　图 7-218 快速应用样式到图层中
　　　　　　　　　　　　　 选择一个样式

7.7.2 新建样式

在【图层样式】对话框中为图层添加一种或多种效果后，可以将该样式保存到【样式】面板中，以便下次直接使用，新建样式的具体操作步骤如下。

step 01 在【图层】面板中选择添加了图层样式效果的图层，如图 7-219 所示。

step 02 单击【样式】面板中的【创建新样式】按钮，打开【新建样式】对话框，在其中输入样式的名称，并勾选【包含图层效果】和【包含图层混合选项】复选框，如

图 7-220 所示。

step 03　单击【确定】按钮，打开【样式】面板，可以在其中看到创建的样式图标，如图 7-221 所示。

图 7-219　选择图层　　　图 7-220　【新建样式】对话框　　　图 7-221　新建样式

　　　【包含图层效果】复选框：如果勾选了该选项，可以将当前的图层效果设置为样式；【包含图层混合选项】复选框：如果当前图层设置了混合模式，勾选该选项，那么新建的样式将具有这种混合模式。

7.7.3　载入样式

除了【样式】面板中显示的样式外，Photoshop 还为用户提供了其他样式，这些样式按照不同的类型放在不同的库之中。如果用户需要使用样式，必须将其载入到【样式】面板中。载入样式的具体操作步骤如下。

step 01　打开【样式】面板，选择一个样式库，如这里选择【Web 样式】选项，如图 7-222 所示。

step 02　随即弹出一个信息提示框，如图 7-223 所示。

step 03　单击【确定】按钮，再次弹出一个信息提示框，提示用户是否在替换当前样式之前存储对它们的更改，如图 7-224 所示。

图 7-222　选择【Web 样式】　　　图 7-223　信息提示框　　　图 7-224　信息提示框
　　　　　选项

step 04　单击【是】按钮，可载入样式并替换【样式】面板中的样式，如图 7-225 所示。

step 05　如果单击【追加】按钮，可以将样式添加到面板中，如图 7-226 所示。

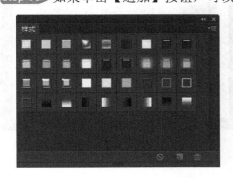

图 7-225　载入并替换当前的样式

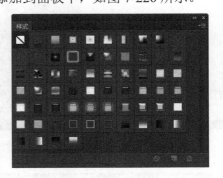

图 7-226　载入并添加样式

step 06　单击【取消】按钮，则取消载入样式的操作。

7.7.4　删除样式

如果想要删除【样式】面板中的样式，可以将【样式】面板中的一个样式拖曳到【删除样式】按钮上，即可将其删除，如图 7-227 所示为删除之前的【样式】面板，如图 7-228 所示为删除一个样式后的【样式】面板。此外，按住 Alt 键单击一个样式，可以将其直接删除。将样式拖曳到底部的 🗑 按钮上，也可删除样式。

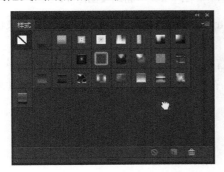

图 7-227　删除之前的【样式】面板

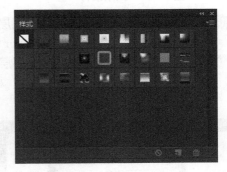

图 7-228　删除一个样式后的【样式】面板

7.8　综合案例——图像的艺术化处理

通过调整图层的不透明度，再结合 Photoshop 的其他工具，可以制作一幅将鱼放置在鱼缸中的效果图片，具体操作步骤如下。

step 01　选择【文件】→【打开】命令，打开"素材\ch07\鱼缸.jpg"和"鱼.psd"2 幅图像，如图 7-229 和图 7-230 所示。

step 02　选择工具箱中的移动工具，将素材"鱼"拖曳到"鱼缸"中，Photoshop 自动新建【图层 1】图层，关闭"鱼"文件，如图 7-231 和图 7-232 所示。

图 7-229　素材"鱼缸"

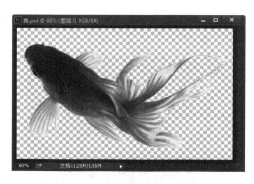

图 7-230　素材"鱼"

图 7-231　拖动素材"鱼"

图 7-232　新建【图层 1】图层

step 03　选择鱼所在的【图层 1】图层。按 Ctrl+T 组合键，执行自由变换命令来调整鱼
的位置和大小，调整完毕按 Enter 键确定，如图 7-233 所示。

step 04　在【图层】面板中选中【图层 1】，右击鼠标，在弹出的快捷菜单中选择【复制
图层】命令，打开【复制图层】对话框，在其中设置复制图层的名称，这里采用默
认设置，如图 7-234 所示。

图 7-233　调整鱼的位置和大小

图 7-234　【复制图层】对话框

step 05　单击【确定】按钮，即可复制一个图层，如图 7-235 所示。

step 06　使用移动工具移动图层 1 拷贝中的鱼，将其放置到合适位置，并调整鱼的大
小，如图 7-236 所示。

图 7-235　复制一个图层

图 7-236　调整复制出的鱼的位置和大小

step 07　在【图层】面板中选择【图层 1】图层，设置图层【不透明度】为 70%，如图 7-237 所示。同样地，设置【图层 1 拷贝】图层的【不透明度】为 70%，最终效果如图 7-238 所示。

图 7-237　设置图层的不透明度

图 7-238　最终效果

7.9　跟我学上机——将两幅图像糅合为一幅图像

通过添加图层蒙版与设置图层不透明度以及结合其他工具的使用，可以将两幅图像糅合成一幅图像，具体操作步骤如下。

step 01　打开"素材\ch07\02.jpg"和"素材\ch07\03.jpg"文件，如图 7-239 所示。

图 7-239　打开素材文件

step 02 使用工具箱中的【移动工具】 ▶⊕，选择并拖曳"图 03.jpg"图片到"图 02.jpg"图片上，如图 7-240 所示。在【图层】面板中自动添加【图层 1】图层，如图 7-241所示。

图 7-240　使用移动工具移动图像　　　　　图 7-241　在【图层】面板中自动添加图层 1

step 03 选中图层 1，单击【图层】面板下方的【添加图层蒙版】按钮 ▣，为当前图层创建图层蒙版。设置【不透明度】为 59%，如图 7-242 所示。

step 04 根据自己的需要调整图片的位置，然后把前景色设置为黑色，选择画笔工具 ✍，开始涂抹直至两幅图像融合在一起，如图 7-243 所示。

图 7-242　添加图层蒙版并设置不透明度　　　　图 7-243　最终效果

7.10　疑难解惑

疑问 1：如果快速切换当前图层？

答：选择一个图层以后，按 Alt+]组合键，可以将当前图层切换为与之相邻的上一个图层；按 Alt+[组合键，则可以将当前图层切换为与之相邻的下一个图层。

疑问 2：【背景】图层能使用图层样式吗？

答：图层样式不能用于【背景】图层，如果非要应用，可以按住 Alt 键双击【背景】图层，将其转换为普通图层，然后再为其添加图层样式。

第8章

通道与蒙版的应用

"通道"和"蒙版"是在 Photoshop 中经常被提及的词。但对初学者而言，通道与蒙版一直是一个难以理解和掌握的知识点。本章将深入浅出地解析通道与蒙版，带领大家学习通道与蒙版的含义及主要用途。

重点案例效果

8.1 通 道 概 述

在对通道进行更为复杂的操作前，首先应了解通道的定义、作用及分类，从而为学习本章后面的知识打下基础。

8.1.1 通道的类型

通道主要分为 3 种类型：颜色通道、Alpha 通道和专色通道。

1. 颜色通道

颜色通道是在打开新图像时自动创建的通道，用于管理图像中的颜色信息。调整图像的色彩，其实就是在编辑颜色通道。颜色通道的数量取决于图像的颜色模式。

RGB 图像中有 4 个颜色通道，其中 RGB 通道为复合通道，红、绿、蓝 3 个为原色通道，如图 8-1 所示；CMYK 图像中有 5 个颜色通道，其中 CMYK 通道为复合通道，青色、洋红、黄色、黑色 4 个为原色通道，如图 8-2 所示；Lab 图像中有 4 个颜色通道，其中 Lab 通道为复合通道，其余 3 个为原色通道，如图 8-3 所示；位图、灰度、双色调和索引颜色模式的图像都只有一个通道。

 提示 复合通道中不包含任何信息，它只是同时预览和编辑所有颜色通道的一个快捷方式。

图 8-1　RGB 通道　　　　图 8-2　CMYK 通道　　　　图 8-3　Lab 通道

在【通道】面板中可以看到，每个原色通道对应的图像都是灰色的，而其中越白的地方，表示对应的颜色越强烈。例如，在图 8-4 中的【红】通道中可以看到，红球区域是白色的，如图 8-5 所示。这就说明原色通道中保存了每种颜色的分布状态，调整单个通道的颜色分布，整个图像也会发生改变。

图 8-4　原图　　　　　　图 8-5　【红】通道中红球区域是白色的

2. Alpha 通道

Alpha 通道最主要的功能就是存储选区。当创建选区后，可以将其存储在 Alpha 通道中，便于下次直接载入选区，对于较为复杂的选区，该功能尤其有用。

若只选中 Alpha 通道，此时白色区域表示选区内的部分，黑色表示选区外的部分，灰色则表示羽化的区域，如图 8-6 和图 8-7 所示。若同时选中 Alpha 通道和颜色通道，则图像呈现蒙版状态，类似于在快速蒙版状态下编辑选区一样，如图 8-8 和图 8-9 所示。

在以上两种状态下，用白色画笔涂抹通道可以扩大选区范围，用黑色涂抹则会收缩选区，利用该功能可以抠出更加精确的选区。

图 8-6　图像效果　　图 8-7　只选中 Alpha　　图 8-8　图像效果　　图 8-9　同时选中 Alpha
通道　　　　　　　　　　　　　　　　　通道和颜色通道

3. 专色通道

专色通道主要用于存储印刷用的专色。除了普通印刷油墨(青色、洋红、黄色和黑色)外，其他一切油墨统称为专色油墨，使用专色能印出 CMYK 四色油墨色域以外的可见光颜色，如金、银、荧光色等颜色。

8.1.2　认识【通道】面板

【通道】面板用于创建、保存和管理通道，如图 8-10 所示。

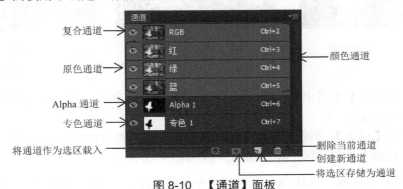

图 8-10　【通道】面板

- 【将通道作为选区载入】：单击该按钮，若当前所选的通道为颜色通道，可将通道中颜色较淡的部分作为选区加载到图像中；若为 Alpha 通道，可载入其中存储的选区。

- 【将选区存储为通道】：在图像中创建一个选区，单击该按钮，即可将该选区存储在通道中。
- 【创建新通道】：单击该按钮，可创建新的 Alpha 通道；若按住 Ctrl 键并单击该按钮，可创建新的专色通道。
- 【删除当前通道】：单击该按钮，可删除当前所选的通道。注意，复合通道无法删除。

8.2 通道的基本操作

通道的基本操作包括创建新通道、显示和隐藏通道、复制和删除通道等，这些操作都是通过【通道】面板完成的。

8.2.1 创建 Alpha 通道

在【通道】面板中单击底部的 按钮，即可直接创建 Alpha 通道，但 Alpha 通道主要用于存储选区，因此在创建前可以先创建一个选区，具体操作步骤如下。

step 01 打开"素材\ch08\01.jpg"文件，如图 8-11 所示。

step 02 使用魔棒工具 创建一个选区，选中背景，然后按 Shift+Ctrl+I 组合键反转选区，选中人偶，如图 8-12 所示。

step 03 在【通道】面板中单击 按钮，此时将自动新建一个 Alpha 通道，并将选区存储在该通道中，如图 8-13 所示。

图 8-11 素材文件　　图 8-12 创建选区选中人偶　　图 8-13 将选区存储在
　　　　　　　　　　　　　　　　　　　　　　　　　　　　　Alpha 通道中

step 04 在【通道】面板中选中 Alpha 通道，此时文档窗口中只显示出通道中的图像，如图 8-14 所示。

step 05 若在【通道】面板中选中所有的通道，此时文档窗口中显示的效果类似于在快速蒙版状态下编辑选区一样，如图 8-15 和图 8-16 所示。

提示

创建选区后，按住 Alt 键的同时单击 按钮，将弹出【新建通道】对话框，在其中新建 Alpha 通道的同时，还可设置 Alpha 通道的名称、色彩指示区域以及颜色和不透明度，如图 8-17 所示。双击 Alpha 通道左侧的缩览图，将弹出【通道选项】对话框，在其中若选中【专色】单选按钮，可将 Alpha 通道转换为专色通道，如图 8-18 所示。

图 8-14　只显示出通道中的图像　　图 8-15　选中所有的通道　　图 8-16　图像显示效果

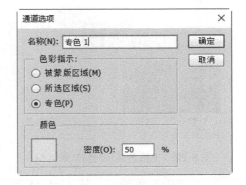

图 8-17　【新建通道】对话框　　　　　　图 8-18　【通道选项】对话框

8.2.2　创建专色通道

专色通道用于存储专色信息，其中金银色是使用最广泛的专色。下面就创建一个专色通道，来制作印金专色片，具体操作步骤如下。

step 01 打开"素材\ch08\02.jpg"文件，如图 8-19 所示。

step 02 在【通道】面板中单击右上角的菜单按钮 ，在弹出的下拉列表中选择【新建专色通道】命令，如图 8-20 所示。

step 03 弹出【新建专色通道】对话框，在【名称】文本框中输入专色通道的名称，然后单击颜色块，如图 8-21 所示。

提示　　　按住 Ctrl 键并单击 按钮，也可弹出【新建专色通道】对话框。

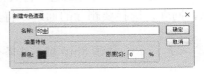

图 8-19　素材文件　　图 8-20　选择【新建专色通道】命令　图 8-21　【新建专色通道】对话框

step 04 弹出【拾色器(专色)】对话框，在其中选择一种金色作为专色，单击【确定】按
钮，如图 8-22 所示。

step 05 返回到【新建专色通道】对话框，单击【确定】按钮，此时将新建一个专色通
道，由于【密度】设置为 0，因此通道是白色的，表示没有任何金色，如图 8-23
所示。

提示 【新建专色通道】对话框中的【密度】参数用于设置专色的密度。该值越
低，专色的透明度越高。

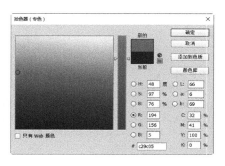

图 8-22 【拾色器(专色)】对话框

图 8-23 新建一个专色通道

step 06 选中专色通道，按 Ctrl+M 组合键，弹出【曲线】对话框，将右侧最上面的点拖
动到底部，如图 8-24 所示。

step 07 单击【确定】按钮，此时图像将铺上一层金色，效果如图 8-25 所示。并且专色
通道显示为黑色，表示专色已铺满整个图像，如图 8-26 所示。

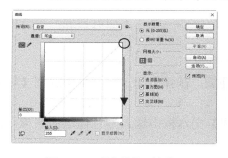

图 8-24 【曲线】对话框

图 8-25 图像铺上一层金色

图 8-26 专色通道显示为黑色

8.2.3 复制和删除通道

复制和删除通道都有两种方法可实现。

(1) 选择要复制的通道，将其拖动到 ▣ 按钮上，即可复制该通道，如图 8-27 和图 8-28 所
示。同理，选择要删除的通道，将其拖动到 🗑 按钮上，即可删除该通道。

提示 按住 Shift 键单击各通道，可同时选择多个通道。

(2) 选择要复制或删除的通道,单击【通道】面板右上角的菜单按钮,在弹出的下拉列表中选择【复制通道】或【删除通道】命令,也可复制或删除选中的通道,如图 8-29 所示。

图 8-27 将通道拖动到 ▣ 按钮上   图 8-28 复制通道   图 8-29 菜单列表

> **提示**
> 复合通道既不能被复制,也不能被删除。此外,将原色通道删除后,图像会转变为多通道模式。

8.2.4 通道与选区的转换

通过【通道】面板底部的 ▣ 或 ▣ 按钮,可将通道和选区两者进行转换,具体操作步骤如下。

step 01 打开"素材\ch08\03.jpg"文件,使用快速选择工具 ▨,创建一个选区,如图 8-30 所示。

step 02 在【通道】面板中单击 ▣ 按钮,即可将选区存储到新建的 Alpha 通道中,如图 8-31 所示。

step 03 按 Ctrl+D 组合键取消对选区的选择,选中 Alpha 通道,单击 ▣ 按钮,如图 8-32 所示,即可载入通道中存储的选区。

图 8-30 创建选区   图 8-31 将选区存储到   图 8-32 载入 Alpha 通道中的选区
                         Alpha 通道中

> **提示**
> 按住 Ctrl 键并单击 ▣ 按钮,可直接载入通道中的选区。

网站开发案例课堂

8.3　分离与合并通道

使用【分离通道】与【合并通道】命令，既可以将当前的彩色图像分离成为单独的灰度图像，也可将多个灰度图像合并为一个彩色图像。

8.3.1　分离通道

使用【分离通道】命令可将当前的通道分离成为单独的灰度图像。当需要在不能保留通道的文件格式中保留单个通道信息时，分离通道非常有用，具体操作步骤如下。

step 01 打开"素材\ch08\04.jpg"文件，如图 8-33 所示，其通道信息如图 8-34 所示。

step 02 在【通道】面板中单击右上角的菜单按钮▼，在弹出的下拉列表中选择【分离通道】命令，即可将通道分离成为单独的灰度图像，其通道信息如图 8-35 所示。

图 8-33　素材文件　　　　图 8-34　通道信息　　　　图 8-35　将通道分离成为
　　　　　　　　　　　　　　　　　　　　　　　　　　　　　　　单独的灰度图像

step 03 此时 RGB 主通道会自动消失，分离后的通道相互独立，被置于不同的文档窗口中，可以分别进行修改和编辑，如图 8-36 所示。

图 8-36　分离出的单个通道

8.3.2　合并通道

合并通道的功能与分离通道正好相反，它可以将多个灰度图像作为原色通道合并为一个图像。注意，要合并的图像必须是灰度模式，具有相同的像素尺寸并且都处于打开状态，具体操作步骤如下。

step 01 打开"ch08\05.jpg""06.jpg"和"07.jpg"3 个素材文件，如图 8-37 所示。

图 8-37 3 个素材文件

step 02 在【通道】面板中单击右上角的菜单按钮▣，在弹出的下拉列表中选择【合并通道】命令，弹出【合并通道】对话框，在【模式】下拉列表中选择【RGB 颜色】选项，单击【确定】按钮，如图 8-38 所示。

step 03 弹出【合并 RGB 通道】对话框，在【指定通道】区域中指定作为 RGB 模式下 3 个原色通道的图像，如图 8-39 所示。

step 04 单击【确定】按钮，即可将 3 个灰度图像合并为彩色的 RGB 模式的图像，如图 8-40 所示。

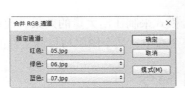

图 8-38 【合并通道】对话框　图 8-39 【合并 RGB 通道】对话框　图 8-40 合并后的彩色图像

 在【合并 RGB 通道】对话框中，如果各个原色通道的图像不同，则合并后图像的颜色也不同。例如，重新设置各原色通道的图像，如图 8-41 所示。合并后的效果如图 8-42 所示。

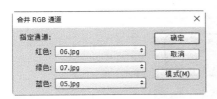

图 8-41 重新设置各原色通道的图像　　图 8-42 合并后的图像效果

8.3.3 合并专色通道

用户可以将专色通道合并为颜色通道。需要注意的是，合并后 CMYK 油墨可能无法重现专色通道的色彩范围，因此色彩信息会有所损失，具体操作步骤如下。

step 01 选择要合并的专色通道，如图 8-43 所示。

step 02 在【通道】面板中单击右上角的菜单按钮 ▼，在弹出的下拉列表中选择【合并专色通道】命令，如图 8-44 所示。

step 03 即可将专色通道合并到颜色通道中，如图 8-45 所示。

图 8-43 选择专色通道　　　图 8-44 选择【合并专色通道】命令　　　图 8-45 合并专色通道

8.4 通道混合命令

图像可以通过图层之间的混合模式来制作出大量的效果。而通道混合命令的功能与之类似，它可以将同一文件或不同文件的某个通道、某个图层与目标文件的某个通道或图层进行混合。

8.4.1 使用【应用图像】命令

【应用图像】命令是将同一文件或不同文件的图层和通道(源)与当前图像的图层和通道(目标)混合，混合产生的结果会直接改变当前的图片。该命令主要用于合成图像、调色、抠图等领域。

1. 认识【应用图像】对话框

打开一幅图像，选择【图像】→【应用图像】命令，即弹出【应用图像】对话框，如图 8-46 所示。

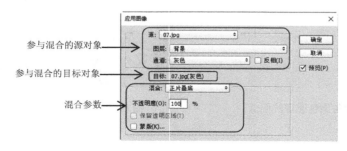

图 8-46 【应用图像】对话框

- 参与混合的源对象：在该区域中可设置用于混合的源对象，包括源文件、源文件的某个图层及某个通道。若勾选【反相】复选框，可设置将所选通道反相后再混合。

　　若要选择不同的源文件作为混合的对象，需要注意的是，源文件和目标文件必须具有相同的宽度、高度和分辨率。

- 参与混合的目标对象：在执行【应用图像】命令前，选择目标文件作为当前的文件，然后在其中选择某个图层和通道，即可将其设置为要混合的目标对象。
- 混合参数：设置混合的模式及不透明度。若勾选【蒙版】复选框，可以选择包含蒙版的图像和图层，从而控制混合范围。

2. 使用【应用图像】命令

下面使用【应用图像】命令校正图像的偏色，具体操作步骤如下。

step 01 打开"素材\ch08\08.jpg"文件，如图 8-47 所示。

step 02 在【通道】面板中选择【红】通道，然后单击 RGB 通道前面的 👁 图标，如图 8-48 所示。

step 03 选择【图像】→【应用图像】命令，弹出【应用图像】对话框，将【通道】设置为【红】通道，将混合模式设置为【滤色】，如图 8-49 所示。

图 8-47　素材文件　　　　图 8-48　选择【红】通道　　　图 8-49　【应用图像】对话框

step 04 单击【确定】按钮，效果如图 8-50 所示。

step 05 在【通道】面板中选择【蓝】通道，再次执行【应用图像】命令，将【通道】设置为 RGB 通道，混合模式设置为【变暗】，【不透明度】设置为 40%，如图 8-51 所示。

step 06 单击【确定】按钮，即可校正色偏，如图 8-52 所示。

图 8-50　图像效果　　　　图 8-51　再次执行【应用图像】命令　　　图 8-52　最终效果

8.4.2 使用【计算】命令

【计算】命令的功能和使用方法与【应用图像】命令类似，通常用于制作选区。下面就使用【计算】命令抠取美女的发丝，具体操作步骤如下。

step 01 打开"素材\ch08\09.jpg"文件，如图 8-53 所示。在【通道】面板中分别单击各通道，查看图像在【红】、【绿】和【蓝】3 个通道中的轮廓，可以看到，【蓝】通道中人物轮廓最明显，如图 8-54、图 8-55 和图 8-56 所示。

图 8-53　素材文件　　　图 8-54　【红】通道　　图 8-55　【绿】通道　　图 8-56　【蓝】通道

step 02 在【通道】面板中选中【蓝】通道，然后选择【图像】→【计算】命令，弹出【计算】对话框，将源 1 和源 2 的通道都设置为【蓝】，混合模式设置为【正片叠底】，【结果】设置为【新建通道】，如图 8-57 所示。

提示　　源 1 和源 2 分别用于设置第 1 个源图像、图层和通道以及第 2 个源图像、图层和通道。若要对不同的图像进行混合，这 2 个图像必须都处于打开状态且具有相同的尺寸和分辨率；【结果】选项用于设置将混合后的结果是应用于新通道或新选区，还是应用于新的黑白图像；其余参数与【应用图像】对话框相同。

step 03 单击【确定】按钮，此时将新建一个 Alpha 1 通道，该通道中存储了混合结果后的黑白图像，如图 8-58 和图 8-59 所示。

图 8-57　【计算】对话框　　图 8-58　将混合结果应用　　图 8-59　Alpha 1 通道的图像
　　　　　　　　　　　　　　　　在新建的通道中　　　　　　　　　　效果

step 04 按 Ctrl+I 组合键，使图像反相显示，效果如图 8-60 所示。

step 05 按 Ctrl+L 组合键，弹出【色阶】对话框，将高光滑块向左移动，暗调滑块向右移动，如图 8-61 所示。

step 06 单击【确定】按钮，即增加了图像的对比度，单击【通道】面板中的██按钮，将通道作为选区载入，如图 8-62 所示。

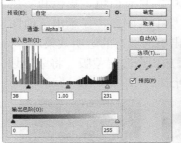

图 8-60　使图像反相显示　　　图 8-61　【色阶】对话框　　　图 8-62　将通道作为选区载入

 此时，用户也可以使用画笔工具，涂抹背景及身体，尽可能使背景显示为黑色，身体显示为白色。也可使用减淡和加深工具，涂抹发丝边缘，增大对比度，这样单击■按钮后，可创建完整的选区，而无须再进行调整。

step 07 单击 RGB 通道前的 图标，显示出彩色图像，此时头发即被选中，如图 8-63 所示。

step 08 选择快速选择工具 ，在身体上涂抹，将未选中的部分加入选区，如图 8-64 所示。

step 09 将选区复制到其他背景中，效果如图 8-65 所示。

图 8-63　头发被选中　　　图 8-64　将未选中的部分加入选区　　　图 8-65　将选区复制到其他背景中

提示 【计算】命令和【应用图像】命令的原理基本相同。所不同的是，使用后者需要先选择作为混合的目标对象，而前者则不受此限制。此外，【应用图像】命令的结果会直接作用于图像，而【计算】命令的结果只能形成新的选区、通道或新的黑白图像。

8.5　图层蒙版

图层蒙版是 Photoshop 中最常用的一种蒙版，在制作合成图像或抠图方面都非常有效。下面介绍图层蒙版的原理及用法。

8.5.1　什么是图层蒙版

图层蒙版是加在图层上的一个遮盖，用于灵活地控制图像的显示区域，它依附于图层，并不能单独存在。在图层蒙版中，只有白色、黑色和灰色。其中白色对应的图像区域是可见的，黑色区域则会遮盖当前图层中的图像，显示出下面图层的内容，而灰色区域会根据其灰度值使当前图层中的图像呈现出不同层次的透明效果。

例如在图 8-66 中，为其添加一个图层蒙版，将蒙版划分为 3 部分，分别填充黑色、灰色和白色，如图 8-67 和图 8-68 所示。

图 8-66　原图　　　　图 8-67　添加一个图层蒙版　图 8-68　添加图层蒙版的效果

由上可知，图层蒙版实质上是一个灰度图像，其本身是不可见的。用户可以使用任何绘图工具对其进行调整。若需隐藏要保护的区域，只需要将对应的蒙版区域涂黑。同理，若要显示某些区域，将对应的蒙版区域涂抹为白色即可。

此外，使用蒙版只是将部分图像隐藏起来，并不会删除图像。因此可以说，蒙版是一种非破坏性的编辑工具。

8.5.2　认识蒙版的【属性】面板

在使用图层蒙版时，通过【属性】面板可以对图层蒙版进行更多的设置，如图 8-69 所示。

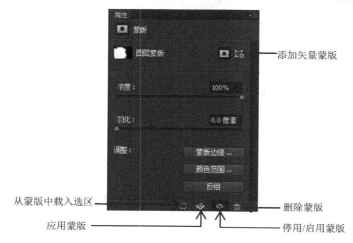

图 8-69　【属性】面板

【属性】面板中各参数的含义如下。

- 添加矢量蒙版：单击![按钮]按钮，可以在当前蒙版的基础上添加一个矢量蒙版。
- 【浓度】：设置蒙版的不透明度。当浓度为 100%时，蒙版图像只有黑白两色，没有灰色区域，如图 8-70 和图 8-71 所示；当浓度为 50%时，蒙版图像的黑色部分显示

为相应等级的灰色，如图 8-72 和图 8-73 所示；当浓度为 0%时，蒙版中的黑色显示
为白色，如图 8-74 和图 8-75 所示。

图 8-70 浓度为 100%时的
蒙版图像

图 8-71 浓度为 100%时对应的
图像效果

图 8-72 浓度为 50%时的
蒙版图像

图 8-73 浓度为 50%时对应的
图像效果

图 8-74 浓度为 0%时
蒙版为白色

图 8-75 浓度为 0%时对应的
图像效果

- 【羽化】：设置蒙版边缘的羽化程度。默认为 0 像素，当设置为 30 像素时，效果如
  图 8-76 和图 8-77 所示。

图 8-76 羽化为 30 时的蒙版图像

图 8-77 羽化为 30 时对应的图像效果

- 【蒙版边缘】：单击该按钮，将弹出【调整蒙版】对话框，如图 8-78 所示。通过该
  对话框可对蒙版边缘的半径、对比度等进行调整，其作用和用法与【调整边缘】对
  话框类似，这里不再赘述。
- 【颜色范围】：单击该按钮，将弹出【色彩范围】对话框，如图 8-79 所示。通过该
  对话框，可以选择图像中的色彩来进行蒙版的显示和隐藏。其作用和用法与【色彩
  范围】命令类似，这里不再赘述。
- 【反相】：单击该按钮，可将蒙版图像反转，使原来显示的区域被隐藏起来，而显
  示出原来隐藏的区域，效果如图 8-80 所示。
- 【从蒙版中载入选区】：单击该按钮，可将蒙版作为选区载入。
- 【应用蒙版】：单击该按钮，可使蒙版与所在的图层合并。
- 【停用/启用蒙版】：单击该按钮，可停用或启用当前的蒙版。
- 【删除蒙版】：单击该按钮，可删除当前的蒙版。

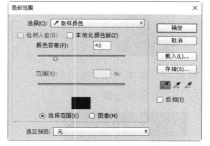

图 8-78　【调整蒙版】对话框　　　图 8-79　【色彩范围】对话框　　　图 8-80　蒙版反相后的图像效果

8.5.3　停用和启用图层蒙版

若要暂时隐藏蒙版效果，查看原始图像，可以停用图层蒙版。选中图层蒙版，选择【图层】→【图层蒙版】→【停用】命令，或者单击鼠标右键，在弹出的快捷菜单中选择【停用图层蒙版】命令，即可停用蒙版，此时蒙版缩览图中出现一个红色的叉号，如图 8-81 和图 8-82 所示。

若要重新启用图层蒙版，选择【图层】→【图层蒙版】→【启用】命令，或者在右键快捷菜单中选择【启用图层蒙版】命令即可。

图 8-81　选择【停用图层蒙版】命令　　　　　　图 8-82　停用蒙版

8.5.4　应用与复制图层蒙版

应用蒙版是指将蒙版图像与图层中的图像合并。在应用蒙版后，图像将永久性地被更改。首先选中蒙版，如图 8-83 所示。然后单击【属性】面板中的 ⊘ 按钮，即可应用图层蒙版，效果如图 8-84 所示。

若要复制图层蒙版，首先选中蒙版，如图 8-85 所示。按住 Alt 键将其拖动到目标图层中，即可将蒙版复制到该图层中，如图 8-86 所示。

若直接将蒙版拖动到目标图层中，可移动蒙版到该图层中，如图 8-87 所示。

图 8-83　选中蒙版

图 8-84　应用图层蒙版

图 8-85　选中蒙版

图 8-86　将蒙版复制到图层中

图 8-87　将蒙版移动到图层中

8.5.5　将矢量蒙版转换为图层蒙版

矢量蒙版不能使用绘图工具和滤镜等命令，若要使用这些工具和命令，首先需要将其转换为图层蒙版，具体操作步骤如下。

step 01 选中要转换的矢量蒙版，如图 8-88 所示。

step 02 选择【图层】→【栅格化】→【矢量蒙版】命令，或者单击鼠标右键，在弹出的快捷菜单中选择【栅格化矢量蒙版】命令，如图 8-89 所示。

step 03 即可将矢量蒙版转换为图层蒙版，如图 8-90 所示。

图 8-88　选中矢量蒙版

图 8-89　选择【栅格化矢量
蒙版】命令

图 8-90　将矢量蒙版转换为图层蒙版

8.5.6　使用图层蒙版抠取图像

图层蒙版最强大的功能在于抠图，尤其是半透明的图，如冰块、婚纱、水杯等。下面就使用图层蒙版抠取婚纱，同时保留婚纱的透明度，具体操作步骤如下。

step 01 打开"素材\ch08\13.jpg"文件，按 Ctrl+A 组合键全选，然后按 Ctrl+C 组合键复制选区，如图 8-91 所示。

step 02 单击 按钮，添加图层蒙版，按住 Alt 键单击蒙版缩览图，使窗口中显示出蒙版图像，然后按 Ctrl+V 组合键粘贴选区，此时蒙版中有一个和当前图像相同的黑白图像，如图 8-92 和图 8-93 所示。

图 8-91　全选图像并复制　　　图 8-92　添加一个图层蒙版　　　图 8-93　将复制的图像粘贴到蒙版中

step 03 使用快速选择工具 在蒙版图像中选中人物和婚纱，如图 8-94 所示。

step 04 按 Ctrl+Shift+I 组合键反选，然后将前景色设置为黑色，按 Alt+Delete 组合键填充选区，之后按 Ctrl+D 组合键取消选区，如图 8-95 所示。

step 05 继续使用快速选择工具 在蒙版图像中选中人物，如图 8-96 所示。

图 8-94　选中人物和婚纱　　　图 8-95　将背景填充为黑色　　　图 8-96　选中人物

step 06 将前景色设置为白色，然后使用画笔工具 在选区内涂抹，将人物部分涂抹成白色，使人物完全显示出来，如图 8-97 所示。此时图层蒙版缩览图中的图像如图 8-98 所示。

step 07 单击蒙版左侧的图层缩览图，显示出图层中的图像，可以看到此时人物和婚纱都已成功抠出，如图 8-99 所示。

图 8-97 将人物涂抹成白色　　图 8-98 蒙版中对应的图像　　图 8-99 抠出人物和婚纱

step 08 使用移动工具将抠出的图像拖动到其他背景中，图层蒙版也会随之移动，效果如图 8-100 所示。

提示　　如图 8-101 所示是直接使用快速选择工具抠取的图像，与之对比可以发现，使用图层蒙版抠取的图像可以很好地保留婚纱的透明感。

图 8-100 将抠出的图像拖动到其他背景中　　　图 8-101 使用快速选择工具抠取的图像效果

8.6 矢 量 蒙 版

矢量蒙版是由钢笔或形状等矢量工具创建的蒙版，它依靠路径来定义图层中图像的显示区域。因此，它与分辨率无关，无论怎样缩放都不必担心产生锯齿，通常用于制作 Logo、按钮或其他 Web 设计元素。

8.6.1 创建矢量蒙版

下面介绍如何创建矢量蒙版，具体操作步骤如下。

step 01 打开"素材\ch08\02.psd"文件，如图 8-102 所示。该文件由两个图层组成，在【图层】面板中选择图层 2，如图 8-103 所示。

step 02 选择自定形状工具，在选项栏中将模式设置为【路径】，并选择云彩图形，然后在图像中按住左键并拖动鼠标，绘制一个云彩路径，如图 8-104 所示。

图 8-102　素材文件　　　　　图 8-103　选择图层 2　　　　图 8-104　绘制一个云彩路径

step 03 ▶ 选择【图层】→【矢量蒙版】→【当前路径】命令，即可基于当前路径创建矢量蒙版，图层 2 中路径外的区域全被遮盖住，如图 8-105 所示。

 提示　　　按住 Ctrl 键并单击【图层】面板中的 ▣ 按钮，也可以创建矢量蒙版。

step 04 ▶ 此时在图层 2 右侧会添加一个矢量蒙版缩览图，路径内的部分为白色，表示该区域可见，路径外为灰色，表示该区域被遮盖住，如图 8-106 所示。

 提示　　　若选择【图层】→【矢量蒙版】→【显示全部】命令，此时矢量蒙版缩览图为白色，表示图层内容全部可见，如图 8-107 所示。在此状态下，选中矢量蒙版，然后创建路径，即可获得可见区域，而遮盖路径外的区域。

图 8-105　基于当前路径创建　　图 8-106　添加的矢量蒙版　　图 8-107　矢量蒙版缩览图为白色
　　　　　矢量蒙版

8.6.2　编辑矢量蒙版

创建矢量蒙版后，可以在此基础上添加路径或移动路径，以显示出其他区域或变更显示的区域。此外，还可以对蒙版所在的图层添加图层样式。

(1) 为蒙版应用样式。双击矢量蒙版所在的图层，弹出【图层样式】对话框，在其中即可为蒙版添加样式。例如，这里选择【内发光】选项，并设置相关参数，为蒙版添加内发光样式，如图 8-108 和图 8-109 所示。

(2) 添加显示区域。选中矢量蒙版，然后绘制其他路径，如图 8-110 所示。绘制完成后，按 Enter 键，即可显示出该区域。使用同样的方法，可添加其他显示区域，如图 8-111 所示。

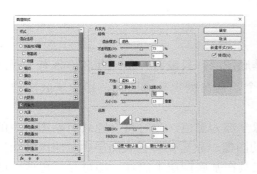

图 8-108　设置内发光参数

图 8-109　为蒙版应用样式

图 8-110　绘制其他路径

图 8-111　添加其他显示区域

(3) 改变遮盖区域。选择路径选择工具，将光标定位在路径内，拖动鼠标以移动该路径，此时蒙版的遮盖区域也随之改变，如图 8-112 所示。

图 8-112　改变遮盖区域

提示　　　由于矢量蒙版是由路径来定义遮盖区域，因此任何编辑路径的方法都适用于编辑矢量蒙版。

8.7　剪贴蒙版

剪贴蒙版又称为剪贴蒙版组，它至少由两个图层所组成，通过下层图层来控制上层图层的显示区域。

8.7.1 认识剪贴蒙版

在剪贴蒙版组中，位于最下面的图层称为基底图层，只能有一个，其名称带有下画线，其上面的所有图层都叫作剪贴图层，可以有多个，其左侧带有 ⬇ 图标，指向基底图层，如图 8-113 所示。

当基底图层为透明背景时，相当于蒙版图像全部为黑色，此时将会隐藏剪贴图层中的图像，如图 8-114 所示。若要显示出剪贴图层中的图像，只需要将基底图层中相应区域由透明像素填充为非透明像素即可。例如，使用绘图工具在基底图层上涂抹，即可显示出剪贴图层中相应的图像，如图 8-115 和图 8-116 所示。

图 8-113 剪贴蒙版组　　图 8-114 图像效果　　图 8-115 在基底图层上　　图 8-116 剪贴图层中
　　　　　　　　　　　　　　　　　　　　　　　　　　　　涂抹　　　　　　　　　相应的图像

由此可知，通过基底图层的形状可限制剪贴图层的显示范围，当有多个剪贴图层时，可同时控制多个图层的可见内容，这也是剪贴图层最大的优势。

此外，当设置基底图层的不透明度或混合模式时，将会影响上层所有的剪贴图层。而调整某个剪贴图层的不透明度或混合模式时，不会影响到其他图层，仅会对其自身产生作用。

8.7.2 创建剪贴蒙版

下面介绍如何创建剪贴蒙版，具体操作步骤如下。

step 01 打开"素材\ch08\03.psd"文件，该文件由 2 个图层组成，如图 8-117 和图 8-118 所示。

step 02 选择【背景】图层，单击 ⬛ 按钮，在其上面新建一个空白图层 2，如图 8-119 所示。

图 8-117 素材文件　　图 8-118 文件由 2 个图层组成　　图 8-119 新建一个空白图层 2

step 03 选择图层 1，然后选择【图层】→【创建剪贴蒙版】命令，或者按 Alt+Ctrl+G

组合键，即可创建剪贴蒙版，如图 8-120 所示。由于图层 2 为空白状态，窗口中只显示出背景图像，将隐藏剪贴图层中的图像，如图 8-121 所示。

图 8-120 创建剪贴蒙版

图 8-121 图像效果

 选中图层 1 或图层 2，按住 Alt 键，将光标定位在这两个图层的分隔线上，单击鼠标可快速创建剪贴蒙版。

step 04 选择自定形状工具 ，在选项栏中将模式设置为【像素】，并选择心形图形，如图 8-122 所示，然后在基底图层中绘制一个心形，如图 8-123 所示。

图 8-122 在自定形状工具的选项栏中设置参数

step 05 此时能够以心形的形状显示出剪贴图层的图像，如图 8-124 和图 8-125 所示。

图 8-123 绘制一个心形

图 8-124 图层效果

图 8-125 图像效果

8.7.3 编辑剪贴蒙版

创建剪贴蒙版后，可以编辑剪贴蒙版，使其更为美观。

(1) 为蒙版应用样式。双击剪贴蒙版所在图层，弹出【图层样式】对话框，选择【外发光】选项，并设置相关参数，即可为其应用外发光效果，如图 8-126 和图 8-127 所示。

(2) 添加显示区域。使用画笔、填充等工具直接在基底图层上填充像素，即可添加显示区域，如图 8-128 所示。

(3) 改变遮盖区域。选择移动工具 ，拖动鼠标移动基底图层，即可改变蒙版遮盖的区域，如图 8-129 所示。

(4) 将图层移入或移出剪贴蒙版组。将图层拖动到基底图层上方，可将其移入剪贴蒙版组中，如图 8-130 所示。将剪贴图层拖出蒙版组，可将其移出蒙版组中。

网站开发案例课堂

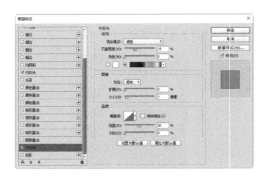

图 8-126　设置外发光参数

图 8-127　为蒙版应用外发光样式

图 8-128　添加显示区域

图 8-129　改变遮盖区域

图 8-130　将图层移入剪贴蒙版组中

8.7.4　释放剪贴蒙版

将剪贴图层拖出蒙版组中，即可释放该剪贴图层。当蒙版组中包含多个剪贴图层时，若要释放所有的剪贴图层，可以使用【释放剪贴图层】命令，具体操作步骤如下。

step 01　选中剪贴蒙版组中位于基底图层上方的剪贴图层，如图 8-131 所示。

step 02　选择【图层】→【释放剪贴图层】命令，即可释放所有的剪贴图层，如图 8-132 所示。

图 8-131　选中位于基底图层上方的剪贴图层

图 8-132　释放所有的剪贴图层

8.8　快速蒙版

快速蒙版是一个编辑选区的临时环境，可以辅助用户创建选区。应用快速蒙版后，会创建一个暂时的图像上的屏蔽，同时会在【通道】面板中创建一个暂时的 Alpha 通道，它是为了对所选区域进行保护，让其免于被操作，而处于蒙版范围外的区域则可以进行编辑与处理。

8.8.1　认识快速蒙版

打开一个图像文件并创建选区后，如图 8-133 所示，双击工具箱中的【以快速蒙版模式编辑】按钮，可以打开【快速蒙版选项】对话框，通过设置相关参数，可以创建快速蒙版，如图 8-134 所示。

图 8-133　创建选区

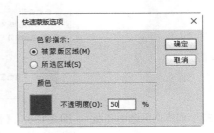

图 8-134　【快速蒙版选项】对话框

【快速蒙版选项】对话框中各个参数的含义如下。

- 【被蒙版区域】：被蒙版区域是指选区之外的图像区域，将【色彩指示】设置为【被蒙版区域】后，选区之外的图像将被蒙版颜色覆盖，而选中的区域完全显示图像，如图 8-135 所示。
- 【所选区域】：所选区域是指选中的区域，如果将【色彩指示】设置为【所选区域】，则选中的区域被蒙版颜色覆盖，未选中的区域显示为图像本身的效果，如图 8-136 所示。该选项比较适合在没有选区的状态下直接进入快速蒙版，然后在快速蒙版的状态下制作选区。

图 8-135　选择【被蒙版区域】的效果

图 8-136　选择【所选区域】的效果

- 【颜色】：单击颜色色块，可以打开【拾色器】对话框，在其中设置蒙版的颜色。
- 【不透明度】：用来设置蒙版颜色的不透明度，颜色与不透明度都只是影响蒙版的外观，不会对选区产生任何影响。

8.8.2 使用快速蒙版

使用快速蒙版工具可以创建复杂选区，具体操作步骤如下。

step 01 打开"素材\ch08\14.jpg"文件，使用磁性套索工具将花瓶选为选区，如图 8-137 所示。

step 02 双击选项栏中的【以快速蒙版模式编辑】按钮，打开【快速蒙版选项】对话框，在其中选中【被蒙版区域】单选按钮，并设置颜色为红色，【不透明度】为 50%，如图 8-138 所示。

step 03 单击【确定】按钮，进入快速蒙版模式编辑状态，如图 8-139 所示。

图 8-137 创建选区选中花瓶   图 8-138 【快速蒙版选项】对话框   图 8-139 快速蒙版模式编辑状态

step 04 选中工具箱中的画笔工具，在选项栏中设置画笔大小为 13 像素，【硬度】为 8%，【不透明度】为 30%，如图 8-140 所示。

step 05 使用画笔工具在画面中涂抹花瓶的阴影部分，如图 8-141 所示。

step 06 单击选项栏中的【以标准模式编辑】按钮，取消快速蒙版，图像中得到新的选区，如图 8-142 所示。

图 8-140 设置画笔   图 8-141 使用画笔工具涂抹阴影部分   图 8-142 创建新的选区

8.9 综合案例 1——使用通道抠取复杂图像

使用通道功能可以从一幅图像中将复杂的图像抠取出来。例如，在艺术照片或婚纱照片的处理过程中，需要将照片中的人物从拍摄的原始照片中抠取出来，使其可以应用于各种背景。下面就介绍一个婚纱抠图的实例，具体操作方法如下。

step 01 ▶ 打开"素材\ch08\11.jpg"文件，如图 8-143 所示。

step 02 ▶ 连续按 Ctrl+J 组合键，复制图层，产生 2 个新图层，设置【图层 1 拷贝】图层不可见，如图 8-144 所示。

图 8-143　素材文件

图 8-144　复制图层

step 03 ▶ 选中【图层 1】，选择【图像】→【调整】→【去色】命令，为图层 1 去色，效果如图 8-145 所示。

step 04 ▶ 选择【图层 1】，打开【通道】面板，拖动【绿】通道到【创建新通道】按钮上，得到【绿 拷贝】通道，如图 8-146 所示。

图 8-145　为【图层 1】去色

图 8-146　复制【绿】通道

step 05 ▶ 选择【图像】→【调整】→【色阶】命令，弹出【色阶】对话框，调整色标，如图 8-147 所示。

step 06 ▶ 使人物和婚纱变得更暗一些，如图 8-148 所示。

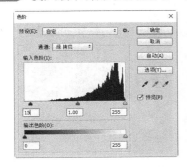

图 8-147　【色阶】对话框

图 8-148　使图像更暗

step 07 ▶ 选中【绿 拷贝】通道，使用工具箱中的快速选择工具和磁性套索工具选中人物，生成选区，选区羽化为 1，如图 8-149 所示。

step 08 ▶ 选择【选择】→【存储选区】命令，弹出【存储选区】对话框，在【名称】文本框中输入"人物"，如图 8-150 所示。

图 8-149　生成选区　　　　　　　　　　图 8-150　【存储选区】对话框

step 09 ▶ 单击【确定】按钮，返回【通道】面板，生成新的通道【人物】，如图 8-151 所示。

step 10 ▶ 选择【人物】通道，按住 Ctrl 键单击【人物】通道，将人物选区填充为白色。然后按 Ctrl+D 组合键取消选区，再使用工具箱中的快速选择工具和磁性套索工具选中背景为选区，将其填充为黑色，如图 8-152 所示。

图 8-151　生成新的通道　　　　　图 8-152　为人物和背景分别创建选区并填充颜色

step 11 ▶ 选择【图层 1】，返回到图像文件中，生成如图 8-153 所示的选区。

step 12 ▶ 按 Delete 键删除背景，单击【图层】面板下方的【添加图层蒙版】按钮，为图层添加蒙版效果，如图 8-154 所示。

图 8-153　返回到图像文件中　　　　　图 8-154　为图层添加蒙版效果

step 13 选择【图层 1 拷贝】图层，按住 Ctrl 键单击【人物】通道，选中人物为选区，如图 8-155 所示。

step 14 选择【选择】→【反选】命令，按 Delete 键，删除【图层 1 拷贝】图层中除人物外的其他图像，如图 8-156 所示。

图 8-155　创建选区选中人物　　　　图 8-156　删除【图层 1 拷贝】图层中除人物外的其他图像

step 15 打开"素材\ch08\12.jpg"文件，并使用工具箱中的移动工具，将图像移动到该文件中，如图 8-157 所示。

step 16 按 Ctrl+T 组合键，变形人物图像，得到如图 8-158 所示的最终效果。

图 8-157　将图像移动到文件中　　　　　　　　图 8-158　最终效果

8.10　综合案例 2——使用图层蒙版合成图像

利用图层蒙版的特性，既可以实现无痕拼接图像，也可以用于抠图。下面介绍一个实例，通过图层蒙版使两张图片合成为一张图片，使其更具趣味性，具体操作步骤如下。

step 01 打开"素材\ch08\15.jpg"文件和"素材\ch08\16.jpg"文件，如图 8-159 和图 8-160 所示。

step 02 使用移动工具将人脸拖动到橙子图片中，并将人脸所在图层的不透明度设置为 40%，以便观察图片，如图 8-161 所示。

step 03 按 Ctrl+T 组合键显示出定界框，拖动四周的控制点对人脸进行变形，使其大小与橙子相符，然后按 Enter 键确认操作，如图 8-162 所示。

step 04 选中人脸所在的图层，将不透明度恢复为 100%，然后单击底部的按钮，添加

网站开发案例课堂

一个图层蒙版，并单击选中该图层蒙版，如图 8-163 所示。

图 8-159　素材文件 15.jpg

图 8-160　素材文件 16.jpg

图 8-161　将人脸拖动到橙子上
　　　　　并设置不透明度

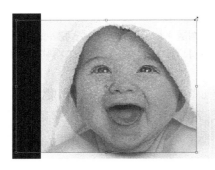

图 8-162　设置人脸的大小

图 8-163　添加一个图层蒙版

step 05 选择画笔工具 ，将前景色设置为黑色，然后在人脸周围涂抹，只保留五官部分，其他区域被隐藏起来，如图 8-164 和图 8-165 所示。

step 06 减小画笔工具的笔尖大小，然后放大图片，在五官周围进行细致的涂抹，如图 8-166 所示。

图 8-164　蒙版图层的效果

图 8-165　在人脸周围涂抹　　图 8-166　在五官周围进行细致的涂抹

提示　　操作过程中若不慎涂抹了眼睛、嘴巴等区域，只需要将前景色设置为白色，然后涂抹操作不当的区域，即可解决该问题。

step 07 在选项栏中将【不透明度】设置为 30%，继续涂抹眼睛和鼻子周围，使图片看起来更加自然，如图 8-167 所示。

step 08 至此，即完成本实例的操作。按住 Alt 键单击图层蒙版缩览图，可显示出蒙版图像，如图 8-168 和图 8-169 所示。在其中可以看到，蒙版中黑色区域所对应的图像已被隐藏起来，灰色区域呈现出透明效果，白色区域则显示出图像。

图 8-167　设置不透明度并继续涂抹　　图 8-168　蒙版图层的效果　　图 8-169　蒙版中的图像效果

8.11　跟我学上机——使用蒙版制作渐隐图像效果

在蒙版中使用渐变工具可以制作出一种渐隐的效果，从而使过渡非常自然，常用于合成图像，具体操作步骤如下。

step 01 打开"素材\ch08\17.jpg"文件和"素材\ch08\18.jpg"文件，如图 8-170 和图 8-171 所示。

step 02 使用移动工具 将图 8-171 拖动到另一张图片中，按 Ctrl+T 组合键显示出定界框，以调整图片的大小及位置，如图 8-172 所示。

图 8-170　素材文件 17.jpg　　　图 8-171　素材文件 18.jpg　　　图 8-172　将 18.jpg 拖动到
　　　　　　　　　　　　　　　　　　　　　　　　　　　　　　　　　　　　17.jpg 中

step 03 单击【图层】面板底部的 按钮，添加一个图层蒙版，并单击选中该图层蒙版，如图 8-173 所示。

step 04 选择渐变工具 ，在选项栏中将渐变类型设置为黑白渐变，将【模式】设置为【正片叠底】，并按下【对称渐变】按钮 ，如图 8-174 所示。

图 8-173 添加一个图层蒙版

图 8-174 在渐变工具选项栏中设置参数

step 05 在图像中从下到上拖动鼠标，拖出一条直线，释放鼠标后，图像的下部分被隐藏起来，显示出下层图层的图像。选择画笔工具涂抹女孩的帽子，使合成效果更为自然，如图 8-175 和图 8-176 所示。

图 8-175 图层蒙版的效果

图 8-176 合成图像的效果

8.12 疑 难 解 惑

疑问1：在【通道】面板中，为什么【红】、【绿】、【蓝】通道均呈现灰色的显示，而不是各颜色都呈现不同的颜色？

答：出现这种情况是正常的。因为在 Photoshop 中，通道都是以灰色和黑色显示的。此时如果想要将其调节成彩色的，则选择【编辑】→【首选项】→【界面】命令，在打开的【首选项】对话框中勾选【用彩色显示通道】复选框，单击【确定】保钮保存就可以了。

疑问2：如何查找图像中的蒙版状态？

答：在【图层】面板中，在按住 Alt 键的同时单击蒙版缩览图，可以在画布中显示蒙版的状态，再次执行该操作可以切换为图层状态。

第 9 章
制作网页特效文字

文字是网页设计作品中非常重要的视觉元素之一，不仅可以传达信息，还能美化版面、强化网页主题。因此，掌握输入文字及设置文字格式的方法，可以使作品更为绚丽。本章就带领大家学习如何制作吸引人眼球的文字特效。

重点案例效果

9.1　文字的类型

通常情况下，文字分为两种类型：点文字和段落文字。

(1) 点文字。用在文字较少的场合，如标题、产品和书籍的名称等。选择文字工具后，在画布中单击即可输入，文字不会自动换行，若要换行，需按 Enter 键。

(2) 段落文字。主要用于报纸杂志、产品说明、企业宣传册等。选择文字工具后，在画布中单击并拖动鼠标绘制一个文本框，在其中输入文字即可，段落文字会自动换行。

9.2　输　入　文　字

Photoshop CC 提供了 4 种输入文字的工具，分别用于输入横排、直排的文字或文字选区，如图 9-1 所示。

图 9-1　4 种输入文字的工具

9.2.1　通过文字工具输入文字

文字工具分为横排文字工具和直排文字工具，分别用于输入横排和直排的点文字或段落文字。

1. 输入点文字

下面使用横排文字工具输入点文字，具体操作步骤如下。

step 01　打开"素材\ch09\01.jpg"文件，选择横排文字工具，此时光标如图 9-2 所示。

step 02　在需要输入文字的位置处单击，设置一个插入点，如图 9-3 所示。

step 03　在其中输入文字，如图 9-4 所示。

图 9-2　光标变为 I 形状　　　图 9-3　单击鼠标设置一个插入点　　　图 9-4　在插入点输入文字

step 04 将光标定位在文字外，当光标变为 ⬆ 形状时，单击并拖动鼠标，可调整文字的位置，如图9-5所示。

step 05 按住 Ctrl 键不放，此时点文字四周会出现一个方框，拖动方框上的控制点，可以调整文字的大小，如图9-6所示。

step 06 在选项栏中单击 ✔ 按钮，结束文字的输入，此时【图层】面板中会生成一个文字图层，如图9-7所示。

 若要取消输入，按 Esc 键，或者在选项栏中单击 ⊘ 按钮。若要删除输入的文字，直接删除文字图层即可。

图9-5 调整文字的位置

图9-6 调整文字的大小

图9-7 结束输入后会生成一个文字图层

直排文字工具与横排文字工具的输入方法相同，这里不再赘述。若要重新编辑文字，首先在【图层】面板中选中文字图层，然后选择文字工具，在文字中单击，使其进入编辑状态即可。

2. 输入段落文字

下面使用横排文字工具输入段落文字，具体操作步骤如下。

step 01 打开"素材\ch09\02.jpg"文件，选择横排文字工具 T，在图像中单击并拖动鼠标，绘制一个定界框，如图9-8所示。

step 02 在框中输入文字，当文字到达边界时就会自动换行，如图9-9所示。

step 03 将光标定位在定界框四周的控制点上，当光标变为箭头形状时，单击并拖动鼠标可以调整定界框的大小，如图9-10所示。

图9-8 绘制一个定界框

图9-9 在框中输入文字

图9-10 调整定界框的大小

step 04 ▶ 将光标定位在控制点之外，当光标变为弯曲的箭头形状时，单击并拖动鼠标可调整文字的角度，如图 9-11 所示。

step 05 ▶ 将光标定位在定界框之外，当光标变为 ⌖ 形状时，单击并拖动鼠标可调整定界框的位置，如图 9-12 所示。

step 06 ▶ 在选项栏中单击 ✔ 按钮，结束段落的输入，此时【图层】面板中会生成一个文字图层，如图 9-13 所示。

图 9-11　调整文字的角度　　　　图 9-12　调整定界框的位置　　　　图 9-13　结束输入后会生成
一个文字图层

9.2.2　通过文字蒙版工具创建文字状选区

文字蒙版工具分为横排文字蒙版工具和直排文字蒙版工具，分别用于创建横排和直排的文字状选区。下面以使用横排文字蒙版工具为例介绍，具体操作步骤如下。

step 01 ▶ 打开"素材\ch09\03.jpg"文件，如图 9-14 所示。

step 02 ▶ 选择横排文字蒙版工具 ，进入蒙版状态，在图像中单击，设置一个插入点，然后输入文字，如图 9-15 所示。

在图像中单击并拖动鼠标，可绘制一个定界框，用于创建段落文字状选区。

图 9-14　素材文件　　　　　　　图 9-15　设置一个插入点并输入文字

step 03 ▶ 在选项栏中单击 ✔ 按钮，结束文字的输入，退出蒙版状态，此时即创建一个文字状的选区，如图 9-16 所示。

step 04 ▶ 创建文字状选区后，可以像其他选区一样，对其进行填充、描边等操作，具体操作可参考第 4 章的相关介绍。如图 9-17 所示是对选区描边后的效果。

图 9-16 创建一个文字状的选区

图 9-17 对选区描边后的效果

9.2.3 转换点文字和段落文字

若是点文本，选择【文字】→【转换为段落文本】命令，可将其转换为段落文本。同理，若是段落文本，选择【文字】→【转换为点文本】命令，可将其转换为点文本。

 在进行转换操作时，首先要在【图层】面板中选择文字图层，才能进行操作。

注意，将段落文本转换为点文本时，若定界框中的文字超出其边界，将弹出信息提示对话框，提示超出边界的文字在转换过程中将被删除，如图 9-18 所示。为了避免该情况，在转换前需要调整定界框的大小，使所有文字显示出来。

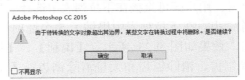

图 9-18 提示超出边界的文字在转换过程中将被删除

9.2.4 转换文字排列方向

选择【文字】→【文本排列方向】命令，在弹出的子菜单中选择【横排】或【竖排】命令，或者单击工具选项栏中的■按钮，即可转换文字的排列方向。

如图 9-19 所示是点文字的竖排显示效果；如图 9-20 所示是段落文字的竖排显示效果。

图 9-19 点文字的竖排显示效果

图 9-20 段落文字的竖排显示效果

9.3 设置文字格式

在输入文字后，我们还可以根据需要设置文字的格式，包括文字字体、字号、颜色、间距、对齐方式等。设置文字格式主要有两种方法：通过工具选项栏和【字符】或【段落】面板设置。下面分别进行介绍。

9.3.1 通过选项栏设置格式

在输入文字之前或者之后，都可以通过文字工具的选项栏设置文字的格式，如图 9-21 所示。

图 9-21 文字工具的选项栏

选项栏中各参数的含义如下。

- 按钮：单击该按钮，可以转换文字的排列方向。
- 【Adobe 黑体 Std R】：设置文字的字体。
- 设置字体样式：位于文本字体的右侧，用于设置字体的样式，该参数只对部分英文字体有效。
- ：设置文本的字号。用户既可直接在下拉列表中选择字号，也可输入具体的数值。
- ：设置是否消除锯齿。在下拉列表中提供了 5 个选项，如图 9-22 所示。【无】选项表示不消除锯齿，效果如图 9-23 所示；【锐利】、【犀利】和【浑厚】3 个选项分别表示轻微消除锯齿、消除锯齿和大量消除锯齿；【平滑】选项表示极大地消除锯齿，效果如图 9-24 所示。

 选择【文字】→【消除锯齿】命令，在弹出的子菜单中也可进行同样的操作。

图 9-22 设置是否消除锯齿　　　图 9-23 不消除锯齿　　　图 9-24 极大地消除锯齿

- / / ：设置文本的对齐方式。系统会根据插入点的位置来对齐文本，如图 9-25 所示是设置插入点的位置，如图 9-26～9-28 所示分别是左对齐文本 、居中对齐文本 和右对齐文本 的效果。
- 设置文本颜色：单击颜色块，通过弹出的【拾色器】对话框，可设置文本的颜色。
- ：单击该按钮，通过弹出的【变形文字】对话框，可创建变形文字。
- ：单击该按钮，可显示或隐藏【字符】面板。

- /：这两个按钮只在输入文字时显示，分别用于取消和确定文字的输入。

图 9-25 设置插入点的位置　图 9-26 左对齐文本　图 9-27 居中对齐文本　图 9-28 右对齐文本

9.3.2 通过【字符】面板设置文字格式

选择【文字】→【面板】→【字符面板】命令，如图 9-29 所示，将弹出【字符】面板，该面板提供了比文字工具选项栏更多的选项，用于设置文字的字体、字号、字符间距、比例间距等内容，如图 9-30 所示。

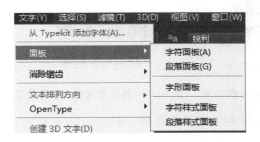

图 9-29 选择【字符面板】命令

图 9-30 【字符】面板

【字符】面板中用于设置字体、字号、颜色的选项与工具选项栏类似，这里不再赘述。下面介绍其他参数的含义。

- ：设置行距，即文本中各行之间的垂直距离。
- ：设置两个字符的间距。首先需要在两个字符之间单击，如图 9-31 所示，然后才能调整这两个字符的间距，效果如图 9-32 所示。

绳锯木断
水滴|石穿

绳锯木断
水滴 石穿

图 9-31 在两个字符之间单击　　　　图 9-32 调整这两个字符的间距

- ：设置字符的间距。若没有选择字符，将调整所有字符的间距，如图 9-33 所示；若选择了字符，则调整所选字符的间距，如图 9-34 所示。
- ：设置字符的比例间距。
- /：设置字符的高度和宽度。选择要设置的字符后，直接在文本框内输入具体的数值即可。如图 9-35 所示是设置宽度后的效果；如图 9-36 所示是设置高度后的效果。

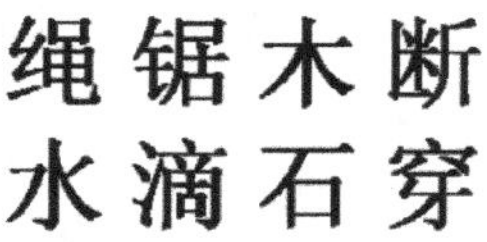

绳 锯 木 断
水 滴 石 穿

绳锯木断
水 滴 石 穿

图 9-33　没有选择字符时会调整所有字符的间距 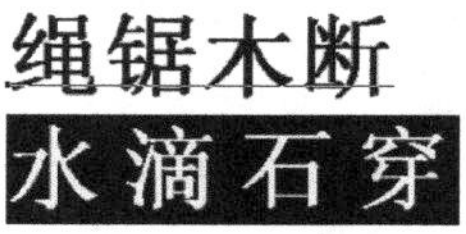　　　图 9-34　选择字符时会调整所选字符的间距

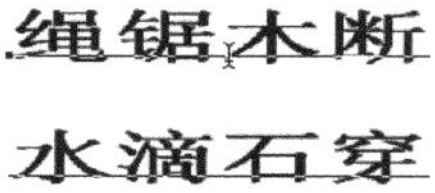

绳锯木断
水 滴 石 穿

绳锯木断
水滴石穿

图 9-35　设置字符的宽度 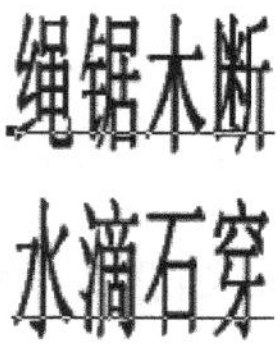　　　　　　　　　　图 9-36　设置字符的高度

- ：设置基线偏移。如图 9-37～9-39 所示分别是设置偏移为 0、50 和-50 的效果。

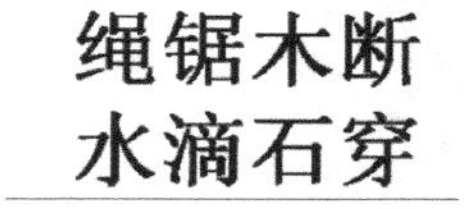

绳锯木断
水滴石穿

绳锯木断
水滴石穿

绳锯木断
水滴石穿

图 9-37　基线偏移为 0 的效果 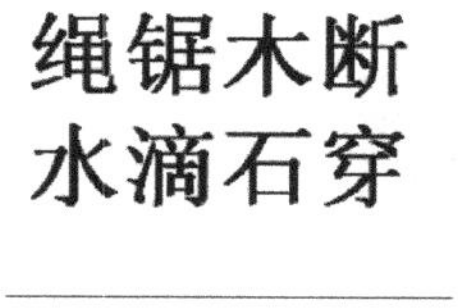　　　图 9-38　基线偏移为 50 的效果 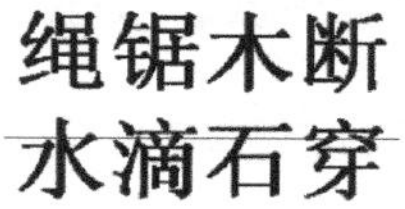　　　图 9-39　基线偏移为-50 的效果

- T T TT Tr T T₁ T T：单击各按钮，可为文字设置粗体、斜体、全部大写字母等特殊的样式。

9.3.3　通过【段落】面板设置段落格式

选择【文字】→【面板】→【段落面板】命令，将弹出【段落】面板，在其中可设置段落的对齐方式、缩进、段前段后空格等内容，如图 9-40 所示。

【段落】面板中各参数的含义如下。

- ▤/▤/▤：设置段落文本的对齐方式。如图 9-41～9-43 所示分别是左对齐文本▤、居中对齐文本▤和右对齐文本▤的效果。

- ▤/▤/▤：设置段落中最后一行的对齐方式，同时其他行的左右两端将强制对齐。如图 9-44～9-46 所示分别是最后一行左对齐、居中对齐和右对齐的效果。

- ▤：单击该按钮，段落的最后一行字符之间将添加间距，使其左右两端强制对齐，如图 9-47 所示。

- ▤/▤：设置段落文字与定界框之间的间距(缩进)。如图 9-48 和图 9-49 所示分别是设置左缩进▤和右缩进▤后的效果。

图 9-40　【段落】面板

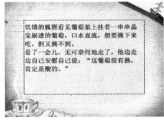

图 9-41 左对齐文本

图 9-42 居中对齐文本

图 9-43 右对齐文本

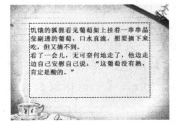

图 9-44 最后一行左对齐

图 9-45 最后一行居中对齐

图 9-46 最后一行右对齐

图 9-47 使最后一行左右两端强制对齐

图 9-48 左缩进的效果

图 9-49 右缩进的效果

- ● ：设置段落的首行缩进，效果如图 9-50 所示。
- ● ／ ：设置段落前和段落后的空格。如图 9-51 所示是设置所选段落前空格为 30 点的效果。

提示　　通过【字符】面板中的 按钮，可设置段落中行与行的间距，如图 9-52 所示。

图 9-50 首行缩进的效果

图 9-51 设置所选段落前空格为 30 点的效果

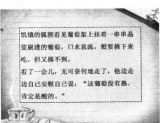

图 9-52 设置段落中行与行的间距

9.3.4 设置字符样式和段落样式

选择【文字】→【面板】→【字符样式面板】命令，即弹出【字符样式】面板，在其中选择【段落样式】选项卡，即可切换到【段落样式】面板。通过这两个面板，可以创建并保存文字和段落的样式，使其快速应用于文本，而无须重复设置，从而提高工作效率。

1. 设置字符样式

【字符样式】面板中默认没有字符样式，如图 9-53 所示。单击底部的【创建新的字符样式】按钮 📃，即可新建一个空白的字符样式，如图 9-54 所示。

双击新建的字符样式，将弹出【字符样式选项】对话框，在其中设置字符的字体、字号、间距等内容，如图 9-55 所示。设置完成后，单击【确定】按钮，保存自定义的字符样式，这样在对其他文本应用该样式时，只需要选择文本图层，然后在【字符样式】面板中单击该字符样式即可。

图 9-53 默认没有字符样式   图 9-54 新建一个字符样式   图 9-55 设置字符样式

2. 设置段落样式

段落样式的设置和使用方法与字符样式类似，首先单击【段落样式】面板中的 📃 按钮，新建一个段落样式，然后双击该段落样式，在弹出的【段落样式选项】对话框中设置具体的样式即可，如图 9-56 所示。

图 9-56 【段落样式选项】对话框

9.3.5 查找和替换文本

选择【编辑】→【查找和替换文本】命令，即弹出【查找和替换文本】对话框，通过该对话框，即可完成查找和替换文本的操作，如图 9-57 所示。

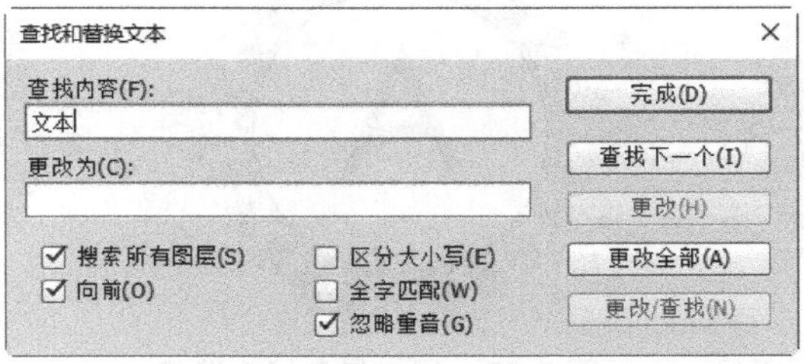

图 9-57 【查找和替换文本】对话框

在【查找内容】文本框中输入要查找的内容，单击【查找下一个】按钮，即可查找文本。若要替换查找的内容，直接在【更改为】文本框中输入要替换成的内容，并单击【更改】按钮，即可替换文本。

9.4　文字转换

在输入文字后，可以将文字转换为工作路径、形状或图像等形式，从而对其进行更多的操作。

9.4.1　将文字转换为工作路径

将文字转换为工作路径后，可对其进行填充、描边、生成选区或调整锚点等操作，具体操作步骤如下。

step 01 打开"素材\ch09\04.jpg"文件，使用横排文字工具输入字符，如图 9-58 所示。

step 02 选择【文字】→【创建工作路径】命令，可将文字转换为工作路径，并且原文字图层保持不变，如图 9-59 所示。

step 03 此时在【路径】面板中可以查看新建的工作路径，如图 9-60 所示。

图 9-58　输入一个字符

图 9-59　将文字转换为工作路径

图 9-60　查看新建的工作路径

step 04 为了方便观察效果，在【图层】面板中，单击文字图层前面的 按钮，隐藏文字图层，只显示工作路径，然后选择图像图层，如图 9-61 所示。

step 05 单击【路径】面板底部的 按钮，可用前景色填充路径，如图 9-62 所示。

step 06 单击【路径】面板底部的 按钮，可用画笔描边路径，如图 9-63 所示。

图 9-61　隐藏文字图层而只　　　图 9-62　用前景色填充路径　　　图 9-63　用画笔描边路径
　　　　　显示工作路径

step 07　单击【路径】面板底部的 ▦ 按钮，可将路径作为选区载入，如图 9-64 所示。
step 08　选择转换点工具 ▶，可调整锚点创建变形文字，如图 9-65 所示。

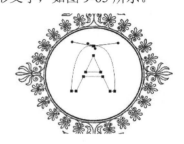

图 9-64　将路径作为选区载入　　　　　图 9-65　调整锚点创建变形文字

9.4.2　将文字转换为形状

选择【文字】→【转换为形状】命令，可将文字图层转换为形状，如图 9-66 和图 9-67 所示分别是转换前和转换后的图层效果。

图 9-66　原图层状态　　　　　　图 9-67　将文字图层转换为形状后的图层效果

由此可知，将文字转换为形状后，文字图层将变为具有矢量蒙版的图层，用户可以编辑矢量蒙版，并对图层应用样式，但不能再对文字进行修改或编辑等操作。

9.4.3　将文字转换为图像

在 Photoshop 中，滤镜、模糊等功能不能应用于文字。因此，若要对文字执行这些操作，首先必须栅格化文字。

选择【文字】→【栅格化文字图层】命令，即可栅格化文字。将文字图层转换为普通图层，可以使文字转换为图像。注意，将文字转换后，用户不能再对文字进行修改或编辑等操作。

9.5 制作常见特效文字

在了解了输入文字、设置文字格式与文字转换的方法后，下面制作几种常见的特效文字，包括路径文字和变形文字。

9.5.1 制作路径文字

路径文字分为两种类型：绕路径文字和区域文字。绕路径文字是指文字沿着路径排列；区域文字是指文字放置在封闭路径内部，形成和路径相同的文字块。

1. 制作绕路径文字

使用钢笔工具或形状工具创建一个工作路径，然后沿着该路径输入文字，就可以制作绕路径文字，具体操作步骤如下。

step 01 打开"素材\ch09\05.jpg"文件，如图 9-68 所示。

step 02 选择钢笔工具，在工具选项栏中选择【路径】选项，然后沿着杯子边缘绘制一条路径，如图 9-69 所示。

step 03 选择横排文字工具，将光标定位在路径的左侧，当光标变为形状时，单击鼠标进入输入状态，如图 9-70 所示。

图 9-68　素材文件　　　　图 9-69　沿着杯子边缘　　　图 9-70　单击鼠标进入输入
　　　　　　　　　　　　　　　　绘制一条路径　　　　　　　　状态

step 04 此时即可沿着路径输入文字，并且【路径】面板中会新建一个文字路径，如图 9-71 和图 9-72 所示。

step 05 在【路径】面板的空白处单击，隐藏文字路径，效果如图 9-73 所示。

当文字没有铺满工作路径时，选择直接选择工具，然后将光标定位在文字的两端，当其变为形状时，向左或向右拖动鼠标，可调整文字在路径上的位置，如图 9-74 所示。若按住左键并向路径的另一侧拖动文字，还可以翻转文字，如图 9-75 所示。

图 9-71　沿着路径输入文字　　　图 9-72　新建一个文字路径　　　图 9-73　隐藏文字路径

图 9-74　调整文字在路径上的位置　　　　　　图 9-75　翻转文字

2. 制作区域文字

制作区域文字的方法与制作绕路径文字的方法类似，具体操作步骤如下。

step 01 ▶ 打开"素材\ch09\06.jpg"文件，选择自定形状工具 ，在选项栏中选择【路径】选项，然后选择一个心形的形状，在图像中拖动鼠标绘制一个心形路径，如图 9-76 所示。

step 02 ▶ 将光标定位在形状内部，当其变为①形状时单击鼠标，此时路径变为文本框，并进入输入状态，如图 9-77 所示。

step 03 ▶ 在其中输入文字，按 Ctrl+Enter 组合键结束编辑，然后在【路径】面板的空白处单击，隐藏路径，区域文字即制作成功，如图 9-78 所示。

图 9-76　绘制一个心形路径　　　图 9-77　单击进入输入状态　　　图 9-78　制作区域文字

9.5.2　制作变形文字

变形文字是指对文字进行变形处理，Photoshop 提供了多种变形样式，如变为波浪、旗帜等形式。此外，我们还可自定义样式。制作变形文字的具体操作步骤如下。

step 01 ▶ 打开"素材\ch09\07.jpg"文件，如图 9-79 所示。

step 02 ▶ 在【图层】面板中单击选中文字图层，如图 9-80 所示。

step 03 ▶ 选择【文字】→【文字变形】命令，弹出【变形文字】对话框，在【样式】下拉列表中选择一种变形样式，例如这里选择【旗帜】选项，如图 9-81 所示。

图 9-79　素材文件

图 9-80　选中文字图层

图 9-81　选择【旗帜】选项

 提示　【变形文字】对话框中的【水平】和【垂直】两项用于设置弯曲的方向；【弯曲】、【水平扭曲】和【垂直扭曲】三项用于设置弯曲的程度。

step 04　单击【确定】按钮，即可将文字变形为旗帜形状，如图 9-82 所示。

step 05　在【样式】下拉列表中选择其他样式，然后设置弯曲的程度，可将文字变形为其他形式。如图 9-83 所示为弯曲形状的文字显示效果；如图 9-84 所示为鱼眼形状的文字显示效果。

图 9-82　将文字变形为旗帜形状

图 9-83　将文字变形为弯曲形状

图 9-84　将文字变形为鱼眼形状

 提示　对文字进行变形操作时，有时会弹出提示框，提示无法完成请求，如图 9-85 所示。这是由于某些字体不支持变形操作，只需要更换文本字体即可解决该问题。

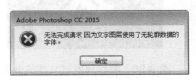
图 9-85　提示无法完成请求

9.6　综合案例——制作燃烧文字特效

输入文字后，通过使用滤镜、图层样式等功能，可以制作出燃烧的文字效果，具体操作步骤如下。

step 01　新建一个空白文件，将背景填充为黑色，在其中输入文字"人"并设置颜色，如图 9-86 所示。

step 02 ▶ 在【图层】面板中选中文字图层，选择【文字】→【栅格化文字图层】命令，然后按 Ctrl+J 组合键，复制栅格化操作后的文字图层，如图 9-87 所示。

step 03 ▶ 选中复制后的文字图层，选择【编辑】→【变换】→【旋转 90 度(顺时针)】命令，旋转文字图层，如图 9-88 所示。

图 9-86　输入文字并设置颜色　　　图 9-87　复制文字图层　　　　图 9-88　旋转文字

step 04 ▶ 选择【滤镜】→【风格化】→【风】命令，弹出【风】对话框，将【方法】设置为【风】，将【方向】设置为【从左】，如图 9-89 所示。

step 05 ▶ 单击【确定】按钮，制作风吹过文字的效果，如图 9-90 所示。

step 06 ▶ 按 Ctrl+F 组合键两次，加强风的效果，如图 9-91 所示。

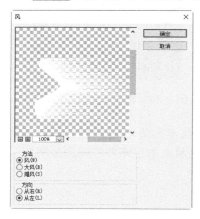

图 9-89　【风】对话框　　　图 9-90　制作风吹过文字的效果　　　图 9-91　加强风的效果

step 07 ▶ 选择【编辑】→【变换】→【旋转 90 度(逆时针)】命令，旋转文字图层，然后在【图层】面板中单击原文字图层前面的 👁 图标，隐藏原文字图层，效果如图 9-92 所示。

step 08 ▶ 在【图层】面板中选中【人 拷贝】图层，然后按 Ctrl+J 组合键，复制该图层，如图 9-93 所示。

step 09 ▶ 选择【滤镜】→【模糊】→【高斯模糊】命令，弹出【高斯模糊】对话框，将【半径】设置为 1.7，如图 9-94 所示，单击【确定】按钮，制作出模糊文字的效果。

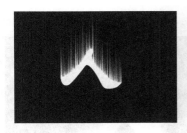

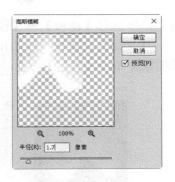

图 9-92　旋转文字图层并　　　图 9-93　复制图层　　　图 9-94　【高斯模糊】对话框

隐藏原文字图层

step 10　在【图层】面板中单击 按钮，新建一个空白图层，按 Alt+Delete 组合键，使用当前的前景色(黑色)填充空白图层，并将其拖动到【人 拷贝 2】图层下，然后选中这两个图层，选择【图层】→【合并图层】命令，将其合并为一个图层，如图 9-95 所示。

step 11　此时文字效果如图 9-96 所示。

step 12　选择【滤镜】→【液化】命令，在弹出的对话框中先用大画笔涂抹出大体走向，再用小画笔涂抹出小火苗，如图 9-97 所示。

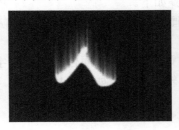

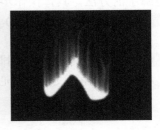

图 9-95　合并图层　　　　　图 9-96　文字效果　　　　图 9-97　涂抹出小火苗

step 13　按 Ctrl+B 组合键，弹出【色彩平衡】对话框，选中【高光】单选按钮，然后将滑块分别拖向红色和黄色，如图 9-98 所示。

step 14　单击【确定】按钮，此时图层将调整为橙红色，如图 9-99 所示。

step 15　选择【人 拷贝 2】图层，再次按 Ctrl+J 组合键，复制该图层，并将混合模式设置为【叠加】，从而加强火焰的效果，如图 9-100 所示。

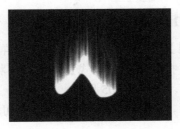

图 9-98　【色彩平衡】对话框　　图 9-99　将图层调整为橙红色　　图 9-100　加强火焰的效果

step 16 ▶ 选择【滤镜】→【模糊】→【高斯模糊】命令，弹出【高斯模糊】对话框，将【半径】设置为 2.5，如图 9-101 所示。

step 17 ▶ 单击【确定】按钮，最终效果如图 9-102 所示。

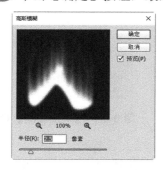

图 9-101　【高斯模糊】对话框

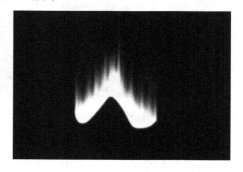

图 9-102　最终效果

9.7　跟我学上机——制作空心轮廓字

空心轮廓字是指能看到文字的轮廓线，内部是空的文字。下面介绍使用描边图层样式制作空心轮廓字的方法，具体操作步骤如下。

step 01 ▶ 新建一个宽度为 10 厘米、高度为 6 厘米、分辨率为 300 像素/英寸的空白文件，如图 9-103 所示。

step 02 ▶ 选择工具箱中的横排文字工具、在属性栏中设置字体为【华文琥珀】，大小为 48 点，并输入文字"空心轮廓字"，如图 9-104 所示。

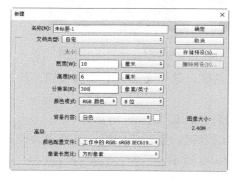

图 9-103　【新建】对话框

空心轮廓字

图 9-104　输入文字

step 03 ▶ 单击【图层】面板下方的【添加图层样式】按钮，在弹出的下拉列表中选择【描边】选项，打开【图层样式】对话框，将【填充类型】设置为【渐变】，并设置其他描边参数，如图 9-105 所示。

step 04 ▶ 设置完毕后，单击【确定】按钮，即可看到添加描边样式后的文字效果，如图 9-106 所示。

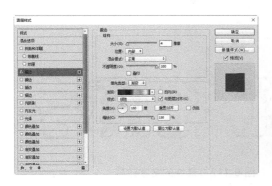

图 9-105 设置描边参数   图 9-106 描边后的文字效果

step 05 在【图层】面板中将【填充】设置为 0%，如图 9-107 所示。

step 06 即可得到空心的文字轮廓效果，如图 9-108 所示。

图 9-107 【图层】面板   图 9-108 空心轮廓字效果

step 07 双击文字所在图层，打开【图层样式】对话框，在其中选择【内阴影】样式，并设置内阴影的参数，如图 9-109 所示。

step 08 单击【确定】按钮，即可为文字添加内阴影效果，如图 9-110 所示。

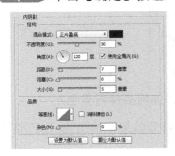

图 9-109 设置内阴影参数   图 9-110 添加内阴影后的文字效果

step 09 双击文字所在图层，打开【图层样式】对话框，在其中选择【投影】样式，并设置投影的参数，如图 9-111 所示。

step 10 单击【确定】按钮，即可为文字添加投影效果，如图 9-112 所示。至此，空心轮廓字就制作完成了。

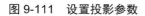

图 9-111　设置投影参数　　　　　　　　　　图 9-112　最终的文字效果

9.8　疑　难　解　惑

疑问 1：使用 Photoshop CC 打开外部文件时，提示文件中缺失字体，这是什么原因？

答： 在打开外部文件时，若该文件中的文字内容使用了系统中没有的字体，将弹出一个提示框，提示文件中缺失字体，如图 9-113 所示。单击【取消】按钮或【不要解决】按钮，都可以关闭该对话框，打开外部文件。此时可查看其中包含的文字，但无法对这些缺失字体的文字进行编辑。要想解决该问题，选择【文字】→【替换所有欠缺字体】命令，使用系统中安装的字体替换文档中欠缺的字体即可。

图 9-113　提示文件中缺失字体

疑问 2：在做特效字的时候，做完后总是有白色的背景，如何去掉背景色？

答： 新建一个透明层，在透明层上建立文字，并完成其特效效果，输出为 GIF 格式的图片，就能实现背景透明的效果。

第 10 章
制作网页按钮与导航条

按钮是网页设计不可缺少的基础元素之一。按钮作为页面的重要视觉元素，放置在明显、易找、易读的区域是必要的。导航条也是网页设计不可缺少的基础元素之一。导航条不仅仅是信息结构的基础分类，也是浏览网站的路标。本章就来介绍几种常见按钮与导航条的制作。

重点案例效果

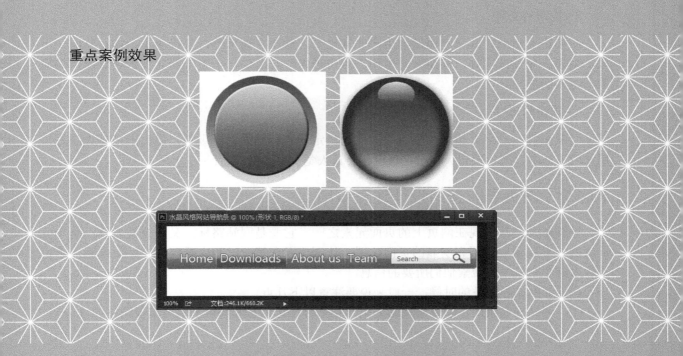

10.1 按钮与导航条的设计原则

按钮和导航条在网页中是不可缺少的元素。但在设计按钮与导航条时，也要符合网页的整体风格以及注意相关设计事项。

10.1.1 网页按钮的设计注意事项

按钮代表着"做某件事"，即单击了按钮代表着操作了一个功能，做的这件事是有后果的，不易挽回的。例如注册、单击进入等，它们的共同点是：都是在"做"一件事，并且绝大多数都是对表单的提交。

在了解了按钮的作用后，下面就来介绍在设计网页按钮时，所应注意的事项。

1. 按钮的颜色

按钮的颜色应该区别于它周边的环境色，因此它要更亮而且有高对比度的颜色，如图 10-1 所示。

图 10-1 按钮的颜色

2. 按钮的位置

按钮的位置也需要仔细考究，基本原则是要容易找到，特别重要的按钮应该处在画面的中心位置。

3. 按钮的文字

在按钮上使用什么文字传递给用户非常重要。需要言简意赅，直接明了，如：注册、下载、创建、免费试玩等，甚至有时候用"点击进入"。总之，千万不要让观者去思考，越简单、越直接越好。

4. 按钮的尺寸

通常来讲，一个页面当中按钮的大小也决定了其本身的重要级别，但也不是越大越好，尺寸应该适中，因为按钮大到一定程度，会让人觉得那不像按钮。

10.1.2 网页导航条的设计注意事项

导航条是最早出现在网页上的页面元素之一。它既是网站路标，又是分类名称，是十分重要的。导航条应放置到明显的页面位置，让浏览者在第一时间内看到它并做出判断，确定要进入哪个栏目中去搜索他们所要的信息。

在设计网站导航条的时候，一般来说要注意以下几点。

(1) 网站导航条的色彩要与网站的整体相融合，在色彩的选用上不要求像网站的 Logo、网站的 Banner 那样的鲜明色彩。

（2）放置在网站正文的上方或者下方，这样的放置主要是针对网站导航条，能够为精心设计的导航条提供一个很好的展示空间，如果网站使用的是列表导航，也可以将列表放置在网站正文的两侧。

（3）导航条层次要清晰，能够简单明了地反映访问者所浏览的层次结构。

（4）尽可能多地提供相关资源的链接。

10.2　制　作　按　钮

在个性彰显的今天，互联网也注重个性的发展，不同的网站采用不同的按钮样式，按钮设计得好坏直接影响了整个站点的风格。下面介绍几款常用按钮的制作。

10.2.1　综合案例 1——制作普通按钮

面对色彩丰富繁杂的网络世界，普通简洁的按钮凭其大方经典的样式得以永存。制作普通按钮的具体操作步骤如下。

step 01 打开 Photoshop，按 Ctrl+N 组合键，打开【新建】对话框，设置宽和高都为 250 像素，并命名为"普通按钮"，如图 10-2 所示。

step 02 单击【确定】按钮，新建一个空白文档，如图 10-3 所示。

图 10-2　【新建】对话框　　　　　　　图 10-3　新建空白文档

step 03 新建图层 1，选择椭圆选框工具，按住 Shift 键的同时在图像窗口画出一个 200px×200px 的正圆，如图 10-4 所示。

step 04 选择渐变工具，并设置渐变颜色为(R：102，G：102，B：155)到(R：230，G：230，B：255)的渐变，如图 10-5 所示。

step 05 在圆形选框上方单击并向下拖曳鼠标，填充从上到下的渐变。然后按 Ctrl+D 组合键取消选区，如图 10-6 所示。

step 06 新建图层 2，再用椭圆选框工具，画出一个 170px×170px 的正圆，用渐变工具进行从下到上的填充，如图 10-7 所示。

step 07 选中图层 1 和图层 2，然后单击下方的【链接】按钮，链接两个图层，如图 10-8

所示。

step 08 选择移动工具，单击上方工具选项栏中的【垂直居中对齐】和【水平居中对齐】按钮，以图层 1 为准，对齐图层 2，效果如图 10-9 所示。

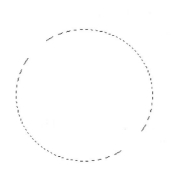

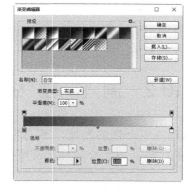

图 10-4　绘制正圆　　　图 10-5　【渐变编辑器】对话框　　　图 10-6　填充从上到下的渐变

图 10-7　从下到上的填充　　　图 10-8　链接两个图层　　　图 10-9　对齐图层

step 09 选中图层 2，为图层添加斜面和浮雕效果，具体的参数设置如图 10-10 所示。

step 10 选中图层 2，为图层添加描边效果，具体的参数设置如图 10-11 所示。

step 11 最后得到效果如图 10-12 所示的普通按钮。

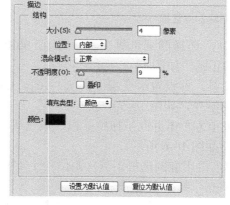

图 10-10　设置斜面和浮雕参数　　　图 10-11　设置描边参数　　　图 10-12　完成按钮的制作

10.2.2　综合案例 2——制作迷你按钮

信息在网络上有着重要的地位，很多人不想放过可以放一点信息的空间，于是采用迷你按钮，可爱又不失得体，很受年轻人士的喜爱。

制作迷你按钮的具体操作步骤如下。

step 01　打开 Photoshop，按 Ctrl+N 组合键，打开【新建】对话框，设置宽和高都为 60 像素，并命名为"迷你按钮"，如图 10-13 所示。

step 02　单击【确定】按钮，新建一个空白文档，如图 10-14 所示。

step 03　新建图层 1，用椭圆选框工具在图像窗口画一个 50px×50px 的正圆，填充橙色 (R：255，G：153，B：0)，如图 10-15 所示。

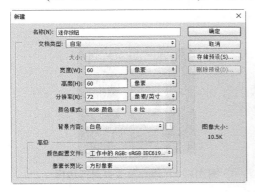

图 10-13　【新建】对话框　　　图 10-14　新建一个空白文档　　　图 10-15　画正圆

step 04　选择【选择】→【修改】→【收缩】命令，打开【收缩选区】对话框，设置【收缩量】为 7 像素，如图 10-16 所示。

step 05　单击【确定】按钮，可以看到收缩之后的效果，然后按 Delete 键删除，可以得到如图 10-17 所示的圆环。

图 10-16　【收缩选区】对话框　　　　　图 10-17　绘制圆环

step 06　双击图层 1，调出【图层样式】对话框，设置斜面和浮雕参数，如图 10-18 所示。

step 07　单击【确定】按钮，得到如图 10-19 所示的圆环。

step 08　新建图层 2，用椭圆选框工具画一个 36px×36px 的正圆，设置前景色为白色，背景色为灰色(R：207，G：207，B：207)，如图 10-20 所示。

step 09　按住 Shift 键的同时用渐变工具从左上角往右下角拉出渐变。单击上方工具选项栏中的【垂直居中对齐】和【水平居中对齐】按钮使其与边框对齐，如图 10-21 所示。

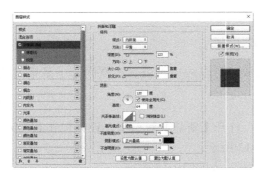

图 10-18 【图层样式】对话框

图 10-19 添加斜面和浮雕后的圆环

图 10-20 【拾色器(背景色)】对话框

图 10-21 添加渐变并对齐边框

step 10 ▶ 选中图层 2 并双击,打开【图层样式】对话框,在其中设置斜面和浮雕参数,如图 10-22 所示。

step 11 ▶ 单击【确定】按钮,得到最终的效果,如图 10-23 所示。

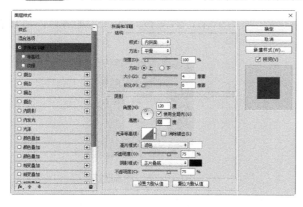

图 10-22 设置斜面和浮雕参数

图 10-23 应用斜面和浮雕后的效果

step 12 ▶ 选择自定形状工具,在上方出现的工具选项栏中选择自己喜欢的形状,在这里选择了 形状,如果找不到这个形状,可以按形状选择菜单右上角的按钮,然后选择【全部】命令,调出全部形状,如图 10-24 所示。

step 13 ▶ 新建路径 1,绘制大小合适的形状,再右击路径 1,在弹出的快捷菜单中选择

【建立选区】命令，如图 10-25 所示。

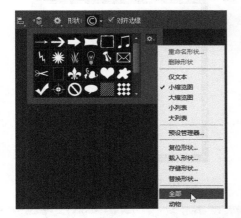

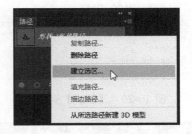

图 10-24　调出全部形状　　　　　　　　　　　　　图 10-25　建立选区

step 14　新建图层 3，在选区内填充上和按钮边框一样的橙色，重复对齐操作，效果如图 10-26 所示。

step 15　双击图层 3，在弹出的对话框中勾选【内阴影】复选框，设置相关参数，如图 10-27 所示。

step 16　单击【确定】按钮，得到如图 10-28 所示的最终效果。

图 10-26　填充颜色　　　　　图 10-27　设置内阴影参数　　　　　图 10-28　最终效果

10.2.3　综合案例 3——制作水晶按钮

水晶按钮可以说是最受欢迎的按钮样式之一。通过设置图层样式可以制作水晶按钮。下面就教大家制作一款橘红色的水晶按钮，具体操作步骤如下。

step 01　打开 Photoshop，按 Ctrl+N 组合键，打开【新建】对话框，设置宽和高都为 15 厘米，并命名为"水晶按钮"，如图 10-29 所示。

step 02　单击【确定】按钮，新建一个空白文档，如图 10-30 所示。

step 03　选择椭圆选框工具，双击鼠标，在【工具】面板上部出现的选项栏里设置【羽化】为 0 像素，勾选【消除锯齿】复选框，【样式】设为【固定大小】，【宽度】设为 350 像素，【高度】设为 350px，如图 10-31 所示。

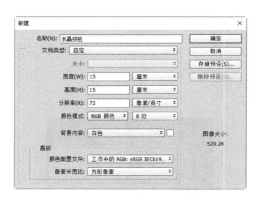

图 10-29　【新建】对话框

图 10-30　新建一个空白文档

图 10-31　椭圆选框工具选项栏

step 04 新建一个图层 1，将光标移至图像窗口，单击鼠标左键，画出一个固定大小的圆
形选区，如图 10-32 所示。

step 05 选择前景色为(C：0，M：90，Y：100，K：0)，设置背景色为(C：0，M：40，Y：
30，K：0)。选择渐变工具，在其工具选项栏中设置过渡色为【前景色到背景色渐
变】，渐变模式为【线性渐变】，如图 10-33 所示。

step 06 选择图层 1，再回到图像窗口，在选区中按住 Shift 键的同时由上至下画出渐变
色，按 Ctrl+D 组合键取消选区，如图 10-34 所示。

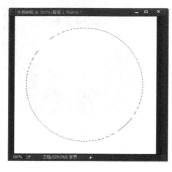

图 10-32　圆形选区

图 10-33　渐变工具

图 10-34　绘制渐变

step 07 双击图层 1，打开【图层样式】对话框，勾选【投影】复选框，设置暗调颜色为
(C：0，M：80，Y：80，K：80)，并设置其他相关参数，如图 10-35 所示。

step 08 勾选【内发光】复选框，设置发光颜色为(C：0，M：80，Y：80，K：80)，并设
置其他相关参数，如图 10-36 所示。

step 09 单击【确定】按钮，可以看到最终的效果，这时图像中已经初步显示出红色立
体按钮的基本模样了，如图 10-37 所示。

step 10 新建一个图层 2，选择椭圆选框工具，将工具选项栏中的【样式】设置改为【正

常】，在图层 2 中画出一个椭圆形选区，如图 10-38 所示。

step 11 双击【工具】面板中的【以快速蒙版模式编辑】按钮，调出【快速蒙版选项】
对话框，设置蒙版颜色为蓝色，如图 10-39 所示。

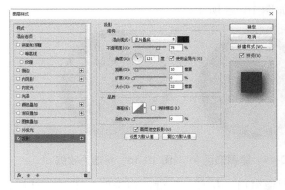

图 10-35　设置投影参数

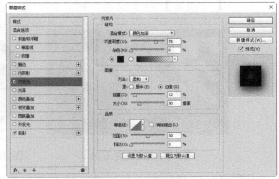

图 10-36　设置内发光参数

图 10-37　红色立体按钮

图 10-38　画出一个椭圆形选区

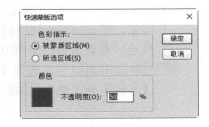

图 10-39　【快速蒙版选项】对话框

step 12 单击【确定】按钮。此时，图像中椭圆选区以外的部分被带有一定透明度的蓝
色遮盖，如图 10-40 所示。

step 13 选择画笔工具，选择合适笔刷大小和硬度，将光标移至图像窗口，用笔刷以蓝
色蒙版色遮盖部分椭圆，如图 10-41 所示。

step 14 单击【工具】面板中的【以标准模式编辑】按钮，这时图像中原来椭圆形选区
的一部分被减去，如图 10-42 所示。

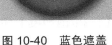

图 10-40　蓝色遮盖

图 10-41　遮盖部分椭圆

图 10-42　减去椭圆形选区的一部分

step 15 设置前景色为白色，选择渐变工具，在工具选项栏的【渐变编辑器】中设置渐
变模式为【前景到透明】，如图 10-43 所示。

step 16 按住 Shift 键，同时在选区中由上到下填充渐变，然后按 Ctrl+H 组合键隐藏选区

step 17 ▶ 新建一个图层 3,按住 Ctrl 键,单击【图层】面板中的图层 1,重新获得圆形选区,在菜单中执行【选择】→【修改】→【收缩】命令,在弹出的对话框中设置【收缩量】为 7 像素,将选区收缩,如图 10-45 所示。

图 10-43　渐变工具　　　图 10-44　隐藏选区　　　图 10-45　将选区收缩

step 18 ▶ 选择矩形选框工具,将光标移至图像窗口,按住 Alt 键,由选区左上部拖动鼠标到选区的右下部四分之三处,减去部分选区,如图 10-46 所示。

step 19 ▶ 仍用白色作为前景色,并再次选择渐变工具,渐变模式设置为【前景到透明】,按住 Shift 键的同时在选区中由下到上做渐变填充,之后按 Ctrl+H 组合键隐藏选区观察效果,如图 10-47 所示。

step 20 ▶ 选中图层 3,选择【滤镜】→【模糊】→【高斯模糊】命令,在对话框中设置【半径】为 7 像素,如图 10-48 所示。

  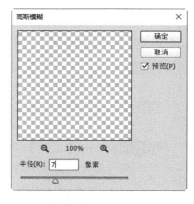

图 10-46　减去部分选区　　图 10-47　隐藏选区后的效果　　图 10-48　【高斯模糊】对话框

step 21 ▶ 单击【确定】按钮,添加上高斯模糊效果,如图 10-49 所示。

step 22 ▶ 回到图像窗口,在【图层】面板中把图层 3 的【不透明度】设置为 65%。至此,橘红色水晶按钮就制作完成了,如图 10-50 所示。

step 23 ▶ 合并所有图层,然后选择【图像】→【调整】→【色相/饱和度】命令,在打开的对话框中勾选【着色】复选框,可以对按钮进行颜色的变换,如图 10-51 所示。

step 24 ▶ 单击【确定】按钮,返回到图像文件之中,变换设置后的最终效果如图 10-52 所示。

图 10-49　高斯模糊效果

图 10-50　橘红色水晶按钮

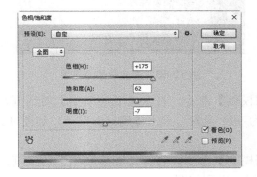

图 10-51　【色相/饱和度】对话框

图 10-52　设置后的效果

10.2.4　综合案例 4——制作木纹按钮

木纹按钮的制作主要是利用滤镜中的滤镜功能来完成的。制作木纹按钮的具体操作步骤如下。

step 01　打开 Photoshop，按 Ctrl+N 组合键，新建一个宽为 200 像素、高为 100 像素的文件，将它命名为"木纹按钮"，如图 10-53 所示。

step 02　单击【确定】按钮，新建一个空白文档，如图 10-54 所示。

图 10-53　【新建】对话框

图 10-54　新建一个空白文档

step 03　背景填充为白色。然后选择【滤镜】→【杂色】→【添加杂色】命令，在打开的对话框中，设置【数量】为 400%，【分布】为【高斯分布】，再勾选【单色】复选框，如图 10-55 所示。

step 04 单击【确定】按钮，效果如图 10-56 所示。

图 10-55 【添加杂色】对话框　　　　　图 10-56 添加杂色的效果

step 05 选择【滤镜】→【模糊】→【动感模糊】命令，打开【动感模糊】对话框，设置【角度】为 0 或 180 度、【距离】为 999 像素，单击【确定】按钮，如图 10-57 所示。

step 06 执行【滤镜】→【模糊】→【高斯模糊】命令，打开【高斯模糊】对话框，设置【半径】为 1 像素，单击【确定】按钮，得到如图 10-58 所示的效果。

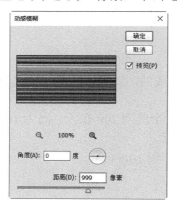

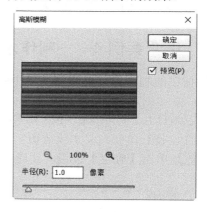

图 10-57 【动感模糊】对话框　　　　　图 10-58 【高斯模糊】对话框

step 07 按 Ctrl+U 组合键，弹出【色相/饱和度】对话框，勾选【着色】复选框，设置【色相】为 36、【饱和度】为 25、【明度】为 0，单击【确定】按钮，如图 10-59 所示。

step 08 执行【滤镜】→【扭曲】→【旋转扭曲】命令，打开【旋转扭曲】对话框，设置【角度】为 200 度，得到如图 10-60 所示的效果。

step 09 复制【背景】图层，新建路径 1，选择圆角矩形工具，在上方的工具选项栏中设置【半径】为 15 像素，绘制出按钮外形，对此路径建立选区，选择【选择】→【反选】命令，按 Delete 键删除选区部分，再删除【背景】图层，如图 10-61 所示。

step 10 最后添加图层样式，双击【背景副本】图层，打开【图层样式】对话框，设置斜面和浮雕参数，如图 10-62 所示。单击【确定】按钮即可添加斜面和浮雕效果。

图 10-59　【色相/饱和度】对话框

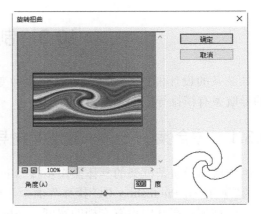

图 10-60　【旋转扭曲】对话框

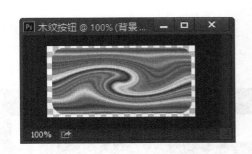

图 10-61　复制【背景】图层

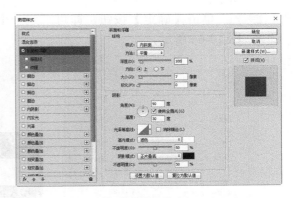

图 10-62　设置斜面和浮雕参数

step 11　为图层添加【等高线】效果。参数设置如图 10-63 所示。

step 12　最后单击【确定】按钮，得到的最终效果如图 10-64 所示。

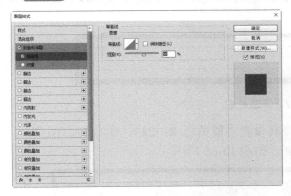

图 10-63　设置等高线参数

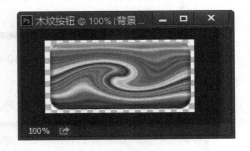

图 10-64　最终效果

提示

　　读者还可以通过更多的图层样式把按钮做得更加精致，甚至可以把它变成红木的，在设计家居网页时或许是一种不错的选择。

10.3　制作导航条

导航条的设计根据具体情况可以有多种变化，它的设计风格决定了页面设计的风格。常见的导航条有横排导航、竖排导航等。

10.3.1　综合案例5——制作横向导航条

制作横向导航条框架的具体操作步骤如下。

step 01 在 Photoshop CC 操作界面中，选择【文件】→【新建】命令，打开【新建】对话框，在其中设置文档的宽度、高度等参数，并将其命名为"导航条"，如图 10-65 所示。

step 02 单击【确定】按钮，即可新建一个宽为 500 像素、高为 50 像素的文件，如图 10-66 所示。

图 10-65　【新建】对话框

图 10-66　新建文件

step 03 新建图层 1，选择矩形选框工具，绘制 500px×30px 的导航轮廓，如图 10-67 所示。

图 10-67　导航轮廓

step 04 单击工具箱中的前景色色块，将其设置为橘黄色(R：234，G：151，B：77)，然后使用油漆桶工具填充选中的矩形框，如图 10-68 所示。

图 10-68　填充导航条

step 05 双击图层的缩览图，在弹出的对话框中勾选左侧的【渐变叠加】复选框，设置填充颜色，其中中间的颜色为(R：77，G：142，B：186)，两端颜色为(R：8，G：123，B：109)，如图 10-69 所示。

step 06 勾选【描边】复选框，设置描边的颜色为(R：77，G：142，B：186)，并设置其他参数，如图 10-70 所示。

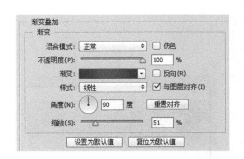

图 10-69 设置渐变叠加参数

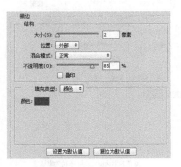

图 10-70 设置描边参数

step 07 单击【确定】按钮，可以看到添加之后的颜色，如图 10-71 所示。

图 10-71 添加颜色

下面制作导航条上的斜纹，具体操作步骤如下。

step 01 新建图层 2，按住 Ctrl 键的同时单击图层 1 读取选区，执行【填充】命令，在其中设置填充图案，将【不透明度】改为 43%，得到如图 10-72 所示的效果。

图 10-72 填充新建图层

step 02 新建一个图层 3，创建一个选区，如图 10-73 所示。

step 03 填充渐变色#366F99 到#5891BA，并给图层添加内阴影，参数设置如图 10-74 所示。

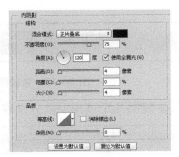

图 10-74 添加内阴影

图 10-73 创建选区

step 04 添加描边效果，颜色为#4D8EBA，【位置】选择【内部】，如图 10-75 所示。

step 05 添加图层样式后的效果如图 10-76 所示。

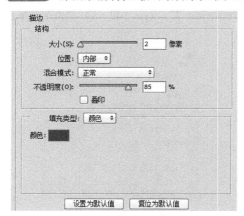

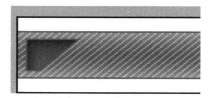

图 10-75 设置描边参数   图 10-76 添加图层样式后的效果

step 06 复制图层 3，将其移动到与图层 3 对应的位置，如图 10-77 所示。

step 07 新建图层 4，用#316B94 和白色绘制如图 10-78 所示的图像，在不取消选区的情况下转换到【通道】面板，新建 Alpha1 通道，在选区内由上到下填充"白色→黑色→白色"的渐变，在按住 Ctrl 键的同时单击该通道，回到图层 4，按 Ctrl+Shift+I 组合键进行反选后按 Delete 键删除。

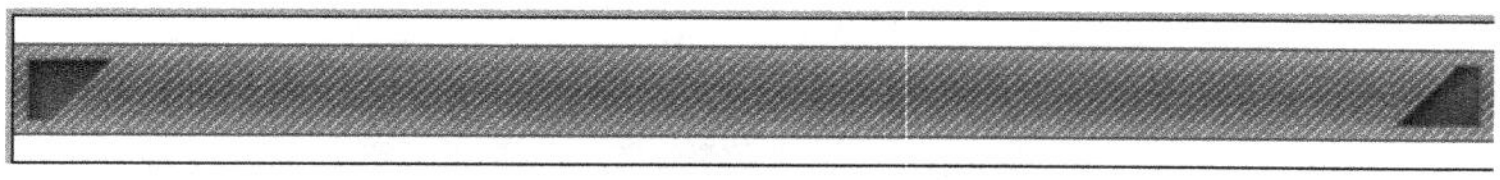

图 10-77 复制图层 3   图 10-78 新建图层 4

step 08 复制几个该图层，分别移动到合适的位置后对齐并合并，如图 10-79 所示。

图 10-79 复制并合并图层

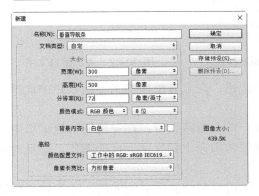

step 09 用横排文字工具写上各个导航文字，合并后加上【距离】和【大小】分别为 2 像素的投影，最终效果如图 10-80 所示。

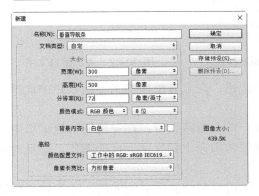

图 10-80 书写导航文字

10.3.2 综合案例 6——制作垂直导航条

垂直导航条在网页中应用很普遍。使用 Photoshop 即可制作垂直导航条，具体操作步骤如下。

step 01 新建一个宽为 300 像素、高为 500 像素的文件，将它命名为"垂直导航条"，如图 10-81 所示。

step 02 单击【确定】按钮，创建一个空白文档，如图 10-82 所示。

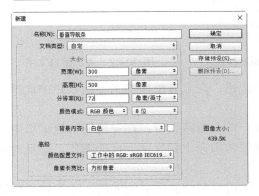

图 10-81 【新建】对话框   图 10-82 创建一个空白文档

step 03 在工具箱中单击【前景色】按钮，打开【拾色器(前景色)】对话框，设置前景色为灰色(R：229，G：229，B：229)，如图 10-83 所示。

step 04 单击【确定】按钮，按 Alt+Delete 组合键，填充颜色，如图 10-84 所示。

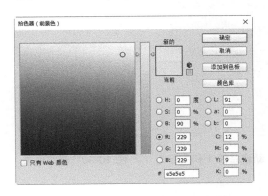

图 10-83 【拾色器(前景色)】对话框   图 10-84 填充颜色

step 05 新建图层 1，使用矩形选区工具绘制矩形区域，然后填充为白色，如图 10-85 所示。

step 06 双击图层 1，打开【图层样式】对话框，给该图层添加投影、内阴影、渐变叠加及描边样式。单击【确定】按钮，即可看到添加图层样式后的效果，如图 10-86 所示。

step 07 选择工具箱中的横排文字工具，输入导航条上的文字，并设置文字的颜色、大小等属性，如图 10-87 所示。

图 10-85　新建图层 1　　　　图 10-86　给图层添加样式　　　图 10-87　添加横排文字

step 08 单击工具箱中的【自定形状工具】按钮，在上方出现的工具选项栏中选择自己喜欢的形状，如图 10-88 所示。

step 09 新建路径 1，绘制大小合适的形状，再右击路径 1，在弹出的快捷菜单中选择【建立选区】命令。新建图层 3，在选区内填充上和文字一样的颜色，重复对齐操作，效果如图 10-89 所示。

step 10 合并除背景图层之外的所有图层，然后复制合并之后的图层，并调整其位置。至此，就完成了垂直导航条的制作，最终的效果如图 10-90 所示。

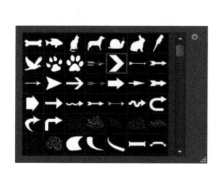
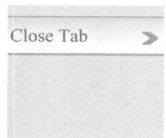
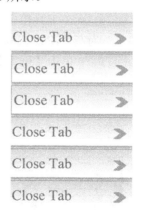

图 10-88　选择形状　　　　图 10-89　新建路径 1 和图层 3　　　图 10-90　最终效果

10.4 跟我学上机——制作水晶风格网站导航条

在设计网页的过程中，水晶风格的网站导航条是被经常使用的。下面介绍制作水晶风格网站导航条的具体操作步骤。

step 01 启动 Photoshop CC，选择【文件】→【新建】命令，打开【新建】对话框，在其中设置文档的宽度、高度等参数，如图 10-91 所示。

step 02 单击【确定】按钮，创建一个 600 像素×140 像素的空白文件，如图 10-92 所示。

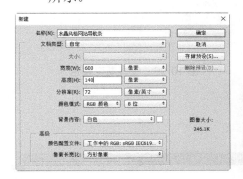

图 10-91 【新建】对话框　　　　　图 10-92 新建文件

step 03 单击工具箱中的【圆角矩形工具】按钮，在选项栏中设置圆角矩形工具的半径为 5 像素，填充颜色为灰色，绘制一个圆角矩形，如图 10-93 所示。

step 04 双击圆角矩形图层，打开【图层样式】对话框，在其中勾选【内发光】复选框，并在右侧设置内发光的参数，如图 10-94 所示。

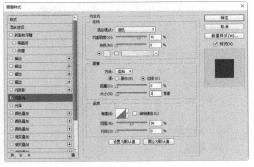

图 10-93 绘制圆角矩形并填充灰色　　　　图 10-94 设置内发光参数

step 05 单击【确定】按钮，即可为圆角矩形添加内发光效果，如图 10-95 所示。

step 06 双击圆角矩形图层，打开【图层样式】对话框，在其中勾选【渐变叠加】复选框，然后单击【渐变】右侧的颜色条，打开【渐变编辑器】对话框，在其中设置渐变的颜色，这里设置渐变颜色为：#5e80a3，#839db8，#b8c7d6，如图 10-96 所示。

step 07 单击【确定】按钮，返回到【图层样式】对话框中，并设置其他的渐变叠加参数，如图 10-97 所示，从而得出如图 10-98 所示的渐变叠加效果。

图 10-95　添加内发光效果

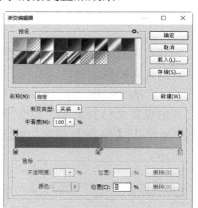

图 10-96　设置渐变颜色

图 10-97　设置渐变叠加参数

图 10-98　添加渐变叠加后的效果

step 08 双击圆角矩形图层，打开【图层样式】对话框，勾选【描边】复选框，并在右侧设置描边参数，如图 10-99 所示，从而得出如图 10-100 所示的描边效果。

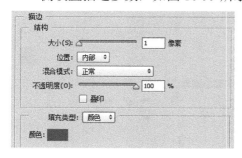

图 10-99　设置描边参数

图 10-100　添加描边后的效果

step 09 选择工具箱中的横排文字工具，在圆角矩形上输入文字，并设置文字的样式、大小和颜色，如图 10-101 所示。

step 10 在【图层】面板中选择文字所在图层并右击，在弹出的快捷菜单中选择【栅格化文字】命令，如图 10-102 所示，即可将文字图层转换为普通图层。

图 10-101　输入文字

图 10-102　栅格化文字

step 11 双击文字所在图层，打开【图层样式】对话框，在其中勾选【描边】复选框，
　　　　　并在右侧设置描边参数，如图 10-103 所示，从而得出如图 10-104 所示的文字描边效果。

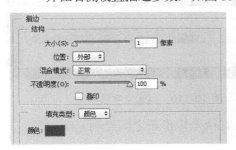

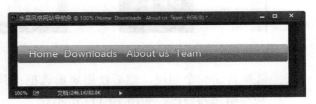

图 10-103　设置描边参数

图 10-104　添加文字描边效果

step 12 新建一个图层，然后使用矩形选框工具绘制一个宽度为 1 像素、高度为 40 像素
　　　　　的矩形，并填充矩形为白色，如图 10-105 所示。

step 13 复制矩形条所在图层，然后移动矩形条至其他位置，这里复制 2 个矩形条，最
　　　　　终得到的导航条效果如图 10-106 所示。

图 10-105　绘制矩形条

图 10-106　复制矩形条

step 14 在【图层】面板中选中矩形条所在图层的所有图层，按 Ctrl+E 组合键，将其合
　　　　　并成一个图层，并使用矩形选框工具选择矩形条的下部，选择【选择】→【修改】→
　　　　　【羽化】命令，打开【羽化选区】对话框，设置【羽化半径】为 5 像素，如图 10-107
　　　　　所示。

step 15 单击【确定】按钮，返回到 Photoshop 工作区，然后按 Delete 键删除选区，使用
　　　　　同样的方法羽化并删除矩形条顶部部分，最后得出如图 10-108 所示的导航条。

图 10-107　羽化选区

图 10-108　羽化矩形条的顶部

step 16 ▶ 选择文字所在图层，在【图层】面板中设置图层的混合模式为【柔光】，如图 10-109 所示。

step 17 ▶ 从而得出如图 10-110 所示的文字效果。

图 10-109　设置图层混合模式

图 10-110　得出文字效果

step 18 ▶ 新建一个图层，然后使用矩形选框工具在两个矩形条之间绘制一个矩形，并将矩形填充为白色，如图 10-111 所示。

step 19 ▶ 双击矩形所在图层，打开【图层样式】对话框，在其中勾选【渐变叠加】复选框，并设置相关参数，如图 10-112 所示。

图 10-111　绘制矩形

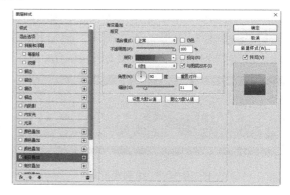

图 10-112　设置渐变叠加参数

step 20 ▶ 单击【渐变】右侧的颜色条，打开【渐变编辑器】对话框，在其中设置填充的颜色为：#567595，#728fae，#b3c3d3，如图 10-113 所示。

step 21 ▶ 设置完毕后，单击【确定】按钮，返回到【图层样式】对话框之中，再次单击【确定】按钮，即可得到如图 10-114 所示的填充效果。

图 10-113　设置渐变填充颜色　　　　　　图 10-114　填充后的效果

step 22　新建一个图层，使用矩形选框工具绘制一个矩形，并填充矩形为白色，双击白色矩形所在图层，打开【图层样式】对话框，为其添加内发光效果，具体参数设置如图 10-115 所示，添加内发光效果后的导航条如图 10-116 所示。

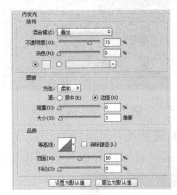

图 10-115　设置内发光参数　　　　　　图 10-116　添加内发光后的效果

step 23　双击白色矩形所在图层，打开【图层样式】对话框，勾选【渐变叠加】复选框，并在右侧设置相关参数，如图 10-117 所示，从而得到如图 10-118 所示的导航条。

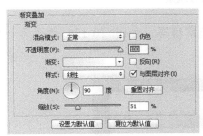

图 10-117　设置渐变叠加参数　　　　　　图 10-118　添加渐变叠加效果

step 24　双击白色矩形所在图层，打开【图层样式】对话框，勾选【描边】复选框，并在右侧设置相关参数，如图 10-119 所示，从而得到如图 10-120 所示的导航条。

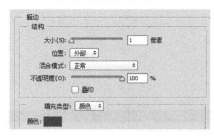

图 10-119　设置描边参数　　　　　　　　图 10-120　添加描边效果

step 25 使用横排文字工具在白色矩形框中输入文字 Search，并设置文字颜色为 #7B7B7B，文字大小为 14 点，文字样式设为 Segoe，如图 10-121 所示。

step 26 单击工具箱中的【自定义形状】按钮，并在选项栏中单击【形状】右侧的下拉按钮，在弹出的面板中选择【搜索】图标，如图 10-122 所示。

图 10-121　输入文字　　　　　　　　图 10-122　选择形状

step 27 在白色矩形框中绘制搜索形状，并填充形状的颜色为#7B7B7B，从而得到如图 10-123 所示的导航条。至此，一个完整的水晶风格网站导航条就制作完成了。

图 10-123　水晶风格导航条

注意　导航条上的文字可以根据自己的需要任意填写。如图 10-124 所示为一个中文字样的导航条。

图 10-124　中文字样导航条

10.5 疑 难 解 惑

疑问 1：是否可以为段落文本应用变形文字效果？

答：可以，Photoshop 可以为点文本和段落文本都应用变形文字效果。当对段落文本应用变形文字效果后，段落文本框会同文字一起产生相应的变形，以使文字在该形状内产生变形，并在该形状内进行排列。

疑问 2：怎样为图像或文字添加渐变或图案的描边效果？

答：要为图像或文字添加渐变或图案的描边效果，最简便的方法是为图像或文字所在的图层添加【描边】图层样式。在添加【描边】图层样式时，系统会弹出【图层样式】对话框，在【描边】选项设置中的【填充类型】下拉列表中选择【渐变】或【图案】选项，然后设置用于填充的渐变色或图案，最后单击【确定】按钮即可。

第 11 章
制作网页特效
边线与背景

　　网页图像的设计，作为一种艺术创作，在确定其设计方案时我们要考虑立意、为像、格局这几个方面。具体地讲，所谓立意就是确定设计的内容；为像就是根据内容进行造型；格局就是整个设计图的结构布局。本章就来制作不同网页风格的图像特效。

重点案例效果

11.1 制作装饰边线

网页图像的装饰和造型不同于绘画，它不是独立的造型艺术，其任务是美化网页的页面，给浏览者以美的视觉感受。网页艺术的造型、装饰，根据不同的对象、不同的环境、不同的地域，其在设计方案中的体现也不相同。

11.1.1 综合案例 1——制作装饰虚线

虚线可以说在网页中无处不在，但在 Photoshop 中却没有虚线画笔。这里教大家两个简单的方法。

1. 通过画笔工具实现

具体操作步骤如下。

step 01 按 Ctrl+N 组合键，新建一个宽为 400 像素、高为 100 像素的文件，将它命名为"虚线 1"，如图 11-1 所示。

step 02 选择画笔工具，单击工具选项栏右端的【切换画笔面板】按钮 ，调出【画笔】面板，如图 11-2 所示。

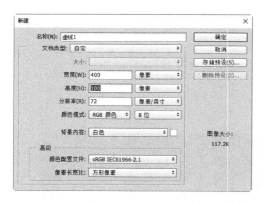

图 11-1 【新建】对话框

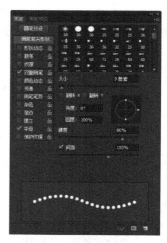

图 11-2 【画笔】面板

step 03 选择【尖角 3】画笔，再勾选对话框左边的【双重画笔】复选框，选择比【尖角 3】粗一些的画笔，在这里选择的是【尖角 9】画笔，并设置其他参数，可以看到对话框下部的预览框中已经出现了虚线，如图 11-3 所示。

step 04 新建图层 1，在图像窗口按住 Shift 键的同时画出虚线，效果如图 11-4 所示。

提示　　通过画笔工具实现的虚线并不是很美观，看上去比较随便，而且画出来的虚线的颜色和真实选择的颜色有出入。下面介绍用【定义图案】命令来实现虚线的制作。

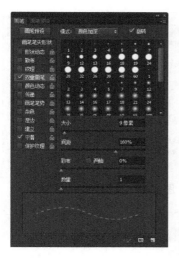

图 11-3　选择笔画

图 11-4　画出虚线

2. 通过【定义图案】命令实现

step 01 按 Ctrl+N 组合键，新建一个宽为 16 像素、高为 2 像素的文件，将它命名为【虚线图案】，如图 11-5 所示。

step 02 放大图像，新建图层 1，用矩形选框工具绘制一个宽为 8px、高为 2px 的选区，在图层 1 上填充黑色，取消选区，如图 11-6 所示。

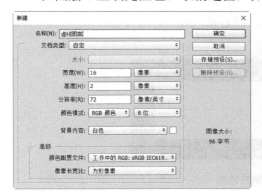

图 11-5　【新建】对话框

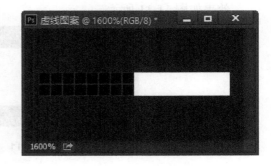

图 11-6　填充选区

step 03 选择【编辑】→【定义图案】命令，打开【图案名称】对话框，输入图案的名称，然后单击【确定】按钮，如图 11-7 所示。

step 04 按 Ctrl+N 组合键，新建一个宽为 400 像素、高为 100 像素的文件，将它命名为【虚线 2】，如图 11-8 所示。

step 05 新建图层 1，用矩形选框工具绘制一个宽为 350px、高为 2px 的选区，如图 11-9 所示。

step 06 在选区内右击，在弹出的快捷菜单中选择【填充】命令，打开【填充】对话框，其中【自定图案】选择之前做的"虚线图案"，如图 11-10 所示。

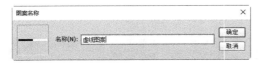

图 11-7 【图案名称】对话框

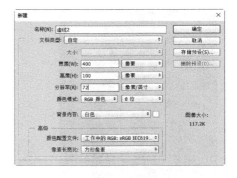

图 11-8 【新建】对话框

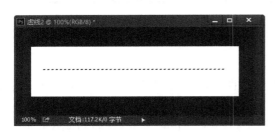

图 11-9 新建图层

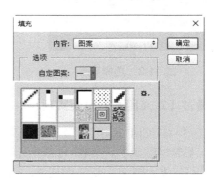

图 11-10 【填充】对话框

step 07 单击【确定】按钮，即可填充矩形，然后按 Ctrl+D 组合键，取消选区，最终的
效果如图 11-11 所示。

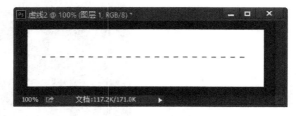

图 11-11 填充矩形

11.1.2 综合案例 2——制作内嵌线条

内嵌线条在网页设计中应用较多，主要用来反映自然的光照效果和表现界面的立体感。
具体操作步骤如下。

step 01 按 Ctrl+N 组合键，新建一个宽为 400 像素、高为 40 像素的文件，将它命名为
"内嵌线条"，如图 11-12 所示。

step 02 新建图层 1，选择一些中性的颜色填充图层，如这里选择紫色，使线条画在上面
可以看得清楚，如图 11-13 所示。

step 03 新建图层 2，选择铅笔工具，线宽设置成 1 像素。按住 Shift 键的同时在图像上

画一条黑色的直线。画好一条后可以再复制一条并把它们对齐，如图 11-14 所示。

step 04 新建图层 3，把线宽设置成 2 像素，然后再按上面的方法画 2 条白色的线，如图 11-15 所示。

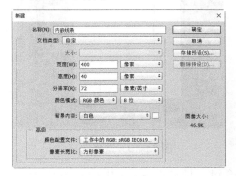

图 11-12 【新建】对话框

图 11-13 填充图层

图 11-14 绘制直线

图 11-15 绘制线条

step 05 把图层 3 拖到图层 2 的下层，然后选择移动工具，把 2 条白色线条拖曳到黑色线条的右下角 1 像素处。至此，可以看到添加的立体效果，如图 11-16 所示。

step 06 在【图层】面板上设置图层 3 的混合模式为【柔光】，这样装饰性内嵌线条就制作完成了，如图 11-17 所示。

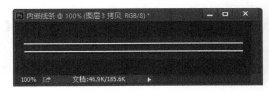

图 11-16 立体效果

图 11-17 设置混合模式

11.1.3 综合案例 3——制作斜纹线条

用户在浏览网页的时候是否感叹斜纹很多呢？经典的斜纹，永远的时尚，不用羡慕，下面我们也来做一款斜纹线条，同样是通过定义图案实现的。

step 01 按 Ctrl+N 组合键，新建一个宽和高都为 4 像素的文件，将它命名为"斜纹图案"，如图 11-18 所示。

step 02 放大图像，新建图层 1，用矩形选框工具选择选区，如图 11-19 所示。

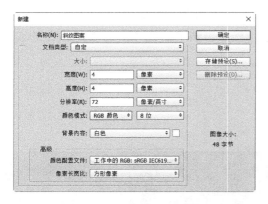

图 11-18　【新建】对话框

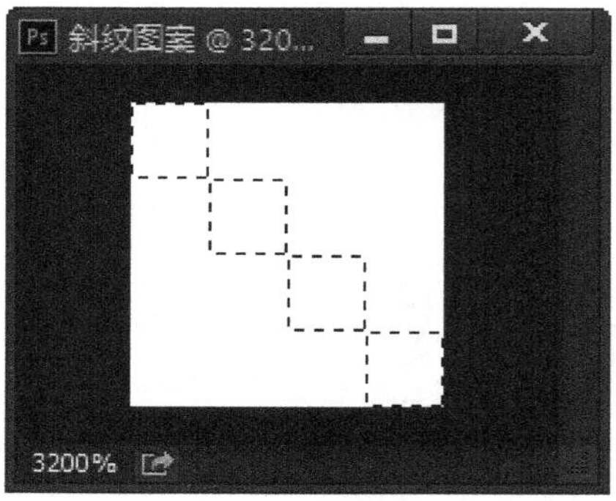

图 11-19　选择选区

step 03 设置前景色为灰色，按 Alt+Delete 组合键，填充选区，如图 11-20 所示。

step 04 选择【编辑】→【定义图案】命令，打开【图案名称】对话框，输入图案的名
称，然后单击【确定】按钮，如图 11-21 所示。

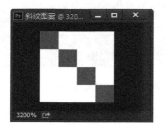

图 11-20　填充选区

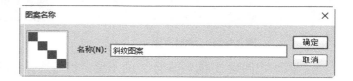

图 11-21　【图案名称】对话框

step 05 按 Ctrl+N 组合键，新建任意长宽的文件，将它命名为【斜纹线条】，如图 11-22
所示。

step 06 新建图层 1，按 Ctrl+A 组合键全选，右击选区，在弹出的快捷菜单中选择【填
充】命令，打开【填充】对话框，【自定图案】选择之前制作的【斜纹图案】，如
图 11-23 所示。

图 11-22　新建文件

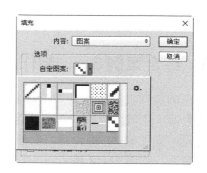

图 11-23　【填充】对话框

step 07 单击【确定】按钮，即可得到如图 11-24 所示的效果。

图 11-24 最终效果

11.2 制作网页背景图片

为了美化页面，图片是必不可少的页面元素之一。网页设计中的图片从用途上分为背景图和插图两种。背景图在网页设计发展初期只发挥了强调质地感的作用和修饰页面的功能。

11.2.1 综合案例 4——制作渐变背景图片

在 Photoshop CC 中可以制作出很多种背景效果。背景对整个网页来说是非常重要的一部分。制作渐变背景图片的具体操作步骤如下。

step 01 新建一个 600×500 的图像文件并用渐变色工具填充，在【渐变编辑器】对话框中对各项进行设置，其中颜色条最左边的颜色为#3C580E，最右边的颜色为#A4D23B，如图 11-25 所示。

step 02 设置从下到上的渐变，填充完成后的图像效果如图 11-26 所示。

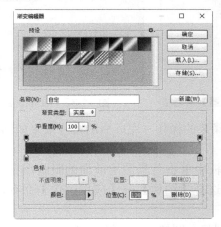

图 11-25 【渐变编辑器】对话框

图 11-26 填充渐变

step 03 新建图层 1，然后再次选中渐变工具，设置各项参数，其中颜色条最右边的颜色为#36bcd4，如图 11-27 所示。

step 04 设置从左到右的渐变，填充完成后的页面效果如图 11-28 所示。

step 05 选择钢笔工具，然后在图层 1 上建立路径，如图 11-29 所示。

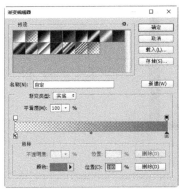

图 11-27　【渐变编辑器】对话框

图 11-28　填充渐变

图 11-29　建立路径

step 06　路径做好以后，按 Ctrl+Enter 组合键将其转换成选区，其效果如图 11-30 所示。

step 07　选择渐变工具，然后在打开的【渐变编辑器】对话框中设置各项参数，其中最左边的颜色为#ffffff，如图 11-31 所示。

step 08　新建图层 2，然后在新建的图层中做出如图 11-32 所示的渐变，并设置图层的不透明度为 40%。

图 11-30　路径转换为选区

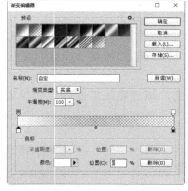

图 11-31　【渐变编辑器】对话框

图 11-32　填充渐变

step 09　为了避免图片单调，重复步骤 5 到步骤 8 的操作，完成后的图片效果如图 11-33 所示。

step 10　进一步美化渐变背景。在【图层】面板中单击背景图层前面的眼睛图标，将背景图层隐藏起来。然后再次新建图层 3，选择【图像】→【应用图像】命令，打开【应用图像】对话框，如图 11-34 所示。

step 11　单击【确定】按钮即可将该图层应用到整个图像中，如图 11-35 所示。

step 12　选择【滤镜】→【模糊】→【高斯模糊】命令，打开【高斯模糊】对话框。在【高斯模糊】对话框中设置半径为 7 像素，如图 11-36 所示。

step 13　设置完毕后单击【确定】按钮即可完成对新建图层应用高斯模糊滤镜，如图 11-37 所示。

step 14　选择【滤镜】→【锐化】→【锐化】命令，即可对图像进行锐化处理。至此，一个渐变背景就制作完成了，如图 11-38 所示。

图 11-33　得到的效果

图 11-34　【应用图像】对话框

图 11-35　应用图像后的效果

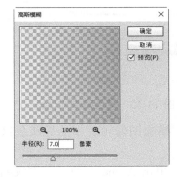

图 11-36　【高斯模糊】对话框

图 11-37　高斯模糊效果

图 11-38　锐化后的效果

11.2.2　综合案例 5——制作透明背景图像

制作透明背景图像的方法就是创建好选区以后，将其背景删除即可，具体操作步骤如下。

step 01　打开"素材\ch11\苹果.jpg"文件，如图 11-39 所示。

step 02　选择【图像】→【计算】命令，弹出【计算】对话框，在【源 1】区域的【通道】下拉列表中选择【蓝】选项，勾选【反相】复选框，在【源 2】区域的【通道】下拉列表中选择【灰色】选项，勾选【反相】复选框，【混合】模式选择【相加】选项，调整【补偿值】为-100，单击【确定】按钮，如图 11-40 所示。

图 11-39　打开素材

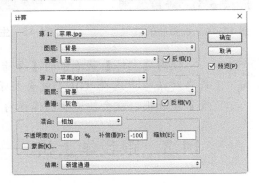

图 11-40　【计算】对话框

step 03 ▶ 打开【通道】面板，产生新的 Alpha 1 通道，如图 11-41 所示。

step 04 ▶ 返回图像界面，图像中图像呈现高度曝光效果，如图 11-42 所示。

step 05 ▶ 选择【图像】→【调整】→【色阶】命令，弹出【色阶】对话框，在【通道】下拉列表中选择 Alpha 1，滑动色标，使图像边缘更细致，如图 11-43 所示。

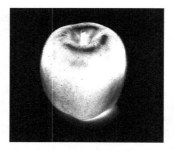
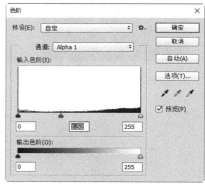

图 11-41　【通道】面板　　　　图 11-42　高度曝光效果　　　　图 11-43　【色阶】对话框

step 06 ▶ 选择工具箱中的橡皮擦工具，设置背景色为白色，擦除图像轮廓中的黑灰色区域，效果如图 11-44 所示。

step 07 ▶ 打开【通道】面板，显示 RGB 通道，按住 Ctrl 键，单击 Alpha 1 通道，生成如图 11-45 所示的图像选区。

step 08 ▶ 按住 Ctrl+J 组合键，复制选区生成新图层为图层 1，隐藏原始图层 0，得到如图 11-46 所示的最终效果。

图 11-44　设置后的效果　　　　图 11-45　生成图像选区　　　　图 11-46　最终效果

提示　　使用【文件】菜单中的【存储为 Web 所用格式】命令可以保存透明图像。如果在对话框中选择 GIF，就会显示 GIF 保存格式的相关选项，此时勾选【透明度】复选框，就会按透明图像保存。

11.3　跟我学上机——制作梦幻星光网页背景

梦幻的放射线星光背景效果，经常用于一些海报背景的设计。下面介绍制作梦幻放射星光背景网页效果的具体操作步骤。

step 01 按 Ctrl+N 组合键，新建一个宽为 1027 像素、高为 768 像素的文件，将它命名为"网页背景"，如图 11-47 所示。

step 02 单击【确定】按钮，即可创建一个空白文件，如图 11-48 所示。

图 11-47　【新建】对话框　　　　　　　　　　　图 11-48　空白文件

step 03 单击工具箱中的前景色图标，打开【拾色器(前景色)】对话框，在其中设置前景色为蓝色，具体的 RGB 值为(6、114、187)，如图 11-49 所示。

step 04 单击【确定】按钮，返回到 Photoshop 工作界面，将文件颜色填充为前景色，如图 11-50 所示。

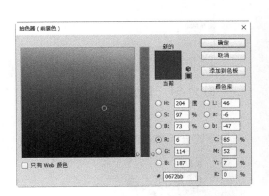
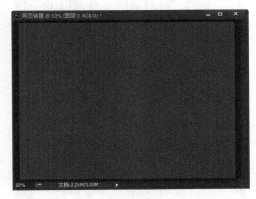

图 11-49　【拾色器(前景色)】对话框　　　　　　图 11-50　填充颜色

step 05 打开【通道】面板，新建 Alpha1 通道，如图 11-51 所示。

step 06 选择【滤镜】→【渲染】→【纤维】命令，打开【纤维】对话框，在其中设置相关参数，如图 11-52 所示。

step 07 单击【确定】按钮，即可得到应用纤维效果后的图像效果，如图 11-53 所示。

step 08 选择【滤镜】→【模糊】→【动感模糊】命令，打开【动感模糊】对话框，在其中设置相关参数，如图 11-54 所示。

step 09 单击【确定】按钮，即可得到应用动感模糊滤镜后的图像效果，如图 11-55 所示。

step 10 选择【滤镜】→【扭曲】→【极坐标】命令，打开【极坐标】对话框，在其中设置相关参数，如图 11-56 所示。

图 11-51 新建通道

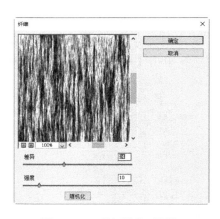

图 11-52 【纤维】对话框

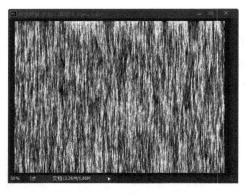

图 11-53 应用纤维效果后的图像

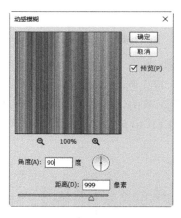

图 11-54 【动感模糊】对话框

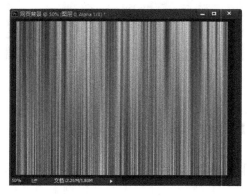

图 11-55 应用动感模糊后的效果

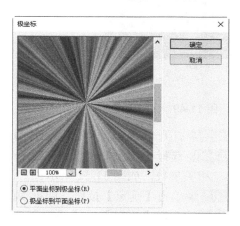

图 11-56 【极坐标】对话框

step 11 单击【确定】按钮，即可得到应用极坐标滤镜后的图像效果，如图 11-57 所示。

step 12 在【通道】面板中，按住 Ctrl 键单击通道 Alpha 1，得到选区，如图 11-58 所示。

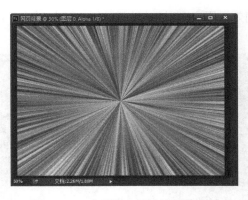

图 11-57　应用极坐标后的图像效果

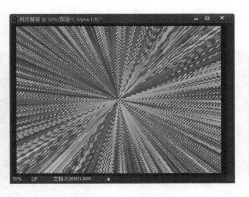

图 11-58　选择选区

step 13 在【通道】面板中显示 RGB 通道，隐藏 Alpha 1 通道，如图 11-59 所示。

step 14 返回到【图层】面板，新建一个图层，用白色填充选区，如图 11-60 所示。

图 11-59　隐藏 Alpha1 通道

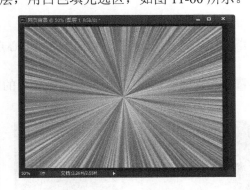

图 11-60　填充选区为白色

step 15 选择工具箱中的椭圆选框工具，设置其羽化像素为 50 像素，绘制出一个圆形选区，如图 11-61 所示。

step 16 单击【图层】面板中的【添加蒙版】按钮，即可为图层添加一个蒙版，如图 11-62 所示。

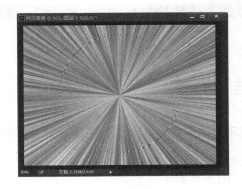

图 11-61　绘制圆形选区

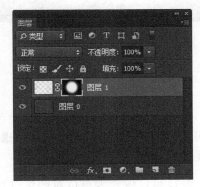

图 11-62　添加蒙版

step 17 添加蒙版后，得出如图 11-63 所示的图像效果。

step 18 ▶ 使用画笔工具绘制星星，具体的绘制效果用户可以根据需要进行绘制，如图 11-64 所示。

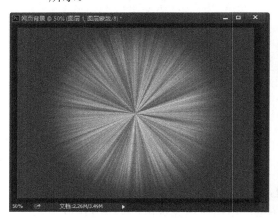

图 11-63　添加蒙版后的效果

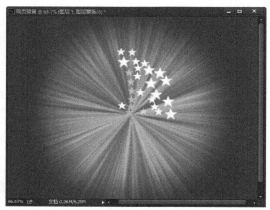

图 11-64　绘制星星图形

step 19 ▶ 新建一个图层，在极坐标中心点的下方绘制一个椭圆，并填充椭圆为白色，如图 11-65 所示。

step 20 ▶ 使用剪裁工具将图像中多余的部分剪裁掉，即可得到如图 11-66 所示的网页背景。

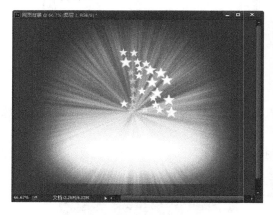

图 11-65　绘制椭圆并填充白色

图 11-66　剪裁图像

11.4　疑　难　解　惑

疑问 1：为什么将相同选项设置的滤镜应用于不同的图像中，得到的图像效果会有些差异呢？

答：滤镜是以像素为单位对图像进行处理的，因此在对不同像素的图像应用相同参数的滤镜时，所产生的效果可能也会有些差距。

疑问 2：将文字转换为普通图层后，是否还可以恢复文字所在的图层为文字图层？

答： Photoshop 不具备将普通图层转换为文字图层的功能。不过，如果在将文字图层转换为普通图层后，未对该文档进行超过 20 步的操作，那么用户就可以通过【历史记录】面板，将文档恢复为转换文字图层为普通图层前的状态。但是，如果已经对该文档进行了超过 20 步的操作，那么就不能进行此种状态的还原，这是因为在默认状态下，【历史记录】面板只会记录对当前文档所进行的最近 20 步的操作。

第 12 章
制作网页 Logo

Logo 的中文含义就是标志、标识。作为独特的传媒符号，Logo 一直是传播特殊信息的视觉文化语言。Logo 自身的风格对网站设计也有一定的影响。本章就来介绍如何制作网站 Logo。

重点案例效果

12.1　网页 Logo 概述

在网页的设计过程中，网页标识也就是 Logo 的制作是比较重要的一个环节。Logo 是标志的意思，是一个网站形象的重要体现，如同网站的商标一样，是互联网上各个网站用来链接和识别的一个图形标志。下列是一组国外优秀网站的标识(Logo)，如图 12-1 所示。

图 12-1　一组网站标识

12.1.1　网页 Logo 设计标准

网页 Logo 就是网站标志，它的设计要能够充分体现一个公司的核心理念，并且在设计上要追求动感、活力、简约、大方和高品位。另外，在色彩搭配、美观方面也要多加注意，要使人看后印象深刻。

在设计网页 Logo 时，需要针对不同类型的 Logo，如用于广告类的 Logo、用于链接类的 Logo 等，制定相应的规范。这对指导网站的整体建设有着极现实的意义。

(1) 色彩方面。需要规范 Logo 的标准色、设计可能被应用的恰当的背景配色体系、反白、在清晰表现 Logo 的前提下制定 Logo 最小的显示尺寸。另外，也可以为 Logo 制定一些特定条件下的配色、辅助色带等以方便在制作 Banner 等场合的应用。Logo 色彩方面的举例，如图 12-2 所示。

(2) 布局方面。文字与图案边缘应清晰，字与图案不宜相交叠。另外还要考虑 Logo 竖排效果，考虑作为背景时的排列方式等。Logo 布局方面的举例如图 12-3 所示。

图 12-2　Logo 色彩方面　　　　　　　　　　图 12-3　Logo 布局方面

(3) 视觉与造型。应该考虑到网站发展到一个高度时相应推广活动所要求的效果，使其在应用于各种媒体时，也能发挥充分的视觉效果；同时应使用能够给予多数观众好感的造型。Logo 视觉与造型方面的举例如图 12-4 所示。

(4) 介质效果。应该考虑到 Logo 在传真、报纸、杂志等纸介质上的单色效果、反白效果，在织物上的纺织效果，在车体上的油漆效果，制作徽章时的金属效果，墙面立体的造型效果等。Logo 介质效果的举例如图 12-5 所示。

　　8848 网站的 Logo 就因为忽略了字体与背景的合理搭配，圈住 4 字的圈成了 8 的背景，使其在网上彩色下能辨认的标识在报纸上做广告时糊涂一片，这样的设计与其努力上市的定位相去甚远，如图 12-6 所示。

图 12-4　Logo 视觉与造型　　　　图 12-5　Logo 介质效果　　　　图 12-6　8848 网站 Logo

　　比较简单的办法之一是把标识处理成黑白效果，能正确良好地表达 Logo 含义的即为合格。

12.1.2　网页 Logo 的标准尺寸

　　Logo 的国际标准规范是为了便于在 Internet 上信息的传播。目前国际上规定的 Logo 标准尺寸有下面 3 种，并且每一种广告规格的使用也都有一定的范围(单位：像素)。

　　(1)　88×31。主要用于网页链接，或网页小型 Logo。

　　这种规格的 Logo 是网络中最普通的友情链接 Logo。这种 Logo 通常被放置到别人的网站中显示，让别的网站用户单击这个 Logo 进入到你的网站。几乎所有网站的友情链接所用的 Logo 尺寸均是这个规格，好处是视觉效果好，占用空间小，如图 12-7 所示。

图 12-7　友情链接 Logo

　　(2)　120×60。这种规格主要用于做 Logo 使用。

　　一般用在网站首页面的 Logo 广告，如图 12-8 所示。

图 12-8　网站首页 Logo

网站开发案例课堂

(3) 120×90。主要应用于产品演示或大型 Logo，如图 12-9 所示。

图 12-9　大型 Logo

12.1.3　网页 Logo 的一般形式

作为具有传媒特性的 Logo，为了在最有效的空间内实现所有的视觉识别功能，一般是特定图案与特定文字的组合，起到出示、说明、沟通、交流的作用，从而引导受众的兴趣，达到增强美誉、记忆等目的。

网页 Logo 表现形式的组合方式一般分为特示图案、特示文字、合成文字。

(1) 特示图案。属于表象符号，独特、醒目、图案本身易被区分和记忆，通过隐寓、联想、概括、抽象等绘画表现方法表现被标识体，对其理念的表达概括而形象，但与被标识体关联性不够直接，受众容易记忆图案本身，但对被标识体的关系的认知需要相对曲折的过程，但一旦建立联系，印象较深刻，对被标识体记忆相对持久。特示图案举例如图 12-10 所示。

(2) 特示文字。属于表意符号。在沟通与传播活动中，反复使用的被标识体的名称或是其产品名，用一种文字形态加以统一。含义明确、直接，与被标识体的联系密切，易于被理解、认知，对所表达的理念也具有说明的作用，但因为文字本身的相似性易模糊受众对标识本身的记忆，从而对被标识体的长久记忆发生弱化。特示文字举例如图 12-11 所示。

图 12-10　特示图案　　　　　　　　　　　　图 12-11　特示文字

(3) 合成文字。是一种表象表意的综合，指文字与图案结合的设计，兼具文字与图案的属性，但都导致相关属性的影响力相对弱化，为了不同的对象取向，制作偏图案或偏文字的 Logo，会在表达时产生较大的差异。例如，只对印刷字体做简单修饰，或把文字变成一种装饰造型让大家去猜。

12.2 综合案例 1——制作文字 Logo

一个设计新颖的网站 Logo 可以给网站带来不错的宣传效应。下面就来制作一个时尚空间感的文字 Logo。

12.2.1 制作背景

制作文字 Logo 之前，需要事先制作一个文件背景，具体操作步骤如下。

step 01 打开 Photoshop CC，选择【文件】→【新建】命令，打开【新建】对话框，在【名称】文本框中输入"文字 Logo"，将【高度】设置为 400 像素，【宽度】设置为 200 像素，【分辨率】设置为 72 像素/英寸，如图 12-12 所示。

step 02 单击【确定】按钮，新建一个空白文档，如图 12-13 所示。

step 03 新建一个图层 1，设置前景色为(C：59，M：53，Y：52，K：22)，背景色为(C：0、M：0、Y：0、K：0)，如图 12-14 所示。

图 12-12 【新建】对话框

图 12-13 新建一个空白文档

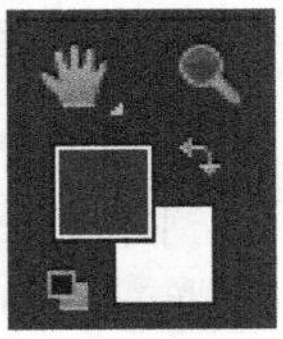

图 12-14 设置前景色和背景色

step 04 选择工具箱中的渐变工具，在其工具选项栏中设置过渡色为【前景色到背景色】，渐变模式为【线性渐变】，如图 12-15 所示。

step 05 按 Ctrl+A 组合键进行全选，选择图层 1，再回到图像窗口，在选区中按住 Shift 键的同时由上至下画出渐变色，然后按 Ctrl+D 组合键取消选区，如图 12-16 所示。

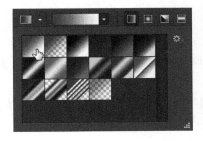

图 12-15 设置渐变

图 12-16 画出渐变

12.2.2 制作文字内容

文字 Logo 的背景制作完成后，下面就可以制作文字 Logo 的文字内容了，具体操作步骤如下。

step 01 在工具箱中选择横排文字工具，在文档中输入文字 YOU，并设置文字的字体格式为 Times New Roman，大小为 100pt，字体样式为 Bold，颜色为(C：0，M：100，Y：0，K：0)，如图 12-17 所示。

step 02 在【图层】面板中选中文字图层，然后将其拖曳到【新建图层】按钮上，复制文字图层，如图 12-18 所示。

图 12-17 输入文字

图 12-18 复制文字图层

step 03 选中【YOU 副本】图层，选择【编辑】→【变换】→【垂直翻转】命令，翻转图层，然后调整图层的位置，如图 12-19 所示。

step 04 选中【YOU 副本】图层，在【图层】面板中设置该图层的不透明度为 50%，效果如图 12-20 所示。

图 12-19 翻转图层

图 12-20 设置图层的不透明度

step 05 参照步骤 1 到步骤 4 的操作步骤，设置字母 J 的显示效果，其中字母 J 为白色，如图 12-21 所示。

step 06 参照步骤 1 到步骤 4 的操作步骤，设置字母 IA 的显示效果，其中字母 IA 为白色，如图 12-22 所示。

图 12-21　设置 J 的显示效果

图 12-22　设置 IA 的显示效果

12.2.3　绘制自定义形状

在一些 Logo 当中，会出现®标识，该标识的含义是优秀，也就是说明该公司所提供的产品或服务是优秀的。

绘制®标识的具体操作步骤如下。

step 01　在工具箱中选择自定形状工具，单击【点击可打开"自定形状"拾色器】按钮，打开系统预设的形状，在其中选择需要的形状样式，如图 12-23 所示。

step 02　在【图层】面板中单击【新建图层】按钮，新建一个图层，然后在该图层中绘制形状，如图 12-24 所示。

图 12-23　需要的形状样式

图 12-24　绘制形状

step 03　在【图层】面板中选中【形状 1】图层，并单击鼠标右键，从弹出的快捷菜单中选择【栅格化图层】命令，即可将该形状转化为图层，如图 12-25 所示。

step 04　选中形状所在图层并复制该图层，然后选择【编辑】→【变换】→【垂直翻转】命令，翻转形状，最后调整该形状图层的位置与图层不透明度，如图 12-26 所示。

图 12-25　栅格化图层

图 12-26　翻转形状

12.2.4 美化文字 Logo

美化文字 Logo 的具体操作步骤如下。

step 01 新建一个图层，然后选择工具箱中的单列选框工具，选择图层中的单列，如图 12-27 所示。

step 02 选择工具箱中的油漆桶工具，填充单列为玖红色(C：0，M：100，Y：0，K：0)，然后按 Ctrl+D 组合键，取消选区的选择状态，如图 12-28 所示。

图 12-27　新建图层

图 12-28　使用油漆桶工具

step 03 按 Ctrl+T 组合键，自由变换绘制的直线，并将其调整到合适的位置，如图 12-29 所示。

step 04 选择工具箱中的橡皮擦工具，擦除多余的直线，如图 12-30 所示。

图 12-29　变换绘制的直线

图 12-30　擦除多余的直线

step 05 复制直线所在图层，然后选择【编辑】→【变换】→【垂直翻转】命令，并调整其位置和图层的不透明度，如图 12-31 所示。

step 06 新建一个图层，选择工具箱中的矩形选框工具，在其中绘制一个矩形，并填充矩形的颜色为(C：0，M：100，Y：0，K：0)，如图 12-32 所示。

图 12-31　垂直翻转图层

图 12-32　绘制矩形

step 07 在玖红色矩形上输入文字"友佳"，并调整文字的大小与格式，如图 12-33 所示。

step 08 双击文字"友佳"所在的图层，打开【图层样式】对话框，勾选【投影】复选框，为图层添加投影样式，如图 12-34 所示。

图 12-33　输入文字　　　　　　　　　　　图 12-34　投影样式效果

step 09 选中矩形与文字"友佳"所在图层，然后单击鼠标右键，在弹出的快捷菜单中选择【合并图层】命令，合并选中的图层，如图 12-35 所示。

step 10 选中合并之后的图层，将其拖曳到【新建图层】按钮之上，复制图层。然后选择【编辑】→【变换】→【垂直翻转】命令，翻转图层，最后调整图层的位置与该图层的不透明度，最终的效果如图 12-36 所示。

图 12-35　合并图层　　　　　　　　　　图 12-36　复制并翻转图层

12.3　综合案例2——制作图案 Logo

下面介绍如何制作图案型 Logo。

12.3.1　制作背景

制作带有图案的 Logo 时，首先需要做的就是制作 Logo 背景，具体操作步骤如下。

step 01 打开 Photoshop CC，选择【文件】→【新建】命令，打开【新建】对话框，在【名称】文本框中输入"图案 Logo"；，将【高度】设置为 400 像素，【宽度】设置为 200 像素，【分辨率】设置为 72 像素/英寸，单击【确定】按钮，新建一个空白文档，如图 12-37 所示。

step 02 ▶ 单击工具箱中的【渐变工具】按钮之后，双击选项栏中的【编辑渐变】按钮，即可打开【渐变编辑器】对话框，在其中设置最左边色标的 RGB 值为(47，176，224)，最右边色标的 RGB 值为(255，255，255)，如图 12-38 所示。

图 12-37　新建空白文件

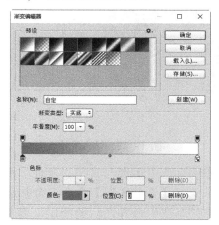

图 12-38　【渐变编辑器】对话框

step 03 ▶ 设置完毕后单击【确定】按钮，对选区从上到下绘制渐变，如图 12-39 所示。

step 04 ▶ 选择【文件】→【新建】命令，打开【新建】对话框，在其中设置【宽度】为 400 像素，【高度】为 10 像素，【分辨率】为 72 像素/英寸，【颜色模式】为【RGB 颜色】，【背景内容】为【透明】，如图 12-40 所示。

图 12-39　绘制渐变

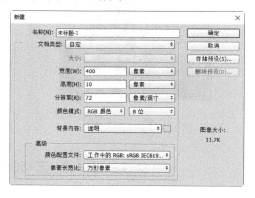

图 12-40　【新建】对话框

step 05 ▶ 在【图层】面板上单击【新建图层】按钮，新建一个图层之后，单击工具箱中的【矩形选框工具】按钮，并在矩形选项栏中设置【样式】为【固定大小】，【宽度】为 400 像素，【高度】为 5 像素，在视图中绘制一个矩形，如图 12-41 所示。

step 06 ▶ 单击工具箱中的【前景色】图标，在弹出的【拾色器】对话框中，将 RGB 值设为(148，148，155)，然后使用油漆桶工具，为选区填充颜色，如图 12-42 所示。

step 07 ▶ 选择【编辑】→【定义图案】命令，打开【图案名称】对话框。在【名称】文本框中输入图案的名称即可，如图 12-43 所示。

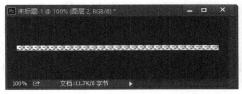

图 12-41 绘制一个矩形

图 12-42 为选区填充颜色

step 08 然后返回到图案 Logo 视图中，选中上面实行渐变的矩形选区，在【图层】面板上单击【创建新图层】按钮，新建一个图层之后，选择【编辑】→【填充】命令，即可打开【填充】对话框，设置【内容】为【图案】，【自定图案】设为上面定义的图案，【模式】设为【正常】，如图 12-44 所示。

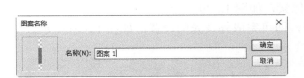

图 12-43 【图案名称】对话框

图 12-44 【填充】对话框

step 09 设置完毕后单击【确定】按钮即可为选定的区域填充图像，然后在【图层】面板中可以通过调整其不透明度来设置填充图像显示的效果，在这里设置图层不透明度为 47%，如图 12-45 所示。

step 10 在【图层】面板中双击新建的图层，打开【图层样式】对话框，在【样式】中选择【内发光】样式选项之后，设置【混合模式】为【正常】，发光颜色 RGB 值为 (255，255，190)，【大小】为 5 像素。在设置完毕之后，单击【确定】按钮，即可完成对内发光的设置，效果如图 12-46 所示。

图 12-45 设置图层不透明度

图 12-46 设置图层样式

12.3.2 制作图案效果

背景制作完毕后，下面就可以制作图案效果了，具体操作步骤如下。

step 01 在【图层】面板上单击【创建新图层】按钮，新建一个图层之后，单击工具箱中的【椭圆选框工具】按钮，按住 Shift 键在图层中创建一个圆形选区，如图 12-47 所示。

step 02 使用油漆桶工具，为选区填充颜色，其 RGB 值设为(120，156，115)，如图 12-48 所示。

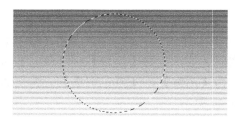

图 12-47　创建圆形选区

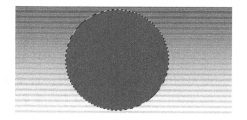

图 12-48　填充颜色

step 03 在【图层】面板中双击新建的图层，打开【图层样式】对话框，在【样式】中选择【外发光】样式选项之后，设置【混合模式】为【正常】，发光颜色 RGB 值为(240，243，144)，【大小】为 24 像素，如图 12-49 所示。

step 04 设置完毕后单击【确定】按钮，即可完成外发光的设置，如图 12-50 所示。

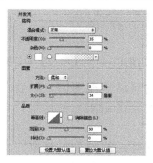

图 12-49　设置外发光参数

图 12-50　外发光效果

step 05 在【图层】面板上单击【创建新图层】按钮，新建一个图层之后，单击工具箱中的【椭圆选框工具】按钮，按住 Shift 键在上面创建的圆形中再创建一个圆形选区，如图 12-51 所示。

step 06 使用油漆桶工具，为选区填充颜色，其 RGB 值设为(255，255，255)，如图 12-52 所示。

图 12-51　创建圆形选区

图 12-52　填充选区为白色

step 07 在【图层】面板上单击【创建新图层】按钮，新建一个图层，然后单击工具箱中的【自定形状工具】按钮，在选项工具栏中单击形状下拉按钮，在弹出的下拉面板中选择红桃 ♥，如图 12-53 所示。

step 08 选择完毕后在视图中绘制一个心形图案，在【路径】面板上单击【将路径作为选区载入】按钮，即可将红桃形图案的路径转化为选区，如图 12-54 所示。

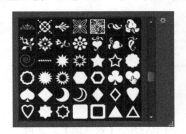

图 12-53　选择自定义形状

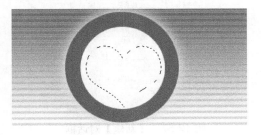

图 12-54　绘制心形选区

step 09 单击【前景色】图标，打开【拾取色】对话框，在其中将 RGB 值设为(224，65，65)。选择油漆桶工具为选区填充颜色之后，使用移动工具调整其位置，完成后具体的显示效果，如图 12-55 所示。

step 10 在【图层】面板上单击【创建新图层】按钮，新建一个图层，单击工具箱中的【横排文字工具】按钮，在视图中输入文本 Love 之后，再在【字符】面板中设置字体大小为 20 点，字体样式为【宋体】，颜色为白色，如图 12-56 所示。

图 12-55　填充选区为红色

图 12-56　输入文字

12.4　跟我学上机——制作图文结合的 Logo

大部分网页的 Logo 都是图文结合的 Logo。下面制作一个图文结合的 Logo。

1. 制作 Logo 中的图案

具体操作步骤如下。

step 01 在 Photoshop CC 的主窗口中，选择【文件】→【新建】命令，打开【新建】对话框，在其中设置【宽度】为 200 像素，【高度】为 100 像素，【分辨率】为 72 像素/英寸，【颜色模式】为【RGB 颜色】，【背景内容】为【白色】，如图 12-57 所示。

step 02 选择【视图】→【显示】→【网格】命令，在图像窗口中显示出网格。然后选择【编辑】→【首选项】→【参考线、网格和切片】命令，打开【首选项】对话框，在其中将【网格线间隔】设置为 10 毫米，如图 12-58 所示。

图 12-57　【新建】对话框

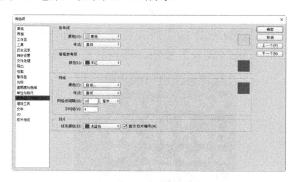

图 12-58　【首选项】对话框

step 03 设置完毕后单击【确定】按钮，此时图像窗口显示的网格属性如图 12-59 所示。

step 04 在【图层】面板上单击【创建新图层】按钮，新建一个图层之后，单击工具箱中的【椭圆选框工具】按钮，按住 Shift 键在图层中创建一个圆形选区，如图 12-60 所示。

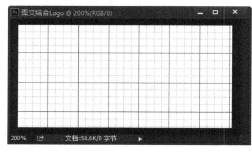

图 12-59　显示网格线

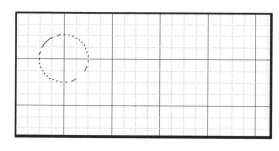

图 12-60　添加圆形选区

step 05 选择工具箱中的多边形套索工具，并同时按住 Alt 键减少部分的选区，完成后的效果，如图 12-61 所示。

step 06 设置前景色的颜色为绿色，其 RGB 颜色为(27，124，30)，然后选择油漆桶工具，使用前景色进行填充，如图 12-62 所示。

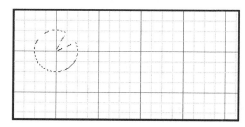

图 12-61　使用多边形套索工具

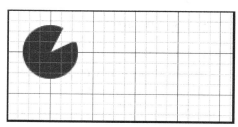

图 12-62　填充选区为绿色

step 07   在【图层】面板上单击【创建新图层】按钮，新建一个图层之后，单击工具箱中的【椭圆选框工具】按钮，按住 Shift 键在图层中创建一个圆形选区，如图 12-63 所示。

step 08   设置前景色的颜色为红色，其 RGB 颜色为(255，0，0)，然后选择填充工具，使用前景色进行填充，如图 12-64 所示。

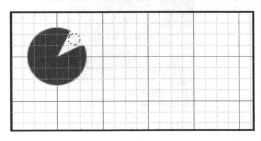 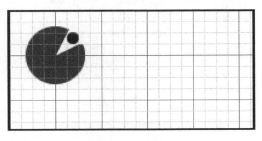

图 12-63　绘制正圆　　　　　　　　　　图 12-64　填充选区为红色

step 09   采用同样的办法依次创建 2 个新的图层，并在每个图层上创建一个大小不同的红色选区，使用移动工具调整其位置，完成后的效果如图 12-65 所示。

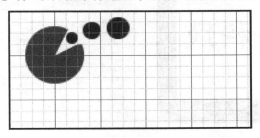

图 12-65　最终显示效果

2. 制作 Logo 中的文字

具体操作步骤如下。

step 01   新建一个图层，然后单击工具箱中的【横排文字工具】按钮，单击工具选项栏中的【文字变形】按钮，打开【变形文字】对话框。在【样式】下拉列表中选择【波浪】选项，设置完毕后单击【确定】按钮，如图 12-66 所示。

step 02   选择【窗口】→【段落】命令，打开【段落】面板，然后切换到【字符】面板。在【字符】面板中设置要输入文字的各个属性，如图 12-67 所示。

step 03   设置完毕后在图像中输入文字"创新科技"，并适当调整其位置，如图 12-68 所示。

step 04   在【图层】面板中双击文字图层的图标，打开【图层样式】对话框，在【样式】中选择【斜面和浮雕】选项，设置【样式】为【外斜面】，并设置【阴影模式】颜色的 RGB 值为(253，184，114)，如图 12-69 所示。

step 05   设置完毕单击【确定】按钮，效果如图 12-70 所示。

step 06   新建一个图层，然后单击工具箱中的【横排文字工具】按钮，并在工具选项栏中设置文字的大小、字体和颜色，然后输入文字 Cx，如图 12-71 所示。

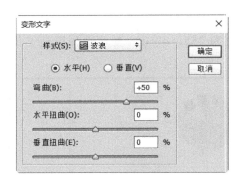

图 12-66 【变形文字】对话框

图 12-67 【字符】面板

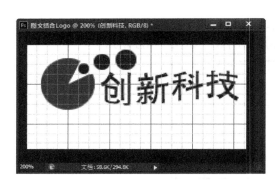

图 12-68 输入文字

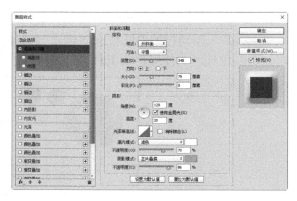

图 12-69 设置斜面和浮雕参数

图 12-70 添加图层样式后的效果

图 12-71 输入文字

step 07 右击新建的文字图层，在弹出的快捷菜单中选择【栅格化文字】命令，将文字图层转化为普通图层，然后按 Ctrl+T 组合键对文字进行变形和旋转，完成后的效果如图 12-72 所示。

step 08 采用同样的方法完成网址其他部分的制作，最终效果如图 12-73 所示。

step 09 选择【视图】→【显示】→【网格】命令，在图像窗口中取消网格的显示。至此，就完成了图文结合网站 Logo 的制作，如图 12-74 所示。

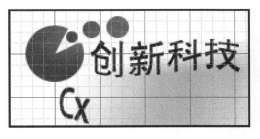

图 12-72 栅格化文字

图 12-73 最终的效果

图 12-74 最终的 Logo 显示效果

12.5 疑 难 解 惑

疑问 1：在输入段落文本时，为什么不能完全显示输入的所有文本？

答：在输入段落文本时，如果输入的文本超出了段落文本的显示范围，则超出文本框的文字将不能显示。这时可以拖动段落文本框四周的控制点，调整文本框的大小，直到完全显示所有的文字为止。

疑问 2：怎样快捷地调整局部图像的亮度？

答：使用减淡工具即可对局部图像进行提亮加光处理。使用加深工具即可降低图像的曝光度，并加深图像的局部色调。

第 13 章
制作网页 Banner

Banner 的中文含义是旗帜、横幅和标语，通常被称为网络广告。Banner 一般可以放置在网页上的不同位置，在用户浏览网页信息的同时，能吸引用户对广告信息的关注，从而获得网络营销的效果。

重点案例效果

13.1　网页 Banner 概述

Banner 有旗帜的意思，在网页中称作旗帜广告或横幅广告，是网络广告的主要形式，一般使用 GIF 格式的图像文件，可以使用静态图形，也可用多帧图像拼接为动画图像。

13.1.1　网页 Banner 的标准尺寸

Banner 的几种国际尺寸如下：468×60(全尺寸 Banner)、392×72(全尺寸带导航条 Banner)、234×60(半尺寸 Banner)、125×125(方形按钮)、120×90(按钮类型 1)、120×60(按钮类型 2)、88×31(小按钮)、120×240(垂直 Banner)，其中 468×60 和 88×31 两种尺寸最常用。下面就这两种最常用的尺寸解释一下。

1. 468×60 的 Banner

虽然尺寸有国际标准，但是在设计页面的时候，完全可以根据页面占用空间来制定 Banner 广告位和广告条的大小。

一个页面内不宜超出两个 468×60 的 Banner。有两个 Banner 的时候，一般是上面一个，下面一个。设计 Banner 配合页面的两种情况：单看 Banner 很难看，但是放入网页中，却会使网页设计丰富而炫目，一般也就是 468×60 的 Banner 有这本事了。还有设计的时候必须要考虑 Logo 跟其他网站互换时如何更适合他人网页的风格，所以该多做一些不同颜色不同情况的 Banner。

2. 88×31 的 Banner

大家俗称它为 Logo。好的 Banner 也要符合网站的风格。经常遇到一个很棒的 Banner，但点开却是很难看的主页。虽然有被欺骗的感觉，但是从营销的角度讲，Banner 设计得越好，点击率越高，也就越成功。

13.1.2　设计 Banner 的注意要点

设计 Banner 时需要注意以下几点。

(1)　Banner 上的字体。建议采用 Bold Sans Serif 字体。

(2)　Banner 上文字的方向。文字应尽量调整为一个方向，这样更容易被浏览者从一个方向读到。

(3)　Banner 上图片的位置。图片是视线的第一焦点，浏览者会随着图片看过去，所以图片应该放在 Banner 的左边，如图 13-1 所示。

(4)　Banner 上按钮的位置。一般浏览者阅读的习惯是从左到右，所以将按钮放在 Banner 的右边比较合适，如图 13-2 所示。

(5)　Banner 上文字的间距。一般情况下，文字越小，间距越大，这样可以提高文字的可读性。而文字越大，间距就应越小。

图 13-1 Banner 上的图片

图 13-2 Banner 上的按钮

(6) Banner 上文字的数量。文字尽量不要太多,这样更容易被浏览者看到。

(7) Banner 上的文字之间应尽量留空。这样更容易做出精彩的动画效果。

(8) Banner 的大小。观看 Banner 的时候,需要下载,所以 Banner 不宜设置得太大。

13.2 综合案例 1——制作英文 Banner

在网站当中,若 Banner 的位置显著、色彩艳丽、有动态效果,则很容易吸引浏览者的目光。而且 Banner 作为一种页面元素,也必须服从整体页面的风格和设计原则。下面制作一个英文 Banner。

13.2.1 制作 Banner 背景

制作 Banner 背景的具体操作步骤如下。

step 01 打开 Photoshop,按 Ctrl+N 组合键,新建一个宽为 468 像素、高为 60 像素的文件,命名为"英文 Banner",如图 13-3 所示。

step 02 单击【确定】按钮,新建一个空白文档,如图 13-4 所示。

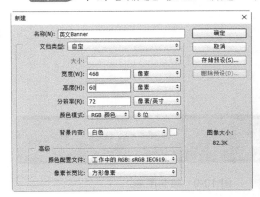

图 13-3 【新建】对话框

图 13-4 新建一个空白文档

step 03 新建一个图层 1,设置前景色为(C:5,M:20,Y:95,K:0)、背景色为(C:36,M:66,Y:100,K:20),如图 13-5 所示。

step 04 选择工具箱中的渐变工具,在其工具选项栏中设置过渡色为【前景色到背景色渐变】、渐变模式为【线性渐变】,如图 13-6 所示。

step 05 按 Ctrl+A 组合键进行全选,选择图层 1,再回到图像窗口,在选区中按住 Shift 键的同时由上至下画出渐变色,然后按 Ctrl+D 组合键取消选区,如图 13-7 所示。

图 13-5　设置前景色和背景色

图 13-6　设置渐变

图 13-7　绘制渐变

13.2.2　制作 Banner 底纹

制作 Banner 底纹的具体操作步骤如下。

step 01　在工具箱中选择画笔工具，单击【形状】右侧的下三角按钮，在弹出的下拉面板中选择 图案，并设置大小为 100px，如图 13-8 所示。

step 02　使用画笔工具在图片中画出如图 13-9 所示的图形。

图 13-8　选择画笔图案

图 13-9　绘制图形

step 03　选择自定形状工具，在上方出现的工具选项栏中选择自己喜欢的形状，这里选择 形状，如图 13-10 所示。

step 04　新建路径 1，绘制大小合适的形状，再右击路径 1，在弹出的快捷菜单中选择【建立选区】命令，如图 13-11 所示。

step 05　设置前景色为(C：10，M：16，Y：75，K：0)，新建图层 2，然后填充形状，如图 13-12 所示。

step 06　双击图层 2，打开【图层样式】对话框，为图层 2 添加投影样式，具体的参数设置如图 13-13 所示。

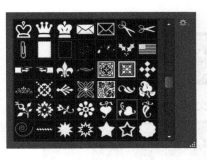

图 13-10　选择形状

图 13-11　选择【建立选区】命令

图 13-12　填充形状

step 07 为图层 2 添加描边图层样式，具体的参数设置如图 13-14 所示。

图 13-13　设置投影参数

图 13-14　设置描边参数

step 08 选择自定形状工具，为图片添加形状，并填充为绿色，具体的效果如图 13-15 所示。

图 13-15　填充形状

13.2.3　制作文字特效

制作文字特效的具体操作步骤如下。

step 01 选择工具箱中的横排文字工具，为 Banner 添加英文文字，然后设置文字的大小、颜色、字体等属性，并为文字图层添加投影效果，如图 13-16 所示。

step 02 选择【编辑】→【变换】→【斜切】命令，调整文字的角度，最终完成的效果如图 13-17 所示。

图 13-16　添加文字

图 13-17　设置角度

13.3　综合案例2——制作中文 Banner

上一节介绍了如何制作英文 Banner，下面介绍如何制作中文 Banner。

13.3.1　输入特效文字

输入特效文字的具体操作步骤如下。

step 01 打开 Photoshop CC，选择【文件】→【新建】命令，弹出【新建】对话框，输入相关设置，创建一个 600 像素×300 像素的空白文档，单击【确定】按钮，如图 13-18 所示。

step 02 使用工具箱中的横排文字工具在文档中插入要制作立体效果的文字内容，文字颜色和字体可自行定义，本实例采用黑色，如图 13-19 所示。

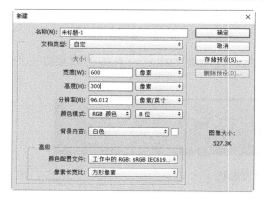

图 13-18　【新建】对话框

图 13-19　添加文字

step 03 右击文字图层，在弹出的快捷菜单中选择【栅格化文字】命令，将矢量文字变成像素图像，如图 13-20 所示。

step 04 选择【编辑】→【自由变换】命令，对文字执行变形操作，调整到合适的角度，如图 13-21 所示。

图 13-20　栅格化文字

图 13-21　对文字执行变形

提示　　文字自由变形时需要注意透视原理。

13.3.2　将输入的文字设置为 3D 效果

将输入的文字设置为 3D 效果的具体操作步骤如下。

step 01　复制文字图层，生成文字副本图层，如图 13-22 所示。

step 02　双击副本图层，弹出【图层样式】对话框，勾选【斜面和浮雕】复选框，调整【深度】为 350%、【大小】为 7 像素，如图 13-23 所示。勾选【颜色叠加】复选框，设置叠加颜色为红色，单击【确定】按钮。

图 13-22　复制图层

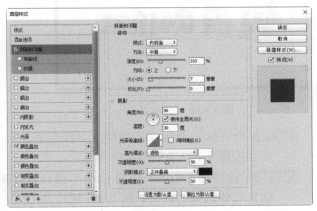

图 13-23　【图层样式】对话框

step 03　新建图层 1，把图层 1 拖到文字副本图层下面，如图 13-24 所示。

step 04　右击文字副本图层，在弹出的快捷菜单中选择【向下合并】命令，将文字副本图层合并到图层 1 上，得到新的图层，如图 13-25 所示。

图 13-24　新建图层

图 13-25　合并图层

step 05　选择图层 1，按 Ctrl+Alt+T 组合键执行复制变形，在属性栏中输入纵横拉伸的百分比例分别为 101%，然后使用小键盘方向键，向右移动 2 像素(单击 1 次方向键可移动 1 像素)，如图 13-26 所示。

step 06　按 Ctrl + Alt + Shift + T 组合键复制图层 1，并使用方向键向右移动 1 像素，使用相同方法依次复制图层，并向右移动 1 像素，经过多次重复操作，复制的图层如图 13-27 所示。

图 13-26　拉伸文字

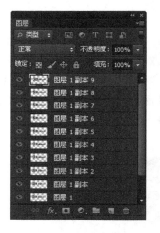

图 13-27　复制图层

step 07　合并除了背景层和原始文字图层外的其他所有图层，并将合并后的图层拖放到文字图层下方，如图 13-28 所示。

step 08　选择文字图层，使用 Ctrl+T 组合键对图形执行拉伸变形操作，使其刚好能盖住制作立体效果的表面，按 Enter 键使其生效，如图 13-29 所示。

step 09　双击文字图层，弹出【图层样式】对话框，勾选【渐变叠加】复选框，设置渐变样式为【橙,黄,橙渐变】，单击【确定】按钮，如图 13-30 所示。

step 10　立体文字效果制作完成，如图 13-31 所示。

图 13-28　合并图层

图 13-29　拉伸文字图层

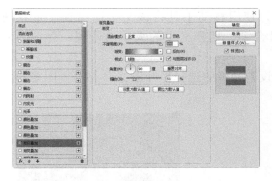

图 13-30　设置渐变叠加参数

图 13-31　立体文字效果

13.3.3　制作 Banner 背景

step 01 按 Ctrl+N 组合键，新建一个宽为 468 像素，高为 60 像素的文件，命名为"中文 Banner"，如图 13-32 所示。

step 02 单击【确定】按钮，新建一个空白文档，如图 13-33 所示。

图 13-32　【新建】对话框

图 13-33　新建一个空白文档

step 03 选择工具箱中的渐变工具，并设置渐变颜色为紫色(R：102，G：102，B：155)

到橙色(R：230，G：230，B：255)的渐变，如图 13-34 所示。

step 04 ▶ 按住 Ctrl 键，单击【背景】图层，全选背景，在选框上方单击并向下拖曳鼠标，填充从上到下的渐变，然后按 Ctrl+D 组合键取消选区，效果如图 13-35 所示。

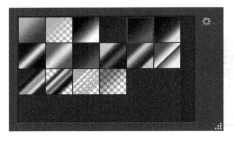 

图 13-34　设置渐变颜色　　　　　　　　　　图 13-35　填充渐变

step 05 ▶ 打开 13.3.2 节制作的特效文字，使用移动工具将该文字拖曳到"企业网站 Banner"文件中，然后按 Ctrl+T 组合键，调整文字的大小与位置，如图 13-36 所示。

step 06 ▶ 选择画笔工具，然后在【画笔预设】面板中选择枫叶图案，并设置图案的大小等，如图 13-37 所示。

图 13-36　添加文字文件　　　　　　　　　图 13-37　【画笔预设】面板

step 07 ▶ 在企业网站 Banner 文档中绘制枫叶图案。至此，就完成了网站中文 Banner 的制作，最终效果如图 13-38 所示。

图 13-38　网站中文 Banner

13.4　跟我学上机——制作图文结合 Banner

图文结合 Banner 是网页中应用非常广泛的一种形式。下面制作一个简单的图文结合 Banner，具体操作步骤如下。

step 01 启动 Photoshop CC，打开"素材\ch13\Banner.jpg"文件，如图 13-39 所示。

step 02 单击工具箱中的横排文字工具，输入文字"大牌闪购"，并设置文字的颜色为玫红色，如图 13-40 所示。

图 13-39 打开素材文件

图 13-40 输入文字

step 03 选择文字所在图层，按 Ctrl+T 组合键，对文字进行自由变换，如图 13-41 所示。

step 04 选择文字，单击选项栏中的【变形文字】按钮，打开【变形文字】对话框，在其中设置变形文字的样式为【波浪】，并设置其他相关参数，如图 13-42 所示。

图 13-41 自由变换文字大小

图 13-42 【变形文字】对话框

step 05 单击【确定】按钮，即可完成文字的变形，如图 13-43 所示。

step 06 双击文字所在图层，打开【图层样式】对话框，为文字添加投影样式，具体的参数如图 13-44 所示。

图 13-43 变形文字效果

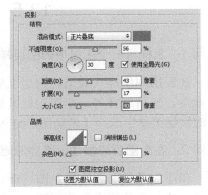

图 13-44 设置投影参数

网站开发案例课堂

step 07 双击文字所在图层，打开【图层样式】对话框，为文字添加描边样式，具体的参数如图 13-45 所示。

step 08 设置完毕后，单击【确定】按钮，即可得到如图 13-46 所示的文字效果。

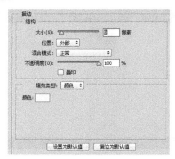

图 13-45　设置描边参数

图 13-46　最终的文字效果

step 09 使用工具箱中的横排文字工具，输入其他文字信息，并设置文字的样式、颜色、大小等参数，这里设置的文字效果如图 13-47 所示。

step 10 打开"素材\ch13\女孩.jpg"与"素材\ch13\男孩.jpg"文件，使用移动工具将素材拖曳到 Banner 文件中，并调整素材文件的大小与位置，最终得到如图 13-48 所示的效果。至此，一个简单的图文结合 Banner 就制作完成了。

图 13-47　输入其他文字

图 13-48　添加其他素材文件

13.5　疑　难　解　惑

疑问 1：怎样将一个图层中的图层样式效果复制到其他图层或另一个文档中？

答：在应用图层样式效果的图层上单击鼠标右键，在弹出的快捷菜单中选择【拷贝图层样式】命令，然后选择另一个图层或其他文档中的一个图层，并在该图层上单击鼠标右键，从弹出的快捷菜单中选择【粘贴图层样式】命令即可。

疑问 2：在为图层添加【斜面和浮雕】图层样式时，怎样同时为图像添加纹理效果？

答：在添加【斜面和浮雕】图层样式时，系统会打开对应的【图层样式】对话框，在对话框左边的【斜面和浮雕】选项下方勾选【纹理】复选框，然后就可以在该对话框右边的选项区域中选择所需的图案样式并进行相应的设置。

第 14 章
网页配色基础与要领

　　缤纷绚丽的世界是由绚烂的色彩构成的，各种色彩的存在使得世间万物充满着朝气，焕发出勃勃生机。作为网页，也需要斑斓的色彩来吸引人们的眼球。一个网站设计成功与否，在某种程度上取决于设计者对色彩的运用和搭配。因此，在设计网页时，必须要高度重视色彩的搭配。

重点案例效果

14.1　网页色彩概述

色彩五颜六色、千变万化。通常把色彩中的红、黄、蓝称为三原色。三原色通过不同比例的混合可以得到各种颜色。

14.1.1　了解网页的色彩

了解色彩的基础知识可以从 8 个方面入手。通过对这 8 个色彩方面知识的学习，读者可以很轻松地了解色彩的产生以及如何使用相关色彩。

1．间色

间色又叫"二次色"，是由三原色调配出来的颜色。红与黄调配出橙色；黄与蓝调配出绿色；红与蓝调配出紫色，橙、绿、紫 3 种颜色又叫"三间色"。在调配时，由于原色在分量多少上有所不同，所以能产生丰富的间色变化。

2．复色

复色也叫"复合色"，是用原色与间色相调或间色之间相调而成的"三次色"。复色是最丰富的色彩家族，千变万化，丰富异常，包括了除原色和间色以外的所有颜色。

3．同种色

相同的颜色由于明度变化不同，可以形成两种颜色，这两种颜色就称为同种色。

4．同类色

两种以上的颜色，其主要的色素倾向比较接近，如红色类的朱红、大红、玫瑰红等，都主要包含红色色素，所以这些颜色就可以称其为同类色。

5．类似色

在色相环上任意 90 度以内的颜色，各色之间含有共同色素，就可以将其称为类似色。

6．邻近色

在色相环上任一颜色同其毗邻之色称为邻近色，邻近色也是类似色，唯一不同的就是所指范围缩小了一些。

7．对比色

在色环上任一直径两端相对之色(含其邻近色)称对比色。

8．补色

色环中任何两色混合所得的新色与另一原色互为补色，也称其为余色。如红与绿、黄与紫、蓝与橙皆属补色关系。

14.1.2　色彩的基础知识

色彩可以分为无彩色和有彩色两大类，其中有彩色就是具备光谱上的某种或某些色相，统称为彩调，如红、黄、蓝等七彩；与此相反的无彩色就没有彩调，如黑、白、灰等。

此外，色彩还有冷暖色之分，冷色(如蓝色)给人的感觉是安静、冰冷；而暖色(如红色)给人的感觉是热烈、火热。冷暖色的巧妙运用可以让网站产生意想不到的效果。

1. 色彩的形成

我们看到的色彩，并不是物体本身固有的，它是物体本身吸引和反射光波的结果。分析色彩的形成，其主要是通过以下几个方面实现的。

(1) 通过物体本身反射，所形成的一定的色彩。

(2) 通过光源的照射，所形成的一定的色彩。

(3) 由于物体色彩受环境的影响，所形成的一定的色彩。

(4) 由于物体色彩受空间的影响，所形成的一定的色彩。

2. 色彩的类型

色彩一般将其划分为 3 个类型，如图 14-1 所示，即光源色、固有色和环境色。下面一起来认识一下这 3 种类型。

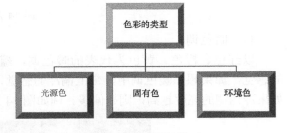

图 14-1　色彩的类型

1) 光源色

光源色是指由各种光源发出的光。因为太阳光、灯光等不同光源发出光的光波长短、强弱、比例性质不一样，所以表现成各种各样的色彩。

2) 固有色

固有色是指物体自己本身的固有色。因为物体固有的属性，在常态光源下也是会有色彩呈现的，所以就形成了物体的固有色相。

3) 环境色

物体周围环境的颜色反射到物体上的颜色。因为物体表面受到光照后，在一定程度上吸引了一些光，但还有一部分是反射到周围的物体上的。例如，光滑的材质反射效果特别强烈，所以我们需要在网站设计时考虑环境色的影响。

3. 色彩的 3 个属性

色相、明度和纯度是色彩的 3 个属性。不同的颜色会给浏览者不同的心理感受，所以我们需要非常清楚地认识色彩的属性。

4. 色彩性质的分类

因为三原色中，红色属于暖色，其他两种都不是，所以进行设计时可以通过红色所占比例的多少来进行作品颜色冷暖的判断。不同的色调(见图 14-2)，所反映的色彩性质是有区别的。下面分别进行具体分析。

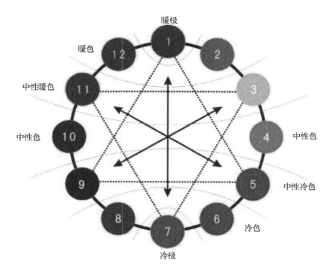

图 14-2　色调

1)　暖色调

以红色、橙色、黄色为代表的暖色调，蕴含着太阳、火焰般的视觉热情，给人心里温暖的感觉。如果想在暖色调中，带上偏冷的感觉，可通过亮度调整，亮度越高，越偏冷；反之，如果冷色调的亮度越高，则越偏暖。例如图 14-3 所示的网页，是一种属于暖色调的色彩搭配。

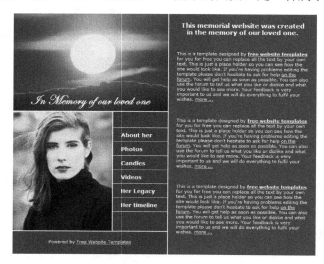

图 14-3　暖色调页面

2)　冷色调

以绿色、蓝色、黑色为代表的冷色调，蕴含着蓝天、大海、森林般的视觉效果，给人心里宽广、深沉的感觉。同样地，可以通过调整亮度，让冷色调变得暖起来。例如图 14-4 所示的网页，是一种属于冷色调的色彩搭配。

图 14-4 冷色调页面

3) 中性色调

以灰色、紫色、白色为代表的中间色，给人一种轻快的感觉。在使用中间色的时候，一般会将其作为一个过渡色调来应用。然后搭配暖色或者冷色让视觉冲击变得更加明显。例如图 14-5 所示的网页，是中性色调在页面中的应用实现。

图 14-5 中性色调页面

14.1.3 Web216 安全色

由于显示网页的浏览器不同，各自浏览器的调色板是不一样的。浏览器通过选取本身所用调色板中最接近的颜色，或者通过抖动以及混合自身的颜色的方式，将浏览器中没有的颜色重新产生。为了解决变动让颜色产生变样的问题，工作人员普遍会将 Web216 安全色(即网络上的安全色)用于网页的图像编辑及配色。

　　Web216 安全色，是一种颜色模型，采用十六进制方式表达。具体以三原色红、黄、蓝为主色调，然后将每一种三原色接近的 6 种颜色作为组成部分，从而形成 216 种特定的颜色。这些颜色可以安全地应用于所有的 Web 中。如图 14-6 所示，是全部的 216 种颜色。

#ffffff	#ffccff	#ff99ff	#ff66ff	#ff33ff	#ff00ff
#ffffcc	#ffcccc	#ff99cc	#ff66cc	#ff33cc	#ff00cc
#ffff99	#ffcc99	#ff9999	#ff6699	#ff3399	#ff0099
#ffff66	#ffcc66	#ff9966	#ff6666	#ff3366	#ff0066
#ffff33	#ffcc33	#ff9933	#ff6633	#ff3333	#ff0033
#ffff00	#ffcc00	#ff9900	#ff6600	#ff3300	#ff0000
#ccffff	#ccccff	#cc99ff	#cc66ff	#cc33ff	#cc00ff
#ccffcc	#cccccc	#cc99cc	#cc66cc	#cc33cc	#cc00cc
#ccff99	#cccc99	#cc9999	#cc6699	#cc3399	#cc0099
#ccff66	#cccc66	#cc9966	#cc6666	#cc3366	#cc0066
#ccff33	#cccc33	#cc9933	#cc6633	#cc3333	#cc0033
#ccff00	#cccc00	#cc9900	#cc6600	#cc3300	#cc0000
#99ffff	#99ccff	#9999ff	#9966ff	#9933ff	#9900ff
#99ffcc	#99cccc	#9999cc	#9966cc	#9933cc	#9900cc
#99ff99	#99cc99	#999999	#996699	#993399	#990099
#99ff66	#99cc66	#999966	#996666	#993366	#990066
#99ff33	#99cc33	#999933	#996633	#993333	#990033
#99ff00	#99cc00	#999900	#996600	#993300	#990000
#66ffff	#66ccff	#6699ff	#6666ff	#6633ff	#6600ff
#66ffcc	#66cccc	#6699cc	#6666cc	#6633cc	#6600cc
#66ff99	#66cc99	#669999	#666699	#663399	#660099
#66ff66	#66cc66	#669966	#666666	#663366	#660066
#66ff33	#66cc33	#669933	#666633	#663333	#660033
#66ff00	#66cc00	#669900	#666600	#663300	#660000
#33ffff	#33ccff	#3399ff	#3366ff	#3333ff	#3300ff
#33ffcc	#33cccc	#3399cc	#3366cc	#3333cc	#3300cc
#33ff99	#33cc99	#339999	#336699	#333399	#330099
#33ff66	#33cc66	#339966	#336666	#333366	#330066
#33ff33	#33cc33	#339933	#336633	#333333	#330033
#33ff00	#33cc00	#339900	#336600	#333300	#330000
#00ffff	#00ccff	#0099ff	#0066ff	#0033ff	#0000ff
#00ffcc	#00cccc	#0099cc	#0066cc	#0033cc	#0000cc
#00ff99	#00cc99	#009999	#006699	#003399	#000099
#00ff66	#00cc66	#009966	#006666	#003366	#000066
#00ff33	#00cc33	#009933	#006633	#003333	#000033
#00ff00	#00cc00	#009900	#006600	#003300	#000000

图 14-6　Web216 安全色

14.1.4　网页色彩的搭配技巧

在网页配色过程中，一般会选择同一色系、对比色系或者相近色系的颜色，来进行颜色搭配。关于它们的搭配技术及其相关内容，下面分别进行介绍。

1. 同一色系配色

同一色系配色，是指选定一种颜色作为主色调，通过调整该种颜色的透明度或者饱和度的操作，获得使用于同一页面中的新的色彩的配色方法。如图 14-7 所示，页面中使用的是同一色系的色彩搭配。

2. 对比色系配色

在选定一种颜色作为主色调之后，通过选取该种颜色的对比色，调整饱和度的操作，从而获得用于同一页面中的新的色彩的配色方法，即为对比色系配色，如图 14-8 所示，页面使用的是对比色系的搭配效果。

图 14-7　同一色系配色　　　　　　　　图 14-8　对比色系配色

3. 相近色系配色

相近色系配色，是指在选定一种颜色作为主色调的条件下，通过选取该种颜色的相近色系，从而获得使用于同一页面中的新的色彩的配色方法，如图 14-9 所示，是相近色系的搭配效果。

图 14-9　相近色系配色

14.1.5　不同配色方案的心理感觉

事实上，判断网页设计配色是否成功的标准就是看浏览者数量以及浏览者评价。因为配色方案的好坏直接映射浏览者的心理感觉，所以不同配色方案给人的心理感觉是不一样的。

1. 红色调和方案

通过色彩心理的介绍可以了解到，红色的色感温暖，性格刚烈而外向，在众多颜色当中是给人刺激性最强的一种颜色。另外，红色还容易引起人们的注意，是一种比较喜庆的颜色，它容易使人产生兴奋、激动、紧张、冲动等情绪。

同时，如果长时间浏览容易使人产生视觉疲劳。还有就是如果在红色中加入其他颜色，又会产生另外的心理感觉，具体体现在以下几个方面。

(1) 红色中加入少量黄色。调和后会使人精力旺盛，趋于躁动，给人一种不安的情绪。

(2) 红色中加入少量蓝色。调和后会使人热性减弱且趋于文雅，给人一种柔和美感。

(3) 红色中加入少量黑色。调和后会使人性格变得沉稳且趋于厚重，给人一种朴实无华的感觉。

(4) 红色中加入少量白色。调和后会使人性格变得温柔且趋于含蓄，给人一种羞涩、娇嫩的感觉。

2. 黄色调和方案

在众多的颜色当中，黄色经常被称为"公主"，因为黄色是众多颜色当中最为娇气的一种颜色。只要在纯黄色中混入少量的其他颜色，则其色相感和色性均会发生较大程度的变化。

具体体现在以下几个方面。

(1) 黄色中加入少量蓝色。调出来的颜色将转化为一种鲜嫩的绿色，原有的高傲性格消失殆尽，趋于一种平和、潮润的感觉。

(2) 黄色中加入少量红色。调和后具有明显的橙色感觉，其性格也会发生翻天覆地的变化，从原有的冷漠、高傲转化为一种有分寸感的热情和温暖。

(3) 黄色中加入少量黑色。调和后的色感和色性变化最大，成为一种具有明显橄榄绿的复色印象，色性也变得成熟、随和起来。

(4) 黄色中加入少量白色。调和后的色感变得柔和，原有性格中的冷漠、高傲被淡化，趋于含蓄，易于接近。

3. 蓝色调和方案

蓝色是博大的色彩，如辽阔的天空和大海都呈蔚蓝色。另外，蓝色是永恒的象征，它是最冷的色彩。纯净的蓝色表现出一种美丽、文静、理智、安详与洁净。沉稳的特性使其具有理智、准确的意象。

在商业设计中，强调科技、效率的商品或企业形象，大多选用蓝色作为标准色，如电脑、汽车、影印机、摄影器材等。另外，蓝色还代表忧郁，这是受西方文化的影响，这个意象多运用在文学作品或感性诉求的商业设计中。

4. 绿色调和方案

绿色包含有黄色和蓝色两种色素。在绿色中，将黄色的扩张感和蓝色的收缩感相中和，将黄色的温暖感与蓝色的寒冷感相抵消，使得绿色的性格最为平和、安稳。它是所有颜色中最为柔顺、恬静、满足、优美的一种颜色。

在绿色中加入其他颜色，将使其性格和色感发生变化，具体体现在以下几个方面。

(1)　绿色中加入大量黄色。调和后可使其性格趋于活泼、友善，但看起来具有很强的幼稚性，缺乏成熟稳重的魅力。

(2)　绿色中加入少量黑色。调和后可使其性格庄重、老练、成熟，一般大型企业都喜欢使用这种调和方案来设计自己的网站。

(3)　绿色中加入少量白色。调和后可使其性格趋于洁净、清爽、鲜嫩，一般具有美容性质的网站大都选择此种调和方案，给人一种干净的感觉，符合人们的正常心理需求。

5．紫色调和方案

紫色是由温暖的红色和冷静的蓝色混合而成，是极佳的刺激色，对眼睛、耳朵和神经系统都会起到一个安抚作用，但也可能会压抑人的情感(特别是愤怒的情感)。

在紫色中加入其他颜色，则将会另有一番滋味，具体体现在以下几个方面。

(1)　紫色中加入大量红色。调和后可使人在知觉上产生压抑感、威胁感等不良的感觉。因此，网页设计中很少用到此种调和方案。

(2)　紫色中加入少量黑色。调和后可使人的感觉趋于沉闷、伤感、恐怖，这种调和方案一般用于具有恐怖色彩的网站中。

(3)　紫色中加入少量白色。调和后可使紫色沉闷的性格消失，从而充盈着优雅、娇气的感觉，充满着女性的魅力。

6．白色调和方案

白色是全部可见光均匀混合而成的，称为全色光，是光明的象征，白色明亮、干净、畅快、朴素、雅致与贞洁。在商业设计中，白色具有高级、科技的意象，通常需要和其他色彩搭配使用，纯白色会带给别人寒冷、严峻的感觉。

因此，在使用白色时，都会掺入一些其他色彩，具体体现在以下几个方面。

(1)　白色中加入少量红色。调和后颜色就成了淡淡的粉红色，给人一种鲜嫩而充满诱惑的感觉，这种调和方案多用于网上购物的网站中。

(2)　白色中加入少量黄色。调和后颜色就成了一种乳黄色，给人一种香腻的感觉。

(3)　白色中加入少量蓝色。调和后颜色给人一种清冷、洁净的感觉。

(4)　白色中加入少量橙色。调和后颜色给人营造了一种干燥的气氛。

(5)　白色中加入少量绿色。调和后颜色给人一种稚嫩、柔和的感觉。

(6)　白色中加入少量紫色。调和后颜色给人一种淡淡的芳香的感觉，这种感觉一般用于具有香薰业务的网站，从而吸引更多的消费者。

14.2　网页配色常识

下面介绍网页配色常识，内容分别从网页的 Logo、网页 Banner、网页导航、网页主页面、网页子页面这几个部分来阐述。通过这几个部分的配色常识的了解，可以帮助读者提升网页配色技能，从而更好地实施网页配色。

14.2.1 网页 Logo 的配色常识

Logo 的配色，除了考虑网页中使用，还需要考虑到在其他媒介中的应用。因此，选择颜色搭配时，除了注重 RGB 的颜色效果，还需要注重 CMYK 的颜色效果。

1. 适用于 Logo 配色的色调

如图 14-10 所示，是一些适用于 Logo 配色的色调，主要有纯色系、灰色系、暗色系 3 类。这 3 类又分别被分成若干色调。

2. 渐变的应用

Logo 的色彩种类一般不适宜太多，往往配色过程中，借助渐变使得色彩间搭配的过渡没有间隙。因此，将基本色进行渐变处理使用于 Logo 的配色中，这是一种方法，如图 14-11 所示是色彩的渐变实现，这是根据不同的饱和度渐变，以及明度渐变，来最终完成色彩渐变处理的一种方法。

图 14-10　配色的色调

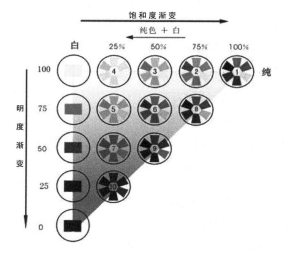

图 14-11　渐变处理

3. Logo 配色实现

下面通过几个案例，来进一步了解 Logo 的色彩选择，以及一个 Logo 不同颜色之间的配色。

方案一：本方案 Logo 的颜色搭配，采用白色与红色的搭配。文字与图形使用白色，背景色用红色实现，如图 14-12 所示。

该方案采用的具体颜色及其颜色值如图 14-13 所示。

方案二：本方案通过多种颜色来实现 Logo 的颜色搭配，进而提升其美感，以及可欣赏性。以下分别是几组搭配处理的实例 Logo，根据具体内容进行分析。

1)　橙色系

如图 14-14 所示，是橙色系的 Logo 配色。将橙色以及与橙色相近的颜色，同白色进行搭配之后，可以得到一个和谐的效果，这样的色彩搭配显示得比较合理。中间调的颜色搭配，采用的颜色可通过图 14-15 中的参数值获取。

2) 黄色系

如图 14-16 所示，同样采用了两种相近的颜色以及白色进行搭配，实现了黄色系 Logo 的设计。分析颜色的使用，采用的颜色可由如图 14-17 所示的 CMYK 值得到。

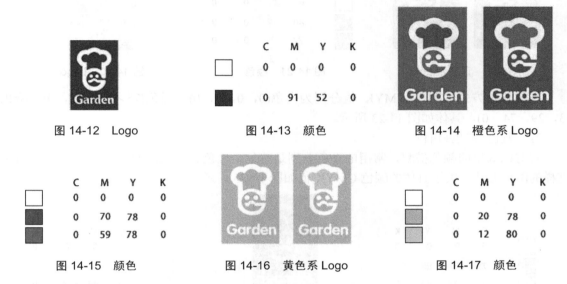

图 14-12　Logo　　　　　　图 14-13　颜色　　　　　　图 14-14　橙色系 Logo

图 14-15　颜色　　　　图 14-16　黄色系 Logo　　　图 14-17　颜色

3) 绿色系

这一款绿色系的 Logo 同样采用相近颜色以及白色与绿色进行搭配，效果如图 14-18 所示。换了一种色系，使得 Logo 又变成另一种风格、情感了。在颜色选择上使用了如图 14-19 所示的类别。

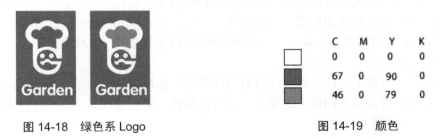

图 14-18　绿色系 Logo　　　　　　　图 14-19　颜色

4) 蓝色系

同样比较常用的颜色搭配，有如图 14-20 所示的蓝色系效果。通过蓝色与白色的搭配实现设计效果。该 Logo 的配色可以参照如图 14-21 所示的具体参数值。

方案三：一般 Logo 在选择颜色时，会采用两种或者两种以上颜色相似的色彩进行搭配，从而实现整个的配色效果。这一部分，不同于常规手法，分别采用 3 种不同的颜色进行搭配，来实现 Logo 的整体配色。下面通过几个实例，介绍另一种关于 Logo 的配色方法。

1) 绿色+橙色+白色

在 Logo 中因为体积小的原因，如果颜色种类很多，在颜色的选择上就需要考虑对比色或者相近色系的颜色来搭配，如图 14-22 所示，Logo 以绿色为背景，选择对比色白色与橙色作为图形、文字的颜色，使得搭配比较和谐。

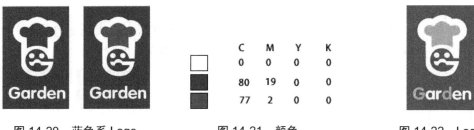

图 14-20　蓝色系 Logo　　　　　　图 14-21　颜色　　　　　　　　图 14-22　Logo

这种配色方式的颜色 CMYK 值分别为白色(0，0，0，0)、绿色(75，10，88，0)、橙色(3，29，74，0)，具体如图 14-23 所示。

2)　蓝色+橙色+白色

有对比效果的颜色搭配，常用的颜色分别是蓝色、橙色、白色，如图 14-24 采用的就是这样的配色方法。关于具体的颜色 CMYK 值如图 14-25 所示。

图 14-23　颜色　　　　　　　　图 14-24　Logo　　　　　　　　图 14-25　颜色

3)　橙色+黄色+白色

黄色与橙色是一组比较接近的颜色，通过选择不同亮度的黄色与橙色，从而实现 Logo 中的对比效果。具体的色彩搭配如图 14-26 所示。

这一款 Logo 采用的橙色、黄色、白色的具体 CMYK 值如图 14-27 所示。

4)　黄色+蓝色+白色

黄色、蓝色、白色的搭配，也可以有着对比效果，如图 14-28 所示的 Logo 就采用了这种颜色搭配。通过在背景以及图形中选择不同的对比颜色，从而实现了 Logo 的整体配色。颜色使用的 CMYK 值如图 14-29 所示。

图 14-26　Logo　　　　　图 14-27　颜色　　　　　图 14-28　Logo　　　　　图 14-29　颜色

14.2.2　网页 Banner 的配色常识

Banner 往往包含图片，这时就需要考虑"动态色彩"如何实现统一、和谐的色彩搭配。最终，将这些动态色彩与静态色彩实现很好的搭配、处理。

1. Banner 风格

不同风格的 Banner，在进行颜色搭配时，有着不同的色彩选择，以及色彩效果的实现。常见的 Banner 风格有时尚、复古、清新等。

1)　时尚的风格

如图 14-30 所示，分别是两款时尚风格的 Banner。观察其界面有着不同的颜色搭配，分析其设计构成，有着共同的特点。两款 Banner 分别采用大标题，添加模特图片，以及比较像时尚流行杂志的搭配，这是相同之处，也是时尚风格 Banner 常用的设计模式。

图 14-30　时尚的风格

2)　复古的风格

通过传统手工艺，如剪纸艺术，或者是书法字体配合有水墨感觉的图案，都是进行复古风格 Banner 设计时可以使用的方法，如图 14-31 所示。另外，在颜色的选择上以黑、蓝、中国红等比较适用于此风格的颜色为主。

图 14-31　复古的风格

3)　清新的风格

如图 14-32 所示，通过白色与绿色的搭配，将自然系中清爽、轻盈的感觉进行了很好的诠释。整体的清丽和透亮是在清新风格配色时需要着重注意的地方。

图 14-32　清新的风格

4) 炫酷的风格

如果想要 Banner 的风格属于炫酷类型，可以采用深色背景，再加上光影特效就会有比较好的效果。如图 14-33 所示是一个宣传 Banner，在深蓝背景下，通过文字及亮色图形的点缀，使得炫酷效果得以很好的体现。

5) 简约的风格

简约的风格是 Banner 中使用比较多的一种风格。此风格往往体现空间比较大的理念，整个版面在内容上空白的地方比较多。同时，对图像、文字等元素的修饰以及相关处理比较少，崇尚原始的效果。如图 14-34 所示的 Banner 给人感觉没有扩张的内容。

图 14-33　炫酷的风格

图 14-34　简约的风格

2. Banner 的配色实现

无论是页面还是 Banner 的配色，处理上都是一样的，即通过调整构成色彩的色相、明度或纯度最终实现配色处理。因为这些因素，使得不同的色彩拥有了不同的情感，从而带给浏览者不同的心理感受。

在进行 Banner 设计时，体现想让用户知道的情感，并且符合页面的主题内容，以这样的宗旨为出发点，那就不会有问题了。以下 4 个方案可以作为借鉴之用。

方案一：因为 Banner 中配图是夏装，所以整个颜色搭配需要传达给浏览者夏天的色彩。这里选择浅色系来搭配整体颜色。主要采用的颜色有粉红、浅蓝、淡黄、浅粉、浅绿这几种，在整体效果上，给人一种充满了热情的夏日情感，如图 14-35 所示。

方案二：在进行 Banner 色彩搭配过程中，选择纯度较低的那些进行搭配，更容易突显整个页面搭配上的和谐，使色彩在同一页面中变得更加自然。从而传送给用户轻松、舒适的色彩情感。例如，如图 14-36 所示的这几种颜色搭配起来的 Banner，就有着这样的效果。

图 14-35　Banner 配色

图 14-36　Banner 配色

方案三：红色有着华丽的韵味，黑色是永恒不变的流行颜色，将这两种颜色与金色进行搭配，色彩中摩登、华丽的感觉，就能够很好地展现了。如图 14-37 所示的 Banner 就是采用这种方式进行颜色搭配的。

方案四：绿色或者褐色都是在森林里比较常见的色彩。这样的颜色搭配，可以透露出自然的青春气息，同时也给浏览者一种安静的感觉。具体的搭配操作及颜色选择如图 14-38 所示。

图 14-37　Banner 配色

图 14-38　Banner 配色

14.2.3　网页导航的配色常识

导航就像网页的"眼睛"，引导用户通过导航去浏览整个网页。鉴于上述原因，在对导航进行设计制作的过程中，往往采用一些技术，如色彩的"叠加""渐变"等，从而突出导航在页面中的位置。

1．叠加实现

如图 14-39 所示是没有进行叠加处理的导航按钮效果；如图 14-40 所示是应用了色彩叠加后的效果。无须更多的修饰，通过这样的修饰，足以让导航按钮在页面中备受关注。

图 14-39　色彩叠加之前

图 14-40　色彩叠加之后

如果对色彩进行光效处理，高斯模糊和叠加是最常用的方法。在制作过程中合理应用这些方法，可提升作品的色彩搭配效果。

2．渐变实现

如图 14-41 所示，是苹果网页的导航条。苹果在设计上的一些理念，很受广大用户的喜欢。此导航条通过灰色的运用，将该色彩的搭配及其处理手法，得以完美的展示。除此之外，在导航条中使用的渐变处理，是将灰色这种本来带给人沉闷感的颜色变得活跃的重要原因。

3. 配色实现

除了上述介绍的网页导航会采用的技术之外，在颜色的选择上，通过使用具有跳跃性的色彩，可以达到吸引浏览者视线的目的。下面通过一个实例来了解网页导航的配色实现。

如图 14-42 所示是网页的导航内容。观察其颜色，采用了蓝色背景、白色文字的搭配。导航中使用的颜色值及其导航功能，可以通过 CSS 代码获得。

图 14-41　渐变实现　　　　　　　　　　图 14-42　网页导航

实现配色及导航功能的 CSS 代码如下：

```
<style type="text/css" >
#button {
    width: 12em;
    border-right: 1px solid #000;
    padding: 0 0 1em 0;
    margin-bottom: 1em;
    font-family: 'Trebuchet MS', 'Lucida Grande',Verdana, Lucida, Geneva,
Helvetica,
     Arial, sans-serif;
    background-color: #90bade;
    color: #333;
    }
#button ul {
      list-style: none;
      margin: 0;
      padding: 0;
      border: none;
      }
   #button li {
      border-bottom: 1px solid #90bade;
      margin: 0;
      }
#button li a {
      display: block;
      padding: 5px 5px 5px 0.5em;
      border-left: 10px solid #1958b7;
      border-right: 10px solid #5ba3e0;
      background-color: #2175bc;
      color: #fff;
      text-decoration: none;
```

```
    width: 100%;
    }
html>body #button li a {
    width: auto;
    }
#button li a:hover {
    border-left: 10px solid #1c64d1;
    border-right: 10px solid #5ba3e0;
    background-color: #2586d7;
    color: #fff;
    }
</style>
```

暂且不去细分代码功能，总结该导航中使用的颜色，主要有以下几种颜色值：#000、#90bade、#333、#1958b7、#5ba3e0、#2175bc、#fff、#1c64d1、#2586d7 等。

14.2.4　网页主页面的配色常识

主页面在色彩选择上，往往会与 Logo、Banner 及导航这些已有的颜色相同、相似或者是对比的颜色。

1. 页面配色步骤

对页面进行配色，因为需要考虑到页面是一个整体，根据页面配色，能够起到把握全局的作用。同时，可以保证页面色彩不至于产生杂乱无章的现象。

具体操作步骤如下。

step 01　根据页面风格以及产品本身的诉求确定主色。

页面色彩由主要色彩、辅助色彩及其他色彩构成。确定页面的基本色，是对页面进行配色的首要任务。根据产品的特点以及页面想要的风格，能够对应选择出一些色彩供参考，最终选择最符合条件的作为页面的主色。

step 02　根据主色找配色。

在页面的主色确定之后，参照色彩搭配的原则，查找适合与主色搭配的相关色彩。例如，白色可以是很多色彩的配色。如果将白色作为主色，其配色的选择范围就比较广。

step 03　调整色彩在页面中的比例。

色彩选择确定之后，在进行色彩添加过程中，对于不同色彩在页面中的"色彩面积"不同，调整色彩在页面中的实际面积，从而使色彩在页面中变得协调、统一。

2. 实现主页面配色

下面通过几个配色方案来了解主页面配色的实现。

1)　红色+白色

可口可乐公司在 2011 年的时候，将网页页面制作成如图 14-43 所示的效果。采用深红色、浅红色、白色这 3 种色彩，实现整个页面的配色。

这种配色方案的优点主要有以下几个方面。

(1) 文字采用白色，与红色有着鲜明的对比效果。

(2) 红色的应用，将气氛进行了很好的渲染，从而传递给用户的感觉是比较有活力的。

(3) 除了主要的颜色搭配之外，页面中采用了黄色、橙色作为点睛色。同时，一些文字中浮光效果的使用，使画面更活泼，对比更加鲜明。

网页中使用的主要颜色深红、浅红、白色，其具体值如图 14-44 所示。

图 14-43　页面配色

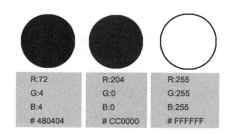

R:72	R:204	R:255
G:4	G:0	G:255
B:4	B:0	B:255
# 480404	# CC0000	# FFFFFF

图 14-44　颜色

2)　红色+白色+黑色

在如图 14-45 所示的页面中，文字使用灰色。灰色与其他颜色的搭配，不会有不协调的感觉。该页面通过红色、白色、黑色与灰色的搭配，使灰色导航栏的过渡变得合理。

图 14-45　页面配色

这种配色方案的优点主要有以下几个方面。

(1) 红色作为图片、图标的颜色，能够在黑色背景色中突显出来，起到醒目的效果。

(2) 白色的文字，通过大小不同的字体进行搭配，使得页面不再沉闷，有活跃感。

(3) 页面使用的灰色使得过渡效果更好了。

网页中使用的主要颜色即红色、白色、黑色，其具体值如图 14-46 所示。

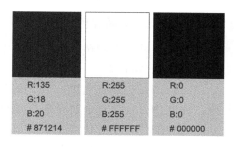

R:135	R:255	R:0
G:18	G:255	G:0
B:20	B:255	B:0
# 871214	# FFFFFF	# 000000

图 14-46　颜色

14.2.5　网页子页面的配色常识

子页面是从属于主页面的，往往是主页面的下一级，这就需要在配色时考虑到这些内容，使得用户能够不会因为翻页，进而产生"陌生"感。具体的子页面配色常识，通过下面这部分内容，来进行详细介绍。

1．页面配色步骤

不同于主页面需要实现的配色在于，子页面需要将配色与主页面的头部和尾部，有一个相同的处理。一般在子页面中，我们可以看到相同的导航、Logo 等头部内容，以及尾部的相同的网页信息等。

2．实现子页面配色

子页面的配色可以参照主页面。如图 14-47 所示是网页的主页面。将其与如图 14-48 所示的子页面进行对比，子页面的中间部分与主页面有着区别。页面中顶部和底部，无论在子页面，还是在主页面，都有着相同的 Logo、导航、网页信息。因此，页面的顶部和底部，在配色时一定要做到主页面与子页面相同。

图 14-47　主页面

图 14-48　子页面

观察如图 14-48 所示的子页面，导航中采用黑色、蓝色进行搭配，Logo 使用蓝色，文字使用黑色、灰色以及蓝色。如图 14-49 所示是子页面的配色。

图 14-49　颜色选择

14.3　网页配色方法

无论是网页的配色还是其他部分的配色都是讲究方法的。只有借助一定的方法，才能更好地发挥出配色带给页面的视觉体验，从而可以提升页面的炫彩程度。

14.3.1 对比色配色法

在对网页进行配色过程中，巧用对比色配色法，进行色彩的搭配，往往会有意想不到的效果。

1. 什么是对比色配色

在配色过程中，使用有对比效果的颜色，如橙与青、黄与紫、红与绿等色彩，组成页面的色彩，属于对比色配色。如图 14-50 所示，就是对比色的效果，分别是红与绿、黄与紫的对比。

图 14-50　对比色

对比色可以是色环中相差不到 180 度的两种颜色，相互之间的角度如果越大，也就意味着对比度越大。

2. 配色实现

使用对比色有突出重点的作用。在重点内容部分采用主色调的对比色可以起到重点突出该内容的作用，有着"画龙点睛"的效果。下面通过网页将对比色的配色进行分析。

橙色的对比色——蓝色，实现在同一网页页面中的色彩搭配，同样可以起到很好的色彩效果。如图 14-51 所示的网页采用的就是这样的配色。

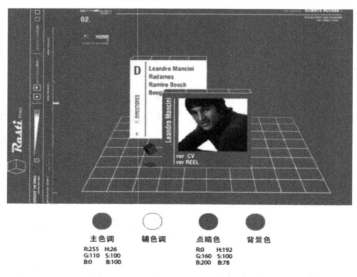

图 14-51　对比色配色

分析图 14-51 中橙色与蓝色的配色实现，在 HSB 值中正红的 H 为 0，正橙的 H 为 30，橙色是往零移动进行调配的，所以该橙色是 H 值为 26 的橙红色。再看点睛色蓝色，它的 RGB 的 G 值为 160，HSB 的 H 值为 192，不属于正蓝色。这样的目的在于降低蓝色的特性，从而使得已经在明度与饱和度上达到最高值的橙红色，能够实现与蓝色的调配。

在对比色配色过程中，需要有辅色调作为过渡色来调和对比色。这里采用了白色，作用在于调和橙红色与蓝色。对比色非常能够突出个性，为了在画面中能够将配色协调处理好，除了上述方法之外，在页面处理上通过面积、位置的不同，也可以处理页面的整体效果。

14.3.2 邻近色配色法

巧妙地将邻近色应用于网页的色彩搭配，也是配色的常用方法。

1. 什么是邻近色配色

在如图 14-52 所示的色相环中，相互靠近的不同颜色，属于邻近色，比如紫色与红色、黄色与绿色，以及橙色与黄色等。这样的颜色应用于网页设计中，在配色上容易取得多样、和谐的效果，是一种比较常用的配色手法。

在配色过程中，选择色相环中不同的邻近色进行搭配，实现页面的色彩处理，同样可以达到理想效果。如图 14-53 所示，将邻近色黄色与绿色进行叠加，就能够营造出山林般的色彩感觉。

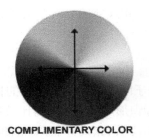

图 14-52　色相环

图 14-53　邻近色搭配

2. 配色实现

在邻近色配色实现的部分，同样用实例网页进行介绍。下面分别用两个不同类型的邻近色配色效果的实现，来介绍具体的实现方法。

如图 14-54 所示的网页，采用了橙色的邻近色配色。页面主要由黄色和橙色这两种颜色构成，黄色和橙色本身就是邻近色。通过调整色彩的明度和纯度，获得使用于该网页中的浅黄和橙红。同样，在色彩的面积、位置上进行了合理编排。色彩均属于暖色调，这样的搭配使得色彩在页面中，能够趋于缓和，整体上的效果比较统一。

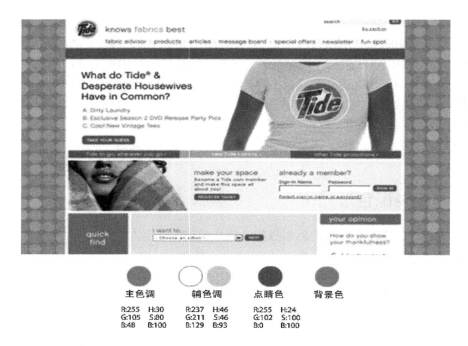

主色调	辅色调	点睛色	背景色
R:255 H:30	R:237 H:46	R:255 H:24	
G:105 S:80	G:211 S:46	G:102 S:100	
B:48 B:100	B:129 B:93	B:0 B:100	

图 14-54　邻近色配色

14.3.3　冷暖互补配色法

色彩有冷色、暖色之分,将不同的颜色,通过搭配,实现冷暖互补的效果,从而起到色彩相互间的一种平衡,是配色的常用方法。

1. 什么是冷暖互补配色

如图 14-55 所示的网页,有属于冷色的绿色,有属于暖色的红色。这样的搭配,实现的就是冷暖互补效果。作为强调色的红色,同绿色的网页标识形成了鲜明的对比效果。然后,页面中其他颜色选择使用这两种颜色的亮色、灰色调和暗色,从而完成整个页面的颜色搭配。

观察网页,视觉效果上有着非常柔和的色彩融合。不会因为有着强烈对比的色彩的使用,使页面变得过于耀眼。这就是冷暖互补能够起到的"平衡"作用。在网页的配色上,可以参照网页中灰色调和暗色的使用。

那么什么是冷暖互补配色呢?暖色是指在视觉上让人有着温暖、热情的心理感觉的颜色,例如色轮中的紫色到黄色范围内的各种色彩,如图 14-56 所示。反之,冷色是指会给人冬天的寒冷、雪、冰等心理感觉的颜色,例如色轮中的黄绿色到紫色范围内的各种色彩,如图 14-56 所示。

在选定一种色彩之后,与该色彩在冷暖色方面是相反的颜色,就是该选定颜色的互补色。例如,选择红色作为主色,该颜色属于暖色,那么冷色中的绿色是它的互补色;绿蓝色作为主色,该颜色属于冷色,那么暖色中的红橙色就是它的互补色。其他互补色以此类推。

图 14-55　网页效果

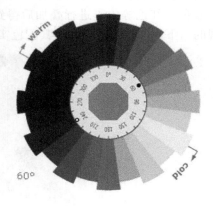

图 14-56　色轮

2．配色实现

色彩学上称间色与三原色之间的关系为互补关系。在色轮中互补色是颜色相对应的颜色，即色盘中的相反色调，并且也是对比最强烈的颜色。例如，红色的互补色是绿色，黄色是紫色的互补色等。如果将互补色并列在一起，则互补的两种颜色对比最强烈、最醒目、最鲜明：红与绿、橙与蓝、黄与紫是 3 对最基本的互补色。例如，如图 14-57 所示，网页采用了橙色与蓝色的互补配色进行搭配，具体的颜色搭配参照图中给出的颜色值以及颜色图。

主色调	辅色调		点睛色	背景色
R:250　H:22	R:7　H:225	R:191　H:1	R:101　H:224	
G:119　S:84	G:29　S:93	G:35　S:84	G:131　S:31	
B:41　B:98	B:95　B:37	B:31　B:75	B:146　B:57	

图 14-57　冷暖互补配色

14.3.4 色彩的叠加配色法

使用色彩的叠加，可以让页面的效果更加亮丽。如图 14-58 所示，是将黄色、绿色、紫色、蓝色、红色等色彩进行叠加后得到的效果，页面中展现的色彩魅力，是不叠加色彩无法实现的。下面对色彩的叠加及其配色实现进行介绍。

图 14-58　叠加效果

1. 什么是色彩的叠加

了解色彩的叠加配色实现之前，先简单介绍什么是色彩的叠加。对网页、图片等对象进行处理的过程中，使用色彩的叠加，如"重叠"混合模式，可以使得色彩的组合更加多样化。例如图 14-59 是利用黑色与白色，在"重叠"混合模式下获得的色彩组合。

2. Photoshop 中的重叠

叠加可以有颜色叠加、渐变叠加、图案叠加，不同的叠加将产生不同的效果。这里介绍的叠加，可以通过 Photoshop 实现。打开【图层样式】对话框，在【混合模式】下拉列表框中选择【叠加】选项即可，如图 14-60 所示。

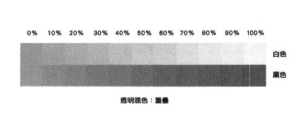

图 14-59　重叠

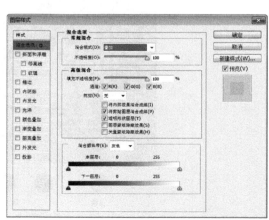

图 14-60　【图层样式】对话框

3. 配色实现

在网页中通过色彩的"叠加"来实现配色效果，是常用的配色方法之一。如图 14-61 所示，页面中蓝色与红色的叠加对网页中的图片起到了很好的渲染效果。

图 14-61　网页配色

14.3.5　色彩的柔光配色法

除了叠加的混合模式，采用柔光进行配色，也是常用的方法。

1. 什么是色彩的柔光

关于色彩的柔光，用一个实际效果进行介绍。如图 14-62 所示，是利用【柔光】的叠加模式，在原始色彩中，采用相邻色彩叠加的方式来实现的，最终获得了不同的色彩搭配、组合的效果。柔光效果使获取的色彩调和性更好。

2. Photoshop 中的柔光

在 Photoshop 的【图层样式】对话框中，在【混合模式】下拉列表框中选择【柔光】选项即可实现色彩的柔光效果，如图 14-63 所示。

3. 配色实现

如图 14-64 所示是使用了柔光效果的网页。网页的背景色通过添加柔光效果，使页面的色彩变得多样化，同时也变得柔和了。如图 14-65 所示，是图 14-64 所示网页的页面在添加背景色后的效果，其中就采用了柔光，在视觉效果上同平常单一的背景色有着明显的区别，画面更加柔和了。

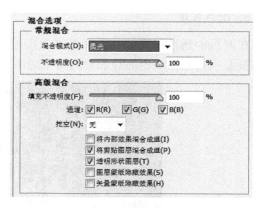

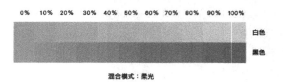

图 14-62　柔光　　　　　　　　　　　　图 14-63　选择【柔光】选项

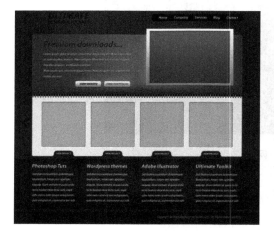

图 14-64　网页效果　　　　　　　　　　图 14-65　柔光效果

14.3.6　色彩的透明度配色法

在配色过程中，除了上述的叠加、柔光的使用，往往会在整体搭配过程中进行透明度的处理。这样使得整个页面的色彩更加亮丽。下面介绍透明度配色的实现。

1. 什么是色彩的透明度

透明度配色，主要是通过不同的透明度，使用叠加在原始色彩中实现的配色。该配色手法，可取得同色系的色彩。如图 14-66 所示是利用黑色与白色，所获取的同色系色彩的部分内容。此方法的效果。与调整饱和度、明度获取的色彩比较接近，但是"透明度"配色手法的实现比较便捷。

2. Photoshop 中的透明度

透明度同样可通过 Photoshop 来实现。具体方法是：在打开的【图层】面板中，通过【不透明度】下拉列表框，如图 14-67 所示，可以调整其相应的值，从而实现不同透明度的效果处理。

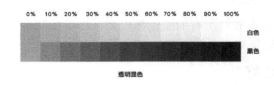

图 14-66　透明度

图 14-67　【图层】面板

3. 配色实现

透明度、柔光、叠加，往往都是同时被应用于一个网页的配色实现的。不同明度的色彩，透过科学化的方式，从而可以帮助我们更快地取得需要的色彩组合，并将其应用于网页中。根据原始色彩，通过不同的方法尝试之后，获取最符合自己需要的颜色。如图 14-68 所示，就是通过不同的手法获取的颜色。

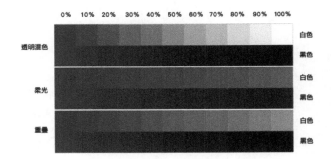

图 14-68　色彩获取

如图 14-69 所示，一些网络游戏类的网页页面，其中采用的配色实现，就有透明度、叠加、柔光的应用。透明度配色、叠加配色、柔光配色在网络游戏类网页中应用比较多，在实施这一类网页配色过程中我们可以采用这些配色方案来实现。

图 14-69　配色实现

14.4 疑难解惑

疑问 1：网页配色中，应该注意的事情有哪些？

答： 网页配色中须注意两种情况：一种是不要将所有的颜色都用到，尽量控制在 3 种颜色之内；另一种是背景与前景色对比要大，以便突出主要文字内容。

疑问 2：网页制作用彩色还是非彩色好？

答： 根据专业的研究机构研究表明，彩色的记忆效果是黑白的 3.5 倍，也就是说，一般情况下，彩色页面较完全黑白页面更加吸引人。通常网页设计师的做法是：主要内容文字用非彩色，如黑色，边框、背景、图片用彩色，这样页面整体不会单调，而看主要内容也不会眼花。

第 15 章
网页配色的
色彩表现

色彩表现是网页配色的灵魂，网页配色又是网页设计的精髓。因此，要想设计出具有新意并且亮丽的网页，必须准确地抓住网页配色的色彩表现。

重点案例效果

网站开发案例课堂

15.1　网页标志的色彩表现

网页标志色彩是一个网站的主干力量。这类色彩如果选用不当的话，会使浏览者对网页的关注造成很大程度的影响。不同的色彩具有不同的表达意义。

15.1.1　红色标志

如图 15-1 所示，是国美的标志。红色会传递给人积极向上的情感，同时还传达着喜庆、热诚的氛围。从而达到直接吸引浏览者眼球的目的，使得浏览者与色彩产生激动、兴奋的共鸣。进一步观察国美标志，其颜色的搭配实现，采用红色背景、白色文字的方式实现。

图 15-1　红色标志

15.1.2　黄色标志

黄色给人柔和的感觉，往往被用于诠释高贵的形象，可以使人变得心情愉快。例如，如图 15-2 所示，凤凰网的黄色标志象征着希望。黄色，同时代表着土地和权力，并带有一种神秘感觉心理。

图 15-2　黄色标志

15.1.3　蓝色标志

蓝色代表着深远、安静，它给人永恒、冷静的意向。如果用这种色彩做标志能够经营出平实淡雅，给人清洁踏实的氛围。例如如图 15-3 所示的百事可乐标志。

图 15-3　蓝色标志

15.1.4　绿色标志

如果使用绿色作为网站的标志色彩，可以起到醒目的色彩效果。从色彩的角度，绿色代表着生命与健康。它传递的是一种平静和谐的气氛，非常符合现代人的一种精神理念，有着自然之色。如图 15-4 所示，是上岛咖啡绿色标志的实例效果。

图 15-4　绿色标志

15.1.5　紫色标志

紫色带给人一种非常神圣、浪漫的色彩感觉。比较受女性青睐，是一款女性化的色彩，象征着女性的高贵典雅。在色彩搭配过程中，有些公司比较愿意选择这种高贵、具有神秘色彩的颜色。如图 15-5 所示的 LG 公司，就选择了紫色作为其标志色。

图 15-5　紫色标志

15.2　网页的色彩表现

网站囊括的内容丰富多彩，其色彩表现也多姿多彩，包括性别的色彩表现、年龄的色彩表现、商业的色彩表现、自然界的色彩表现等。这些都是网站的突出表现，也是网站的精髓所在。

15.2.1　性别的色彩表现

人有男女性别之分，网站的色彩也同样具有性别之分，不同颜色往往可以给人一种不同的性别感觉。

1. 男性色彩的表现

在进行网站设计规划时，如果网站的目标用户群以男性为体，在色彩的选择上需要考虑使用男性青睐的颜色。例如，选择低明度、低纯度色调，作为男性群体的色彩搭配，从而将男性潇洒的一面予以展示。

分析颜色，男性青睐的色彩主要有如下几种，如图 15-6 所示，它们是配色过程中用于男性群体比较集中的网页基本颜色。根据年龄的不同，颜色的明度变化又有着不同程度的变化。比如年纪稍微大点的男性选择衣服相比于年纪稍小的男性选择衣服，在颜色明度的选择上要暗沉一些。图 15-6 中的这些颜色，越往后的几种，年纪轻的男性相对来说会更喜欢。总之，无论是哪一种颜色，男性青睐的色彩偏向于冷色系的。

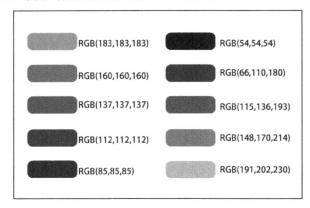

图 15-6　男性青睐的色彩

针对男性用户群体居多的如网游、科技类等网站，在进行颜色的选择过程中，会以男性所喜欢的颜色为优先考虑对象。以男性时尚网为例，如图 15-7 所示，网站的首页配色中，主要采用蓝、黑、灰这 3 种颜色，从而将男性的内敛、沉稳等个性特点，通过颜色给予诠释。

分析网站的色彩，总结其中受男性青睐的色彩的应用，主要有如图 15-8 所示的 4 种。

图 15-7　男性时尚网

图 15-8　颜色选择

2．女性色彩的表现

女性往往容易令人想起一些如漂亮、温柔、善良、高雅端庄等专门形容女性的词语。这些词语反映的都是女性的典型特征。因此，女性网站的色彩一般都要趋向于柔和、淡雅、明亮。针对这些特点，结合女性喜欢的红色、粉色为主的色彩，得到如 15-9 所示的一些女性青睐的常用色彩。

在了解了相关的可供选择的颜色之后，结合具体的网站，来进一步了解色彩的选择。以图 15-10 所示的新浪网女性频道页为例，页面在颜色的搭配上选择女性青睐的红色系。页面整体以女性青睐的颜色为主，同时配上零星的对比色(如浅蓝的广告条)，实现了全部颜色的搭配。

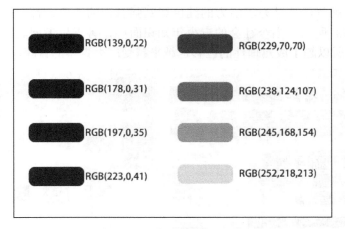

RGB(139,0,22)　　RGB(229,70,70)

RGB(178,0,31)　　RGB(238,124,107)

RGB(197,0,35)　　RGB(245,168,154)

RGB(223,0,41)　　RGB(252,218,213)

图 15-9　女性青睐的色彩

分析新浪女性频道页面中色彩的构成，使用的女性青睐的色彩，主要有如图 15-11 所示的 4 种。以红色、粉色、紫色这几种颜色偏暖色调，通过选择深色调的处理方式，将女性的柔美通过色彩进行了很好的诠释。

图 15-10　新浪女性频道　　　　　　　　**图 15-11　颜色选择**

15.2.2　年龄的色彩表现

不同年龄段的人对颜色的喜好也各不相同。因此，网页设计者应该根据网站的性质，设计相应的配色方案。

1. 婴儿、儿童色彩的表现

出生没多久的婴儿，其视网膜的发育还没有达到成熟的阶段，所以对色调的感觉还不是很清晰。通常情况下，他们比较喜欢那种柔和的颜色，所以婴儿、儿童类网站多采用明亮柔和的色调，如图 15-12 所示。

2. 青年色彩的表现

青少年被称为早晨八九点钟的太阳，富有朝气，充满活力。因此，青年色彩就多体现出阳光、活力和青春朝气，而从充满活力的纯色和到强有力的暗色，都很好地迎合了这种青春的气息，如图 15-13 所示。当今社会的青少年知识面广，善于思考问题，对社会和人生有了更多自己的见解，所以趋于成熟理性的色彩也越来越受广大青年的青睐，如图 15-14 所示。

绿色基调类网站　　　　　　　　　　　　　　蓝色基调类网站

图 15-12　婴儿、儿童色彩的网页

图 15-13　青春色彩的网站　　　　　　　　图 15-14　成熟稳重的网站

3．中年色彩的表现

中年人是现在社会的主力军，是社会主义建设的中坚力量，针对该群体的网站多以稳重见长。与青年人的网站相比，中年人的网站除少了几分活泼和浮躁之外，还多了几分安静和恬淡，尽力为中年人营造一种恬静平淡的具有浓郁的生活气息的氛围，如图 15-15 所示。此外，这类网站还大多采用一些色调大方、成熟、温和的色彩，如图 15-16 所示。

4．老年色彩的表现

老年人是社会的财富，曾经是社会发展的推动力量，他们为社会的进步贡献了毕生精力，为后来人提供了一个奋斗的平台。他们经历了许许多多的风雨，也饱尝了人间的酸甜苦辣。此时他们追求的就是一种平静、健康、安详的生活，所以暗红色调往往是老年人的最爱，如图 15-17 所示。

当然，也有一些老年人还比较喜欢喜庆、热闹的场合，所以网页设计者在对老年人网站配色时，还需要在素雅的色彩中加入少量的墨绿色，如图 15-18 所示。

图 15-15　恬静色彩的网站

图 15-16　成熟色彩的网站

图 15-17　暗红色调的网站

图 15-18　墨绿色彩的网站

15.2.3　商业的色彩表现

在商业策划中，网站宣传的功效已经远远超过实体宣传，成为商业宣传的重要手段。实行网站宣传，色彩自然就成了一个主角，企业的品牌形象完全是要靠色彩来塑造的。色彩搭配得当，就能收到良好的宣传效果，并且某种色彩还可以成为某产品品牌的专用色彩。例如，世界知名品牌可口可乐，红色就成为其专用的色彩，如图 15-19 所示。

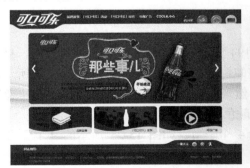

图 15-19　可口可乐色彩表现

准确地运用相应色彩是成功塑造企业产品形象的关键，有效成功的商业网站配色，可以准确地传达商品的信息。色彩把握得当，宣传效果明显，产品的销路也就有了保障。这些色彩就逐渐包含了一定的商业气息，进而传达出截然不同的色彩品质，如图 15-20 所示。

图 15-20　具有商业气息的颜色

15.2.4　虚拟网站的色彩表现

随着网络的普及，互联网已经成为人们与外界联系的一个重要手段。人们通过互联网足不出户就可以购买到自己喜欢的商品，还可以通过互联网实现远程学习等。虽然互联网是虚拟的，但其传递的信息是真实的，这些信息都是以色彩的形式在抽象网络里实现传递的。

在虚拟网站中的各种色彩表现如图 15-21 所示。

图 15-21　虚拟网站中的各种色彩表现

15.2.5　自然界的色彩表现

一年四季，春、夏、秋、冬有着非常鲜明的季节特点。例如，春天万物复苏，夏天有着炎热的光照，秋天是丰收的好时节，冬天那皑皑白雪是最好的见证。如图 15-22 所示，通过颜色的搭配，能够展现出 4 个季节不同的自然现象。为了将这些情感通过色彩传递给浏览者，在网页配色过程中可选择代表这些季节的颜色。

分别用一种颜色来代表春、夏、秋、冬这 4 个季节，如图 15-23 所示的 4 种颜色，就是比较有代表性且比较常用的颜色。

不同的季节，分别可以有不同的代表颜色。

(1) 春天。一般用粉色系或者绿色调，来代表春天，并将这些颜色作为该季节的色彩。春天可以见到一山的草绿，一树的嫩绿，一地的浅绿，一湖的翠绿这样别的季节所没有的景象。如图 15-24 所示，是一些比较适合代表春天的颜色。

（2）夏天。一般用黄色来代表夏天，抓住了夏天光照强烈的这一效果。另外，夏天因为天气热，需要有降暑行动，如游泳、吃冷饮等。如果能够用蓝色，通过蓝色可以透出一份清凉的感觉，就又是一种颜色的选择。总结颜色季节特性，如图 15-25 所示，是常用于夏天的颜色。

图 15-22　四季色彩

图 15-23　四季色彩

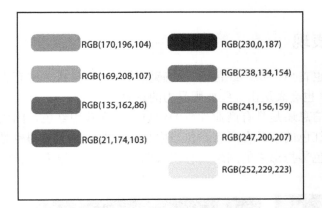

RGB(170,196,104)　　RGB(230,0,187)

RGB(169,208,107)　　RGB(238,134,154)

RGB(135,162,86)　　RGB(241,156,159)

RGB(21,174,103)　　RGB(247,200,207)

RGB(252,229,223)

图 15-24　适合春天的颜色

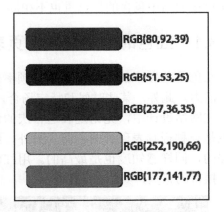

RGB(80,92,39)

RGB(51,53,25)

RGB(237,36,35)

RGB(252,190,66)

RGB(177,141,77)

图 15-25　适合夏天的颜色

（3）秋天。秋天枫叶红了，可以选择与枫叶颜色相近的红色。另外，秋天收获果实，可以选择用黄色或者橘色来搭配。如果为了表示植物的枯黄，比如树叶黄了、绿草黄了，用灰色也是不错的选择。总结秋天的特性，归纳颜色涵盖的不同感觉，如图 15-26 所示的颜色常用于秋天。

（4）冬天。冬天的植物都枯萎了，可以用黑色、灰色作为代表。如果用白色作为冬天的色彩，也是比较合适的，因为可以与冬天下雪联系起来。或者，选择蓝色，代表雪的凉意，也是一种选择。同样，总结了一些适用于冬天的颜色，如图 15-27 所示。

总之，对于 4 个不同季节色彩的选择，可以该种颜色会在该季节有比较多的出现频率作为考虑。例如：春天小草发芽了，大自然的颜色中会出现较多的绿色，或者是在春天开花的桃花的颜色(粉色系)等。因为不同的季节，由这些植物变化而来的不同色彩，有着明显的特征，就是季节特征最好的代表色。

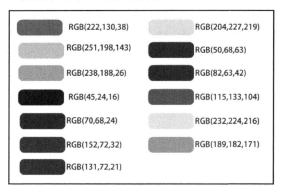

RGB(222,130,38)
RGB(251,198,143)
RGB(238,188,26)
RGB(45,24,16)
RGB(70,68,24)
RGB(152,72,32)
RGB(131,72,21)

RGB(204,227,219)
RGB(50,68,63)
RGB(82,63,42)
RGB(115,133,104)
RGB(232,224,216)
RGB(189,182,171)

图 15-26　适合秋天的颜色

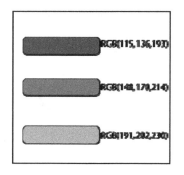

RGB(115,136,191)
RGB(148,170,214)
RGB(191,202,230)

图 15-27　适合冬天的颜色

15.3　网页的色彩信息量

网页设计者往往不会用单一的色彩来设计网站，而是喜欢使用多种组合颜色，这些不同的颜色在网站中包含的信息量也不相同。

15.3.1　红色的信息量与网页表现

红色是色彩中的主色，其应用频率也首屈一指。红色给人的感觉就是比较喜庆，富有吉祥、活力。此外，某些时候和特定场合，也会表达出一些血腥暴力的意思。

在网站设计中，无论是表达吉庆的信息还是具有商业性质的信息，都喜欢用红色，因为红色是一种极具表现力的色彩。另外，红色的波长在所有颜色当中是最长的，其穿透力也是最强的，同样感知度也是最高的。用红色装扮出来的网站具有积极向上的动态，给人一种温暖、振奋的感觉，如图 15-28 所示。

图 15-28　温暖、振奋的红色网站设计

1. 红色的基本配色常识

红色是一种大众色，但也具有自己的搭配规律。一般情况下，红色和黑色、白色、黄色

搭配出来的效果非常和谐亮丽，给人一种传统的朴实之美，如图 15-29 所示。

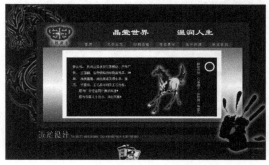

红色与黑色的搭配

红色与白色的搭配

红色与黄色的搭配

图 15-29 红色的不同搭配

另外，大红和紫红的色彩给人一种高贵的感觉，如图 15-30 所示；亮度比较高的粉红色也很受大众的青睐，特别是年轻女性，因为它体现了一种温柔贤淑的美。久而久之，粉红色就成为女性的代言色，如图 15-31 所示。

图 15-30 大红和紫红

当然，红色也不是跟所有的颜色搭配起来都会很和谐。在网页颜色的搭配过程中，纯红色最好不要与纯蓝色搭配，那样容易让人产生反感的情绪；红色最好也不要与绿色搭配，因为在绿色底面上的红色变得比较刺目，如果需要这样搭配，必须将此两种颜色通过悬殊的面积比来达到平衡。

网站开发案例课堂

图 15-31 具有温柔贤淑气质的粉红网页

2. 红色网站色彩搭配解析

如图 15-32 所示的几个网站就是以红色为主导，以黑色、白色、灰色为衬托的色彩搭配。这样的色彩搭配给人感觉比较干净、稳重、朴实，其明度和冷暖对比度都比较明确，容易形成一种祥和稳定的意境之美。

图 15-32 干净朴实的网页配色

如图 15-33 所示，网页是以白色为背景，红色为点缀。这样的网页给人一种青春活泼的气息。此类性质的网页配置一般用在青少年网站的设计中，充分体现出朝气蓬勃的气息。

图 15-33 简单青春的网页配色

15.3.2 黄色的信息量与网页表现

在古代，黄色有着至高无上的权力，历代帝王都是以黄色作为帝王之色。黄色在色彩界也占据着重要的位置，是三原色之一，具有很高的明度，有着金色的光芒。如图 15-34 所示是黄色系列的网页设计。

图 15-34　黄色系列的网页设计

另外，黄色与红色一样也经常被用作安全警示色。特别是在工业和交通用色中，黄色经常是用来警告危险或提醒注意。

1．黄色的配色常识

黄色是属于暖色调的一种颜色，因而可以和许多颜色进行相配。如果黄色和红色搭配，则会给人以一种祥和吉庆的感觉，如图 15-35 所示。

如果黄色和黑色搭配，则会给人以一种无限力量的感觉，如图 15-36 所示。

图 15-35　黄色和红色搭配的网页　　　　　　图 15-36　黄色和黑色搭配的网页

如果黄色和紫色搭配，则黄色显示出最大的视觉效果，如图 15-37 所示。

图 15-37　黄色和紫色搭配的网页

如果黄色与淡淡的粉红色搭配，则搭配出的网页给人以一种清纯、温柔的感觉，如图 15-38 所示；如果黄色与绿色搭配，则搭配出的网页带有一种朝气、向上、青春的气息，如图 15-39 所示。

网站开发案例课堂

图 15-38　黄色和粉红色搭配的网页

图 15-39　黄色和绿色搭配的网页

如果黄色和蓝色搭配，则设计出来的网页给人以一种清新、亮丽的感觉，如图 15-40 所示；如果淡黄色和草绿色搭配，则带有一种稚气活泼的气息，如图 15-41 所示。

图 15-40　黄色和蓝色搭配的网页

图 15-41　淡黄色和草绿色搭配的网页

黄色与红色一样，也有自己的忌讳搭配色。深黄色最好不要与深紫色、深蓝色和深红色相搭配，这样搭配出来的网页给人以一种压抑感觉。还有，淡黄色最好不要与其明度相当的颜色搭配，如果要搭配需要拉开明度的层次。另外，黄色尽量少和白色进行搭配，因为它们的明度相当，白色很容易吞没黄色的色彩。

2．黄色网站色彩搭配解析

如图 15-42 所示是以黄色和褐色两种颜色搭配起来的网页。这两种颜色属于同一色调，所以搭配出来的网页给人以一种年轻、活泼、个性的感觉，整体感觉和谐整齐。

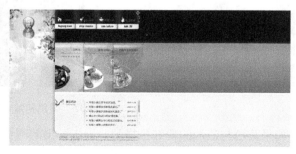

图 15-42　黄色和褐色搭配的网页

如图 15-43 所示是以黄色、橙色和白色搭配出来的网页。由于黄色和橙色是属于邻近色，所以搭配起来的网页给人以一种成熟稳重的感觉，再加上白色的搭配调和，使整个页面看上去很清新、舒适，给人一种很大的感召力。

图 15-43　黄色、橙色和白色搭配的网页

15.3.3　绿色的信息量与网页表现

绿色是一种健康色。看到绿色，人们通常都会有一种清新、健康的感觉，因为绿色所传达给人们的是一种生机、生长、和平的意象，是人们一直追求的一种绿色生活和希望。

1. 绿色的配色常识

众所周知，绿色是由黄和蓝相配而成的，所以绿色本身就含有蓝和黄的成分，这样的颜色给人一种清秀隽永的感觉。如图 15-44 所示是绿色网页设计。如果绿色和白色搭配，则设计出来的效果会给人一种青春向上、勃勃生机的感觉，如图 15-45 所示。

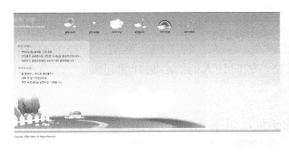 

图 15-44　绿色网页设计　　　　　　　图 15-45　绿色和白色搭配的网页

如果深绿色和浅绿色搭配在一起，则设计出来的网页往往会给人一种层次美、和谐美和恬静美，如图 15-46 所示。如果浅绿色和黑色搭配，则设计出来的网页，往往可以给人一种落落大方、大度的感觉，如图 15-47 所示。

当然，绿色也有忌讳的搭配色。深绿色最好不要和深红色或紫红色搭配，那样设计出来的网页非常不协调。

图 15-46　深绿色和浅绿色搭配的网页

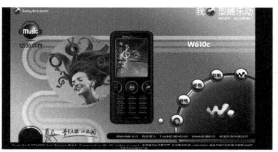

图 15-47　浅绿色和黑色搭配的网页

2．绿色网站色彩搭配解析

如图 15-48 所示是绿色、灰色和白色搭配的网页，整体看上去非常工整，给人一种神秘的感觉，吸引浏览者从中探个究竟；而如图 15-49 所示是绿色、蓝色和白色搭配的网页，它具有一种清新、爽目、活泼的感觉。

图 15-48　绿色、灰色和白色搭配的网页

图 15-49　绿色、蓝色和白色搭配的网页

15.3.4　蓝色的信息量与网页表现

蓝色在色相环中是一种冷色调，其波长比较短，给人一种明快、爽朗、洁净的感觉。看见蓝色，自然就会想起辽阔的大海，晴朗的天空，顿时让人们的心胸开阔起来。

1．蓝色的配色常识

蓝色和红色搭配通常给人一种动静结合的感觉，如图 15-50 所示；蔚蓝色和草绿色搭配起来的网页，则给人一种生机勃勃的感觉，仿佛进入了纯美的大自然风光，如图 15-51 所示。

蓝色与白色搭配的网页也比较多，这样的网页给人一种温柔、轻快、干净的感觉，如图 15-52 所示；蓝色和黄色都是明度比较大的颜色，如果这两种颜色搭配在一起，其对比度非常鲜明，这样设计出来的网页给人一种活泼、明亮的感觉，如图 15-53 所示。

有和谐就会有相对的不和谐元素。通常情况下，大面积的蓝色基本上不能与绿色相搭配。不过，可以将两种颜色掺杂在一起，形成另一种新的颜色来实现搭配效果。

　　此外，颜色比较深的蓝色不能与深红色、紫红色、深棕色、黑色等重颜色相搭配，因为都属于重色调，这样搭配起来的网页给人一种压抑、绝望的感觉。

图 15-50　蓝色和红色搭配的网页

图 15-51　蔚蓝色和草绿色搭配的网页

图 15-52　蓝色和白色搭配的网页

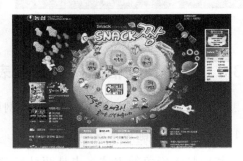

图 15-53　蓝色和黄色搭配的网页

2．蓝色网站的色彩搭配解析

　　如图 15-54 所示是由蓝色为主体，白色、黑色和红色为点缀的网页，在明亮的蓝色背景中搭配一个爆炸型的白色，给人一种醒目的感觉。浏览者可以很明显地注意到本网站的黑色字体的主题。另外，万里蓝中一点红，红色在蓝色的烘托下显得更为耀眼，从而加深浏览者的印象，吸引浏览着的眼球。

　　如图 15-55 所示是蓝、黑和黄相搭配的网页，黑色的边框，蓝色的中心内容，给人一种深邃悠远的感觉，再加上黄色字体的点缀，更突出了网站主题，给人一种庄重、严肃、清晰的感觉。

图 15-54　蓝、白、黑和红搭配的网页

图 15-55　蓝、黑和黄搭配的网页

　　如图 15-56 所示是以蓝色为主体，以黄色和绿色为修饰的网页，该网页给人一种思维清

晰的感觉。如图 15-57 所示是以深蓝为背景，以浅黄色为点缀的网页，突出表现网页所要表达的主题和宣传的产品，网页简单而有主体感。

图 15-56 蓝、黄和绿搭配的网页

图 15-57 深蓝和浅黄搭配的网页

15.3.5 黑白色的信息量与网页表现

黑白色属于无彩色。由无彩色构成的网页往往可以给人一种神秘、庄重、威严的感觉。

1. 黑、白色的配色常识

黑和白是无彩色的主体，也是两种相对相反的颜色，合理地实现黑和白的搭配，勾勒出来的网页也别有一番韵味，是有彩色所不能比拟的。

黑色给人一种凝重恐怖的感觉，多半的恐怖电影都是以黑色为背景，以增加恐怖的气氛。当然，任何事物都其两面性，黑色除了含有消极气氛外，还具有稳重、庄严的成分。因此，黑色也经常用于网页的设计当中，给人一种正直庄重的感觉，如图 15-58 所示。

白色与黑色相比，其色感就明亮了许多，具有干净、纯洁的因素，代表着一种洁白无瑕的寓意，象征着希望和光明。而白色和黑色一样也具有两面性，还具有毁灭、灾难的意思。正因为白色是单纯色，如果掺杂其他成分，则会改变白色原有的性格，使其变得比较含蓄，如图 15-59 所示。

图 15-58 黑色调网页

图 15-59 白色调网页

2．黑色网站色彩搭配解析

如图 15-60 所示是以黑色为背景，以红色和黄色为点缀的网页，黄色代表富贵，红色代表喜庆，这样在大面积黑色的衬托下，更显得亮丽庄重。

如图 15-61 所示是以黑色为背景，以白色方框为点缀的网页，该网页黑白结构分明，在黑色的铺垫下更显得白色的耀眼，用户可以很清晰地了解网页的各个板块功能。

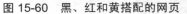

图 15-60　黑、红和黄搭配的网页　　　　　　　图 15-61　黑白相间的网页

如图 15-62 所示即为某住宅小区凤凰城的宣传网页，是以黑色为边框，以绿色为内容修饰的网页，给人一种清新、雅致、幽静的感觉，非常符合人们休闲的需求，也顺应了人们对家的需求，从而吸引更多的购买者。

图 15-62　黑色和绿色搭配的网页

如图 15-63 所示即为一个黑色和灰色搭配的网页，灰色是黑色和白色的中间色，具有调和的作用。黑色跟比较接近的灰色搭配，更显示出其神秘、大方和洒脱的特性。另外，灰色突出的性格是比较的温顺、平稳，和黑色搭配，给人一种稳重、成熟、大方、和谐的美感，这种配色方案多用于成年人或是老年人网站中。

3．白色网站色彩搭配解析

如图 15-64 所示即为一个以白色为背景，以红色为点缀的网页，给人一种洁净、醒目的感觉。如图 15-65 所示即为一个以白茫茫的大雪为背景，以远处林林总总的松柏和蜿蜒的小溪为点缀的网页，给人以明净、寒冷和动感。

图 15-63　黑色和灰色搭配的网页

图 15-64　白色和红色搭配的网页

图 15-65　白色和蓝色搭配的网页

15.3.6 灰色的信息量与网页表现

灰色在色相环中是属于中性色，可以分为深灰、中灰和亮灰 3 种。如图 15-66 所示是灰色网页。通常情况下，灰色都是被作为背景色彩。因为灰色的性格就是比较的平稳、细致、柔和，不管是跟什么样的颜色搭配，都不会出现不协调的现象，所以灰色也被称为 "万能色"。

图 15-66 灰色网页

灰色与冷色调相配时就会使原有的冷色变得温和；如果跟暖色调搭配，则会中和原有的暖色，呈现出比较冷静的品质。

如图 15-67 所示即为一个以灰色为背景，以红色为点缀的网页，这样设计出来的网页使鲜艳的红色更鲜艳，整个网页给人一种冷静、安宁的感觉。

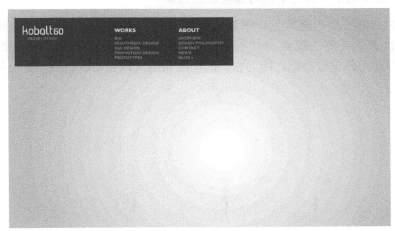

图 15-67 灰色和红色的搭配

如图 15-68 所示即为一个以灰色为背景，以黑色为框架，以自然蓝天色彩为主体内容的网页，这样的网页往往容易给人一种神秘感，激发人们的浏览兴趣，具有空阔和振奋人心的感觉。

图 15-68　灰色、黑色和蓝色搭配的网页

15.4　疑 难 解 惑

疑问 1：在设计网页时，如何实现红色和绿色的搭配？

答： 红色最好不要与绿色搭配，因为在绿色底面上的红色变得比较刺目，如果非要这样搭配，必须将其两种颜色通过悬殊的面积比来达到平衡。

疑问 2：通常情况下，黄色不能与哪些颜色搭配？

答： 深黄色最好不要与深紫色、深蓝色和深红色相搭配，这样搭配出来的网页给人一种压抑的感觉。淡黄色最好不要跟与其明度相当的颜色搭配，如果要搭配需要拉开明度的层次。黄色尽量少和白色进行搭配，因为它们的明度相当，白色很容易吞没黄色的色彩。

第 16 章
网页配色工具的使用

在给网页配色的过程中，如果借助配色工具，就能帮助用户实现更好的配色效果。例如，通过配色工具可以事先知道，在页面中将某两种颜色进行搭配，会有怎样的效果。这样就可以帮助用户判断在颜色的选择上是不是合理，以及颜色的方案是否可行。

重点案例效果

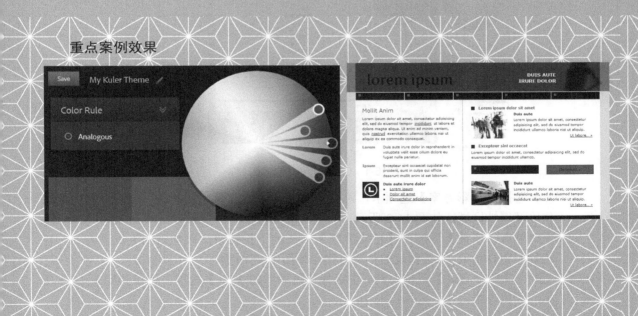

16.1 使用经典配色工具——ColorImpact

一个网页如果有漂亮的颜色方案，则不管网页内容的质量如何，至少可以先通过颜色方案吸引用户。那么，怎样才能快速地建立漂亮的颜色方案呢？这就需要借助配色工具来实现了。ColorImpact 是一款功能比较强大的配色工具，通过它可以快速地建立漂亮的颜色方案。

16.1.1 建立漂亮的颜色方案

ColorImpact 是一款非常好的色彩选取工具，具有的非常友好的界面，提供了多种色彩选取方式，支持屏幕直接取色，非常方便易用。ColorImpact 的主要功能有：单击即可建立漂亮的颜色方案；通过内置的高级工具获取配色方案、高级颜色公式等。

通过 ColorImpact 建立漂亮的颜色方案的具体操作步骤如下。

step 01 下载并安装 ColorImpact 可执行文件，双击桌面上的 ColorImpact 快捷图标，即可打开 ColorImpact 主界面，在其中设置 RGB 的颜色值，这里设置的 RGB 值为 (255，153，0)，以下得到的颜色配色方案都是在这个基本色的基础上获取的，如图 16-1 所示。

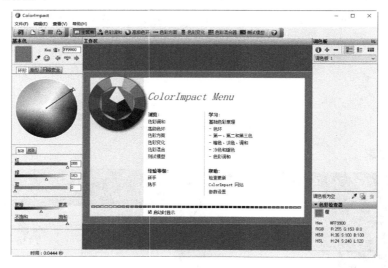

图 16-1 ColorImpact 主界面

step 02 选择【色彩方案】选项卡，进入色彩方案设计界面，在其中可以看到相关的工作区及属性区域，如图 16-2 所示。

step 03 单击【属性】区域中【色彩方案】右侧的下拉按钮，在弹出的下拉列表中可以选择 ColorImpact 工具预设的色彩方案，如图 16-3 所示。

step 04 在【色彩方案】下拉列表框中选择【色调增加 30°】选项，可得到如图 16-4 所示的颜色方案。

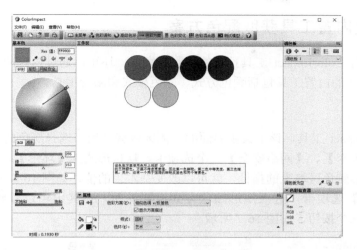

图 16-2　色彩方案设计界面

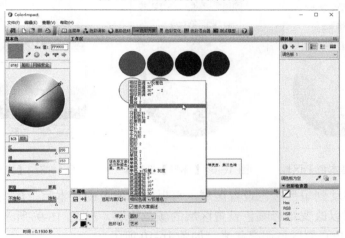

图 16-3　选择色彩方案

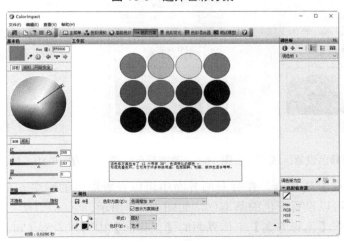

图 16-4　色彩方案效果

网站开发案例课堂

16.1.2　通过内置工具获取配色方案

除了可以使用 ColorImpact 工具预设的色彩方案外，还可以通过内置的高级工具获取配色方案。ColorImpact 的内置工具包括颜色方式、颜色模式和滴管工具。

1. 颜色方式

打开 ColorImpact 工具，该工具主界面的左侧区域就是用来选择颜色的【基本色】区域，有【环形】、【矩形】、【网络安全】三个选项卡。默认形式为【环形】，如图 16-5 所示。用户通过移动环形颜色区域上的指针，就可以改变基本色的值，如图 16-6 所示。

选择【矩形】选项卡，进入矩形颜色方式设置界面，在其中可以看到【鲜艳】、【暗弱】、【明亮】三个按钮，如图 16-7 所示。

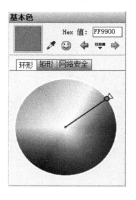　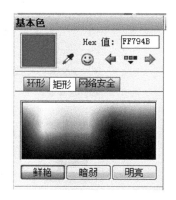

图 16-5　【基本色】区域　　图 16-6　【环形】选项卡　　图 16-7　【矩形】选项卡

将鼠标指针移动到矩形颜色设置区域，可以选择配色的基本色，如图 16-8 所示。单击【暗弱】按钮，可以改变矩形颜色设置区域的颜色强弱，如图 16-9 所示；单击【明亮】按钮，可以使矩形颜色设置区域明亮起来，如图 16-10 所示。

　　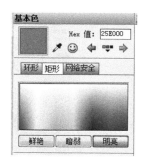

图 16-8　矩形颜色设置区域　　图 16-9　改变颜色强弱　　图 16-10　单击【明亮】按钮

选择【网络安全】选项卡，在打开的界面中可以查看提供的网络安全色，将鼠标指针移动到某一色块上，可以设置配色的基本色，如图 16-11 所示。

选择完毕后，在【色彩方案】工作界面的【工作区】中可以看到 ColorImpact 工具给出的配色方案，如图 16-12 所示。

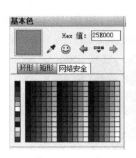

图 16-11　网络安全色

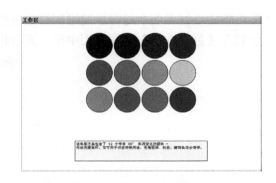

图 16-12　配色方案效果

2. 颜色模式

在 ColorImpact 工具主界面的左侧区域存在两种颜色模式，分别是 RGB 和 HSB，选择 RGB 选项卡，进入 RGB 设置界面，如图 16-13 所示。在其中可以通过调整红、绿、蓝的值进行颜色配色，然后在【色彩方案】工作界面中可以查看相应的配色方案，如图 16-14 所示。

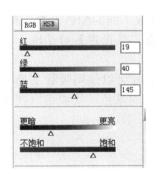

图 16-13　RGB 设置界面

图 16-14　查看配色方案

选择 HSB 选项卡，进入 HSB 设置界面，如图 16-15 所示。在其中可以通过调整色调、饱和度、亮度的值进行颜色配色，然后在【色彩方案】工作界面中可以查看相应的配色方案，如图 16-16 所示。

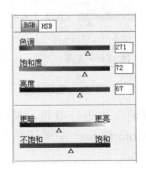

图 16-15　HSB 设置界面

图 16-16　查看配色方案

在颜色模式设置界面中还可以通过调整颜色的暗亮和饱和度的值来进行配色，如图 16-17 所示，然后在【色彩方案】工作界面中可以查看相应的配色方案，如图 16-18 所示。

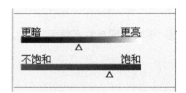

图 16-17　调整亮暗及饱和度

图 16-18　查看配色方案

3. 滴管工具

除了颜色方式和颜色模式外，还可以通过滴管工具获取不同的配色方案。在 ColorImpact 中单击工作界面左上角的【滴管工具】按钮，打开【滴管工具设置】对话框，在其中可以设置取样模式和状态栏格式，如图 16-19 所示。

设置完毕后，单击【确定】按钮关闭该对话框，然后就可以使用吸管工具吸取桌面上的颜色了。如图 16-20 所示就是使用滴管工具在吸取桌面上的颜色。接着可以在【色彩方案】工作界面中查看相应的配色方案，如图 16-21 所示。

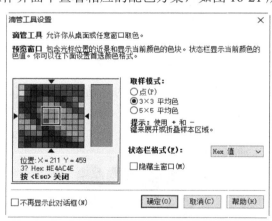

图 16-19　【滴管工具设置】对话框

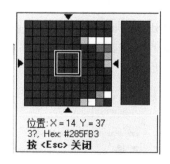

图 16-20　吸取颜色

其实，无论是通过颜色方式、颜色模式，还是使用滴管工具进行取色，最终都可以有新的配色方案产生。如图 16-22 所示的配色方案，可以在 ColorImpact 中的【色彩混合器】选项卡中获得。

图 16-21　查看配色方案

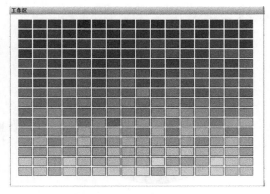

图 16-22　色彩混合器

16.1.3　通过高级色环获取配色方案

使用高级色环功能可以显示更为复杂的色环效果,并且可以对色环进行详细的设置。通过高级色环获取配色方案的具体操作步骤如下。

step 01　在 ColorImpact 主界面中选择【高级色环】选项卡,进入【高级色环】设置界面,如图 16-23 所示。

step 02　在主界面的左侧区域,设置进行配色的基本色,如这里设置基本色的 RGB 值为 (100,0,100),如图 16-24 所示。

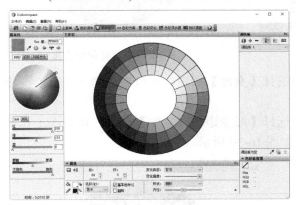

图 16-23　【高级色环】设置界面

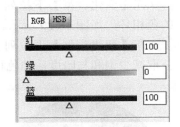

图 16-24　设置 RGB 值

step 03　在【高级色环】工作界面中可以看到具体的配色方案及色相环,如图 16-25 所示。

step 04　如果对当前的色相环不满意,还可以在下方的【属性】区域中设置色相环的变化类型、变化强度、样式、内径等参数,如图 16-26 所示。

step 05　这里以基本色 640064 为例,如果想要获取变暖效果的色环,可以单击【变化类型】右侧的下拉按钮,在弹出的下拉列表中选择【变暖】选项,如图 16-27 所示。

step 06　这时工作区中的色环就是变暖之后的效果显示,在其中可以选择相应的配色方案,如图 16-28 所示。

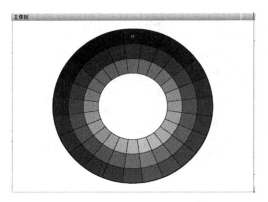

图 16-25　【高级色环】工作界面

图 16-26　【属性】区域

图 16-27　选择【变暖】选项

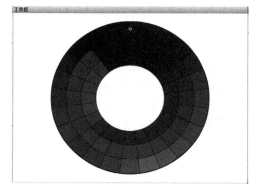

图 16-28　选择配色方案

step 07　在【变化类型】下拉列表框中选择【变冷】选项，可以在工作区中获取变冷后的色相环，如图 16-29 所示。

step 08　在【变化类型】下拉列表框中选择【减少饱和与暗度】选项，可以在工作区中获取减少饱和与暗度后的色相环，如图 16-30 所示。

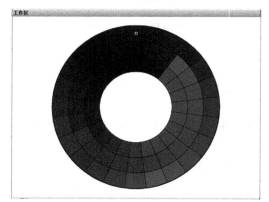

图 16-29　变冷效果

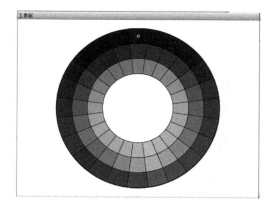

图 16-30　减少饱和与暗度效果

step 09 在【变化类型】下拉列表框中选择【增加饱和与暗度】选项，可以在工作区中获取增加饱和与暗度后的色相环，如图 16-31 所示。

step 10 在【变化类型】下拉列表框中选择【减少饱和】选项，可以在工作区中获取减少饱和后的色相环，如图 16-32 所示。

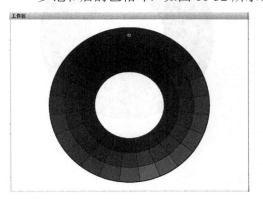

图 16-31　增加饱和与暗度效果

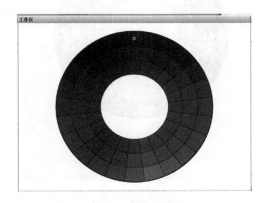

图 16-32　减少饱和效果

step 11 在【变化类型】下拉列表框中选择【增加饱和】选项，可以在工作区中获取增加饱和后的色相环，如图 16-33 所示。

step 12 在【变化类型】下拉列表框中选择【变暗】选项，可以在工作区中获取变暗后的色相环，如图 16-34 所示。

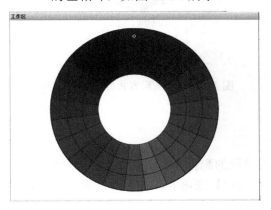

图 16-33　增加饱和效果

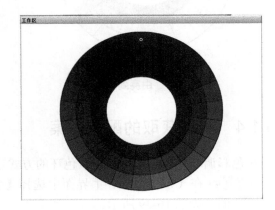

图 16-34　变暗效果

step 13 在【变化类型】下拉列表框中选择【变淡】选项，可以在工作区中获取变淡后的色相环，如图 16-35 所示。

step 14 在【变化类型】下拉列表框中选择【变亮】选项，可以在工作区中获取变亮后的色相环，如图 16-36 所示。

step 15 在【变化类型】下拉列表框中选择【由亮到暗】选项，可以在工作区中获取由亮到暗的色相环，如图 16-37 所示。

step 16 在【属性】区域中单击【样式】右侧的下拉按钮，可以在弹出的下拉列表中设置色相环显示的方式。如图 16-38 所示就是以圆形方式显示的色相环。

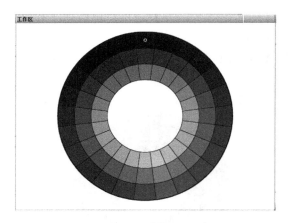

图 16-35　变淡效果

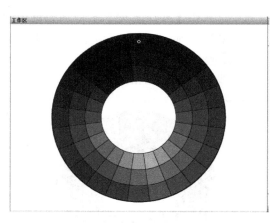

图 16-36　变亮效果

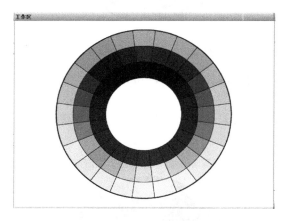

图 16-37　由亮到暗效果

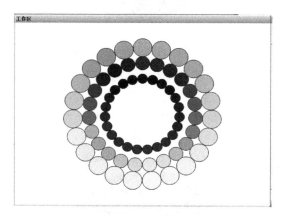

图 16-38　以圆形方式显示的色相环

16.1.4　查看获取的配色方案

在色彩调和工作界面中可以以色环的方式查看获取的配色方案,具体操作步骤如下。

step 01　在 ColorImpact 主界面中选择【色彩调和】选项卡,进入【色彩调和】设置界面,如图 16-39 所示。

step 02　在【属性】区域中单击【色彩调和】右侧的下拉按钮,在弹出的下拉列表中根据需要选择显示的方式,如这里选择【互补】选项,如图 16-40 所示。

step 03　这时在工作区中就是以互补的方式显示获取的配色方案,如图 16-41 所示。

step 04　在【色彩调和】下拉列表框中选择【正方形】选项,则获取的配色方案以正方形方式显示,如图 16-42 所示。

step 05　在【属性】区域中单击【样式】右侧的下拉按钮,在弹出的下拉列表中选择【色圈 1】选项,则获取的配色方案以色圈 1 的方式显示,如图 16-43 所示。

step 06　在【属性】区域中单击【样式】右侧的下拉按钮,在弹出的下拉列表中选择【色圈 2】选项,则获取的配色方案以色圈 2 的方式显示,如图 16-44 所示。

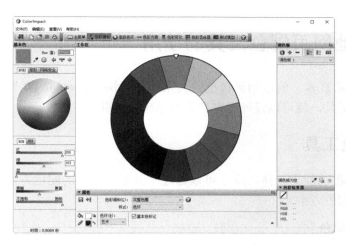

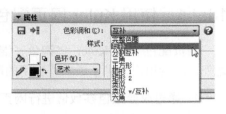

图 16-39　【色彩调和】设置界面　　　　　　　图 16-40　选择【互补】选项

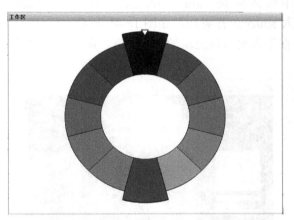

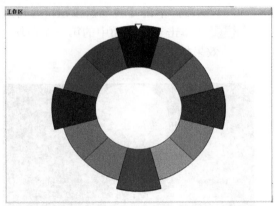

图 16-41　以互补方式显示配色方案　　　　　图 16-42　以正方形方式显示配色方案

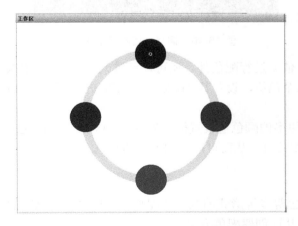

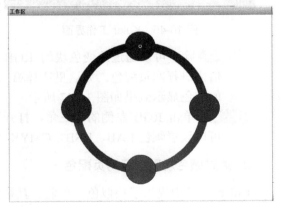

图 16-43　以色圈 1 的方式显示配色方案　　　图 16-44　以色圈 2 的方式显示配色方案

16.2　其他网页配色工具的使用

网页配色要求设计者有一定的美术素养，但是如果自己的美术功底不深厚，也可以借助专门的网页配色工具。使用网页配色工具，就可以设计出富含美术功底的网页。

16.2.1　使用 Kuler 网页配色工具

网页配色工具 Kuler 集调色、混色功能于一体，除了可以通过工具创建专属的配色方案之外，还为用户提供了成熟、实用的配色方案。

1. 通过改变颜色参数值进行网页配色

具体操作步骤如下。

step 01　打开 IE 浏览器，在地址栏中输入网址 https://kuler.adobe.com/create/color-wheel/，单击【转至】按钮，即可进入 Kuler 工作界面，如图 16-45 所示。

step 02　单击工作界面中的第一个色块，在下方更改该色块的 RGB 值，调整之后的显示效果如图 16-46 所示。

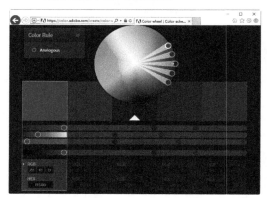

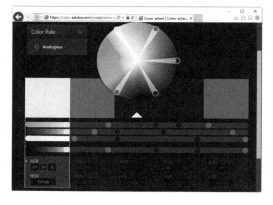

图 16-45　Kuler 工作界面　　　　　图 16-46　调整之后的显示效果

step 03　除了可以通过改变色块的 RGB 值来进行配色外，还可以通过改变色块的 HEX 值来进行网页配色。如这里选择第二个色块，设置其 HEX 值为 E84F64，则调整后的配色显示效果如图 16-47 所示。

step 04　单击 RGB 左侧的小三角，打开更多的颜色值设置框，如图 16-48 所示，在这里可以设置颜色 LAB、HSB、CMYK 相关值，从而可以得到不同的配色方案。

2. 通过颜色规则进行网页配色

Kuler 工具中提供了相似色、单色、互补色等多种形式的颜色搭配形式，通过选择已有的颜色，可以快速得到不同的与之匹配的颜色，从而创建配色方案。

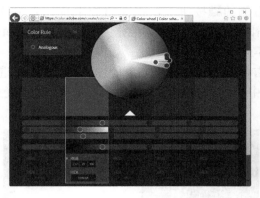

图 16-47　调整后的配色显示效果

图 16-48　不同的配色方案

具体操作步骤如下。

step 01　在 Kuler 工作界面中设置第一个色块的 RGB 值为(255，83，14)，以这个颜色为基础色来创建配色方案，如图 16-49 所示。

step 02　将鼠标指针放置在 Color Rule 右侧的■按钮上，在弹出的下拉列表中选择 Analogous(相似色)，即可得到相似色的配色方案，系统默认提供的颜色方案就是相似色，如图 16-50 所示。

图 16-49　创建配色方案

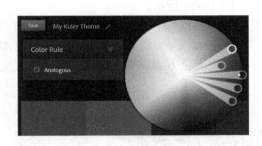

图 16-50　系统默认提供的颜色方案

step 03　将鼠标指针放置在 Color Rule 右侧的■按钮上，在弹出的下拉列表中选择 Monochromatic(单色)，即可得到单色的配色方案，如图 16-51 所示。

step 04　将鼠标指针放置在 Color Rule 右侧的■按钮上，在弹出的下拉列表中选择 Triad(三色)，即可得到三个一组的颜色方案，如图 16-52 所示。

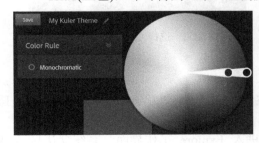

图 16-51　单色的配色方案

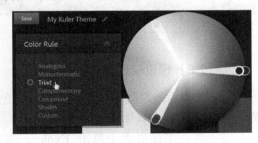

图 16-52　三个一组的颜色方案

网
站
开
发
案
例
课
堂

step 05 将鼠标指针放置在 Color Rule 右侧的▼按钮上，在弹出的下拉列表中选择
Complementary(互补色)，即可得到互补色的配色方案，互补色是通过色环上距离
180 度的位置的颜色来获得的，如图 16-53 所示。

step 06 将鼠标指针放置在 Color Rule 右侧的▼按钮上，在弹出的下拉列表中选择
Compound(复合)选项，即可通过色环中不同位置标注的色彩小圆圈来获取配色方
案，如图 16-54 所示。

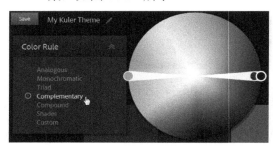

图 16-53　互补色的配色方案

图 16-54　选择 Compound(复合)选项

step 07 将鼠标指针放置在 Color Rule 右侧的▼按钮上，在弹出的下拉列表中选择
Shades(渐变)选项，即可得到色彩的渐变效果，从中可以获取网页配色方案，如
图 16-55 所示。

step 08 将鼠标指针放置在 Color Rule 右侧的▼按钮上，在弹出的下拉列表中选择
Custom(定制)选项，然后通过改变色块下的颜色值可以在原来色彩的基础上，获取
网页配色方案。如图 16-56 所示为改变第二个色块的 RGB 值得到的配色方案。

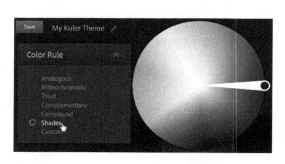

图 16-55　选择 Shades(渐变)选项

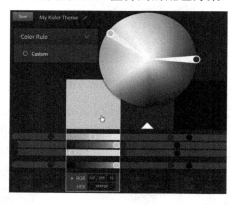

图 16-56　选择 Custom(定制)选项

3. 通过工具预设获取配色方案

Kuler 工具为用户提供了不同的预设配色方案。用户可以通过单击 Explore 菜单，在打开
的界面中进行查看，具体操作步骤如下。

step 01 在工作界面中单击 Explore 菜单，进入 Explore 工作界面，系统默认显示 All
Themes(所有主题)的配色方案，在其中可以查看系统给出的不同主题配色方案，如

图 16-57 所示。

step 02 选择 View 列表中的 Most Popular(最流行的)选项，在打开的界面中可以查看系统提供的比较受用户欢迎的色彩方案，如图 16-58 所示。

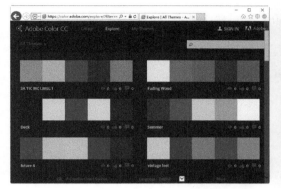 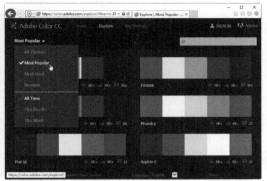

图 16-57　Explore 工作界面 　　　　　　图 16-58　查看色彩方案

step 03 选择 View 列表中的 Most Used(使用最多)选项，在打开的界面中可以查看系统提供的用户使用最多的配色方案，如图 16-59 所示。

step 04 选择 View 列表中的 Random(随机的)选项，在打开的界面中可以查看系统随机抽取的部分配色方案，如图 16-60 所示。

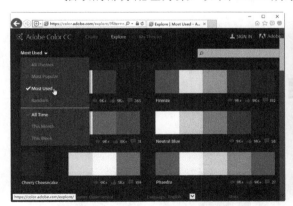 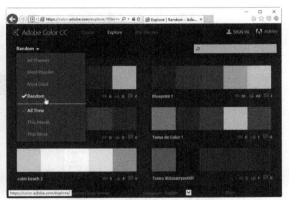

图 16-59　选择 Most Used(使用最多)选项 　　　　图 16-60　选择 Random(随机的)选项

16.2.2　使用 Web Safe Colours 网页配色工具

Web Safe Colours 网页配色工具的主要用途是保证输出的色彩无偏差。网页中需要使用的颜色是网页安全色，该工具提供了全部网页安全色的集合，可以避免浏览过程中，色彩偏差的产生。

在 Web Safe Colours 中查看网页安全色的具体操作步骤如下。

step 01 打开 IE 浏览器，在地址栏中输入网址 http://cloford.com/resources/colours/index.html，然后单击【转至】按钮，即可打开 Web Safe Colours 工作界面，如图 16-61 所示。

图 16-61　Web Safe Colours 工作界面

step 02 在页面中单击不同的按钮，即可显示用于配色的网页安全色，如这里单击 Web-Safe Diagram 按钮，可显示所有的安全色，以下几组内容，分别是该工具提供的网页安全色，如图 16-62 所示。

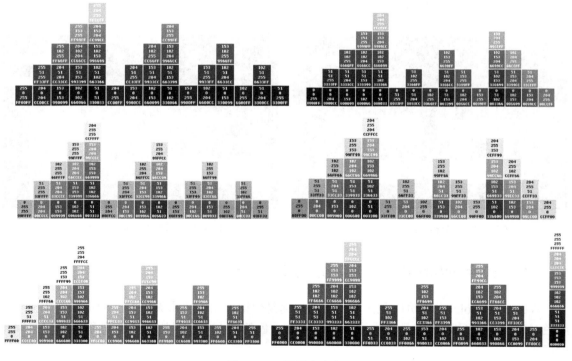

图 16-62　网页安全色

step 03 在页面中单击 Web-Safe By Hue 按钮，在打开的页面中可以查看 Web 安全颜色的色调，如图 16-63 所示。

step 04　在页面中单击 Web-Smart Colours 按钮，在打开的页面中可以查看 Web 智能颜色，如图 16-64 所示。

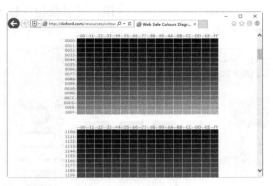

图 16-63　Web 安全颜色的色调　　　　　　图 16-64　Web 智能颜色

16.2.3　使用 Color Schemer 网页配色工具

网页配色工具 Color Schemer 是 Color Schemer Studio 的在线版本，也是一款比较专业的配色工具。通过该工具可以创建靓丽的颜色方案，从而帮助用户提升颜色搭配技巧。

使用 Color Schemer 进行网页配色的具体操作步骤如下。

step 01　打开 IE 浏览器，在地址栏中输入网址 http://www.colorschemer.com/online.html，即可进入 Color Schemer 的工作界面，如图 16-65 所示。

step 02　在页面左侧的 R、G、B 文本框中，可以输入颜色的 RGB 值，分别为 100、22、255，然后单击 Set RGB 按钮，可实现颜色的输入，将其作为网页的基本色，在页面中间部分，就会给出一系列颜色配色方案，如图 16-66 所示。

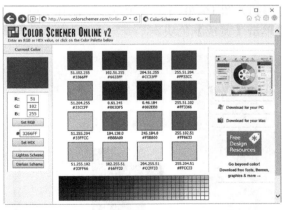
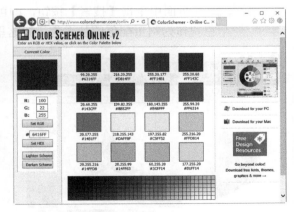

图 16-65　Color Schemer 的工作界面　　　　图 16-66　颜色配色方案

step 03　除了上述方法外，还可以通过页面中的 Lighten Scheme(变亮)、Darken Scheme(变暗)按钮，分别获得比原有方案更亮或者更暗的颜色方案。在 Color Schemer 工作界面中设置好网页的基本颜色后，单击页面左下角的 Lighten Scheme

按钮，可以获得比原有颜色方案更亮的颜色配色方案，如图 16-67 所示。

step 04 在 Color Schemer 工作界面中设置好网页的基本颜色后，单击页面左下角的 Darken Scheme 按钮，可以获得相较于原有颜色方案变暗的颜色配色方案，如图 16-68 所示。

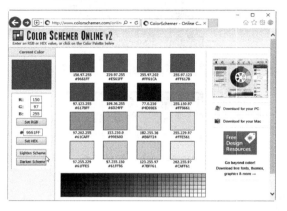 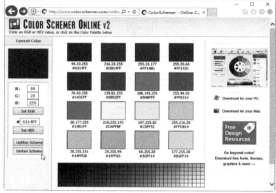

图 16-67 获得更亮的颜色配色方案　　　　图 16-68 获得变暗的颜色配色方案

16.2.4　使用 Color jack 网页配色工具

Color jack 通过提供的颜色表，让用户选择其中的颜色块，然后系统就会根据相应的颜色块给出对应的配色参考方案。

使用 Color jack 获取网页配色方案的具体操作步骤如下。

step 01 打开 IE 浏览器，在地址栏中输入网址 http://colrd.com/，即可打开该工具的工作界面，如图 16-69 所示。

step 02 在页面中单击【搜索】按钮，即可得到如图 16-70 所示的颜色表，在其中单击一个色块作为网页配色的基本色，如这里单击【黄色】色块。

 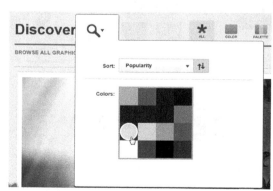

图 16-69 Color jack 的工作界面　　　　图 16-70 搜索基本色

step 03 这时系统会给出具体的颜色配色方案，并将配色方案以不同的方式显示，如渐变、图片、花纹等。系统默认为【所有】显示方式，即系统给出全部配色方案，有渐变形式、调色板形式、图片形式，如图 16-71 所示。

step 04　如果仅仅想要获取黄色这一类的色彩，可以单击 COLOR 按钮，选择 YELLOW，这时系统就会给出如图 16-72 所示的配色方案。

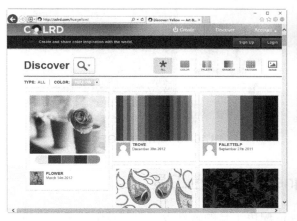

图 16-71　不同的配色方案

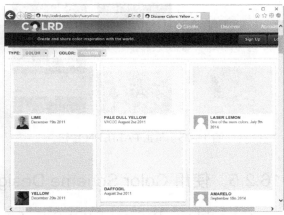

图 16-72　黄色配色方案

step 05　如果想要获取黄色这一类色彩的调色板形式的配色方案，可以单击 PALETTE 按钮，这时系统就会给出如图 16-73 所示的配色方案。

step 06　如果想要获取黄色这一类色彩的渐变形式的配色方案，用户可以单击 GRADIENT 按钮，这时系统就会给出如图 16-74 所示的配色方案。

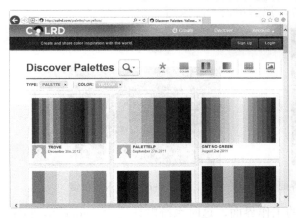

图 16-73　单击 PALETTE 按钮

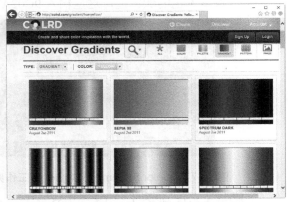

图 16-74　单击 GRADIENT 按钮

step 07　如果想要获取与黄色有关的，并用于图案中的配色方案，可以通过单击 PATTERN 按钮来获取，这时系统会给出如图 16-75 所示的配色方案。

step 08　如果想要获取与黄色相关的，并用于图片的配色方案，可以通过单击 IMAGE 按钮来获取，这时系统会给出如图 16-76 所示的配色方案。

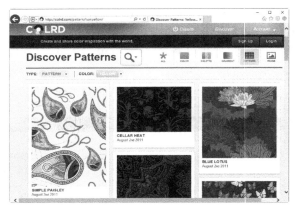

图 16-75　单击 PATTERN 按钮　　　　　　　图 16-76　单击 IMAGE 按钮

16.2.5　使用 Color Scheme Designer 网页配色工具

Color Scheme Designer 工具是 Color Scheme 配色工具的软件版，它相较于前面介绍的网页版，在功能上有了提升，从而可以更好地起到网页配色的功能作用。

使用 Color Scheme Designer 工具进行配色的具体操作步骤如下。

step 01　打开 IE 浏览器，在地址栏中输入网址 http://colorschemedesigner.com/，即可进入 Color Scheme Designer 的工作界面，如图 16-77 所示。

step 02　单击页面中的 RGB 输入框，即可打开如图 16-78 所示的对话框，在其中输入网页基本色的颜色值，这里输入 9C02A7，然后单击 OK 按钮。

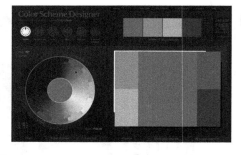

图 16-77　Color Scheme Designer 的工作界面　　　　图 16-78　输入颜色值

step 03　返回到 Color Scheme Designer 的工作界面，这时系统默认选择 Mono(单色)模式，在其中可以看到配色工具给出的单色配色效果，其中上方给出了比较接近的 4 种颜色，颜色搭配区域中，分别给出的是关于这几种颜色的布局安排，如图 16-79 所示。

step 04　除了给出颜色搭配的方案外，该工具还提供有在网页中应用的示例，通过选择页面右下角的 Light Page Example 选项卡，可以在打开的界面中查看具体的网页颜色搭配效果，该色彩搭配效果属于偏亮类型的，如图 16-80 所示。

图 16-79　颜色的布局安排

图 16-80　网页颜色搭配效果

step 05　如果想了解该色彩偏暗一些的搭配实现，可以选择 Dark Page Example 选项卡，在打开的界面中查看色彩偏暗的页面效果，如图 16-81 所示。

step 06　这里以颜色#9C02A7 为基本色，选用该色彩的补色实现搭配。单击 Complement 按钮，即可获取该颜色的补色配色方案，如图 16-82 所示。

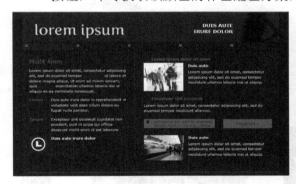

图 16-81　色彩偏暗的页面效果

图 16-82　补色配色方案

step 07　关于这一组颜色在网页中的搭配，同样给出了较亮和较暗两种配色效果的网页。分别选择 Light Page Example、Dark Page Example 选项卡，就可以在页面中查看了。如图 16-83 所示是较亮的网页配色效果；如图 16-84 所示是较暗的网页配色效果。

图 16-83　较亮的网页配色效果

图 16-84　较暗的网页配色效果

step 08　使用 Color Scheme Designer 工具可以实现 Triad 三色配色效果，单击工作界面中的 Triad 按钮，就可以获取相应的配色效果了，而且分别给出了各种颜色在页面中的布局方法。比如，将页面分成左中右三部分，分别用不同的紫色进行搭配，绿色与黄色可以起到点睛作用，如图 16-85 所示。

step 09　对于具体颜色在网页中的应用，可参考系统提供的网页，同样有较亮、较暗两种网页配色效果。如图 16-86 所示是较亮的网页配色效果；如图 16-87 所示是较暗的网页配色效果。

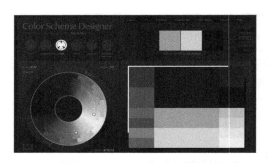

图 16-85　不同的紫色搭配

图 16-86　较亮的网页配色效果

step 10　使用 Color Scheme Designer 工具可以实现 Tetrad 四色配色效果，单击工作界面中的 Tetrad 按钮，就可以获取相应的配色效果了，该方案不同于三色方案，这个方案中多了一个不同色相的颜色，如图 16-88 所示。

图 16-87　较暗的网页配色效果

图 16-88　四色配色效果

step 11　具体颜色在网页中的应用，可参考系统提供的网页，同样有较亮、较暗两种网页配色效果。如图 16-89 所示是较亮的网页配色效果；如图 16-90 所示是较暗的网页配色效果。

step 12　使用 Color Scheme Designer 工具可以实现类似色的配色效果，单击工作界面中的 Analogic 按钮，就可以获取相应的配色效果了，如图 16-91 所示。

step 13　了解了可用于该颜色的类似色后，选择 Light Page Example 选项卡可以查看该组颜色在网页中的应用，搭配出的整体颜色较亮的网页配色效果如图 16-92 所示。

step 14　选择 Dark Page Example 选项卡也可以查看该组颜色在网页中的应用，搭配出的整体颜色较暗的网页配色效果如图 16-93 所示。

图 16-89　较亮的网页配色效果

图 16-90　较暗的网页配色效果

图 16-91　类似色的配色效果

图 16-92　整体颜色较亮的网页配色效果

step 15　使用 Color Scheme Designer 工具可以实现类似色+补色的配色效果，单击工作界面中的 Accented Analogic 按钮，就可以获取相应的配色效果了，如图 16-94 所示。

图 16-93　整体颜色较暗的网页配色效果

图 16-94　类似色+补色的配色效果

step 16　了解了可用于该颜色的类似色+补色后，选择 Light Page Example 选项卡可以查看该组颜色在网页中的应用，搭配出的整体颜色较亮的网页配色效果如图 16-95 所示。

step 17　选择 Dark Page Example 选项卡也可以查看该组颜色在网页中的应用，搭配出的整体颜色较暗的网页配色效果如图 16-96 所示。

图 16-95　整体颜色较亮的网页配色效果

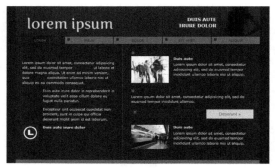

图 16-96　整体颜色较暗的网页配色效果

　　总之，Color Scheme Designer 是国外一个免费的在线取色工具，根据工具给出的方案，对于预览不满意的，可以不断地调试，直到满意为止。

16.3　疑　难　解　惑

疑问 1：在线网页配色工具是做什么用的？

　　答：配色工具有软件版和在线版两种，使用在线配色工具可以快速生成符合用户网站的网页配色方案。

疑问 2：在线网页配色工具如何使用？

　　答：在线网页配色工具的使用非常简单，首先在配色框中输入网站主色调的 RGB 或 HEX 色值，然后单击设置，即可在右侧自动产生 16 种对应的配色方案。还可以通过页面下面的相关按钮调节颜色亮度，从而找到自己满意的配色效果。

第 17 章
根据网页色调
进行配色

色彩总能给人留下深刻印象。有了丰富的内容，合理的版面配置，如果缺了好的网页色调及其配色仍是不行的。网页主色调的选择往往与网站类型及网站标志相关。

重点案例效果

网站开发案例课堂

17.1　红色主题色调网页的配色

在婚礼、喜庆的场合中，我们经常可以看到红色。在网页配色的过程中，红色同样有着其自身色彩所代表的特性。例如，红色可以作为婚庆类网站的主题色调。但是，在浏览网站过程中，可以发现远不止这一类网站使用红色主题色调，其他类型的网站也有使用红色作为其主题色调的。

17.1.1　网站类型分析

红色通过调色，可以使得红色的明度、纯度有所改变，从而得到粉红、鲜红、深红等颜色，由此带给浏览者视觉上的情感也有所不同。下面通过分析不同红色网页的搭配实例，来掌握该颜色所适用的网站类型。

1. 公司展示类网站

如图 17-1 所示是一个公司网站。浏览网站内容可以发现该网站主要用来展示公司产品。观察网站的色彩应用，是一个红色系站点。一般纯红色只适用于以节庆为主题的网站，这里网站大面积使用红色时，对其进行了调暗处理。

公司展示类网站的网页选择红色为主色调，更容易引起人们的注意，将该色调应用于企业网站的配色，主要目的在于传达具有活力、积极、热诚、温暖、前进等含义的企业形象与精神。

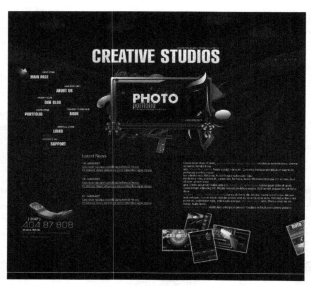

图 17-1　公司展示类网站

2. 食品类网站

如图 17-2 所示是一食品类网站。网站中用红色作为整个页面的基本色，这样能够起到强烈的冲击视觉的效果，从而更贴近食品、饮食类网站的色彩应用。

　　分析页面所使用的颜色，白色的字体与红色的背景色起到了鲜明的对比效果，通过这样的搭配使得页面从色彩上看起来就更加醒目而有吸引力。并且，页面中这样的颜色搭配，可以让浏览者热力强盛，食欲倍增。

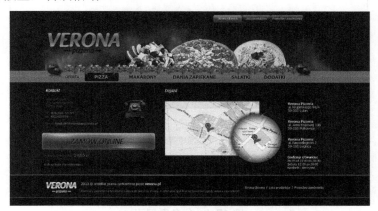

图 17-2　食品类网站

　　总之，上述两个不同类型的网站，都使用了白色文字来衬托红色背景，同时在小区域内添加了黑色区块。除此之外绿色作为点睛色，有着非常亮眼的效果。如果进行网站配色，选择了红色作为主色调，可以参考这样的方式进行色彩搭配设计。

17.1.2　网页配色详解

　　与红色有关的配色，单纯以红色作为主色调是不行的，还需要借助辅色、点睛色来进行陪衬。下面给出一些常用的、适合与红色搭配的方案，如图 17-3 所示。

图 17-3　配色方案

与红色进行搭配的色彩，可以有多种选择，如灰色、黑色、绿色、黄色等颜色，都是不错的选择。以如图 17-4 所示的红色系网页为例，通过对该网页的配色详解，进而来了解红色主题色调网页的配色。

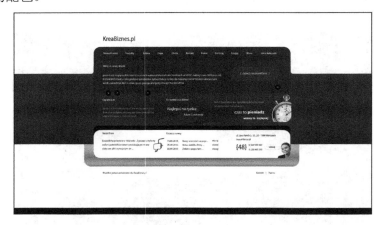

图 17-4 红色系网页

观察该网站的页面，除了主色调红色外，还使用了其他颜色来搭配。例如，用来搭配红色的黑色起到了点睛效果。页面中白色作为辅助色，将红色衬托得更加醒目。无论是白色文字还是白色背景，都很好的起到了衬托作用。

进一步细分颜色，作为主色调的红色，是由不同明度的红色搭配而成的。其中，红色的导航、Banner、背景相互间的深浅都是不一样的。该网站具体的色彩运用如图 17-5 所示。除了上述选择颜色所起的配色效果，为了达到更理想的配色效果，网站在页面中间区域，添加了纹理效果，这样使得整个页面的灵动性更好了。

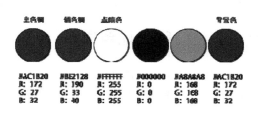

图 17-5 配色方案

除了案例网页的配色外，如果将红色与其他颜色进行搭配，还可以获取不同的效果。例如，增加了亮度的红色，搭配灰色或者黑色，可以体现现代、激进的感觉，如图 17-6 所示。在商业设计中，常用红色与黑色搭配，并将其应用于网站中，如图 17-7 所示。

图 17-6 红色与灰色搭配

图 17-7 红色与黑色搭配

17.2 橙色和黄色主题色调网页的配色

橙色和黄色主题色调，在网站中的应用非常广。例如一些食品类网站，为了增加食欲的效果，往往会在配色中添加该色彩。下面通过分析以橙色和黄色为主题色调的网站，进而让读者掌握其配色方法。

17.2.1 网站类型分析

下面通过分析以橙色和黄色为主题色网页的搭配实例，来掌握该颜色所适用的网站类型。

1. 使用橙色作为主题色调的网站类型分析

橙色的色彩性格非常活跃，适用于时尚、运动等类型的网站，同时，橙色与食物的颜色比较接近，所以也适合以食物为主题的网站。由此可知，橙色主题色调适用的网站类型非常广泛。

如图 17-8 所示是一个橙色主题色调的网站。网站页面在色彩的使用上，选择的种类非常少，除去图片与文字的颜色外，页面中能看到的颜色也就只有橙色了。进一步了解该网站的内容，页面中除了一张图片，就是有一定篇幅的文本链接，这从内容的添加上来说也是比较简洁的。

图 17-8　橙色系网站

2. 使用黄色作为主题色调的网站类型分析

黄色适用的范围也是比较广泛的。例如，可以将其用于追求阳光、明快效果的网站中。同样，黄色也适用于食品类网站。因为黄色曾是帝王龙袍的颜色，所以将此颜色应用于高档、贵重物品的网站都是可以的，如高档化妆品、别墅等高档房地产网站等。

如图 17-9 所示是黄色主题色调网站，在整个页面中使用的黄色比例非常大。然后，通过搭配白色，以及黑色的文字将这一色调进行了很好的融合。从而，更好地展示了黄色主题色调那种追求阳光、明快效果的理念。

图 17-9　黄色系网站

17.2.2　网页配色详解

了解橙色与黄色适用的网站类型只是第一步，以下内容结合实例网站，详细分析橙色和黄色在网站中的应用，进而帮助用户掌握该颜色的配色方法。

1. 橙色系配色

下面详细介绍橙色系配色的相关内容，结合在网站中的应用，对配色进行具体分析，从而将橙色系适用的配色方案，以及在网站中的实例应用，进行更好的阐述。

1)　适用的配色方案

如图 17-10 所示，罗列的是一些适用于橙色系网站配色的方案，合理地将橙色与其他色彩进行搭配，能够美化页面，使页面更有吸引力。橙色可以与绿色、粉色、蓝色、灰色、紫色等颜色进行搭配，并且都有不错的色彩效果。

r 153	r 255	r 255	r 255	r 153	r 204	r 255	r 255	r 51
g 204	g 153	g 204	g 153	g 204	g 102	g 153	g 255	g 102
b 51	b 0	b 0	b 51	b 51	b 153	b 51	b 0	b 204
#99cc33	#ff9900	#ffcc00	#ff9933	#99cc33	#cc6699	#ff9933	#ffff00	#3366cc

r 255	r 255	r 0	r 255	r 0	r 153	r 204	r 255
g 153	g 255	g 153	g 255	g 153	g 0	g 255	g 153
b 51	b 204	b 102	b 0	b 102	b 51	b 102	b 0
#ff9933	#ffffcc	#009966	#ff6600	#ffff66	#009966	#990033	#ccff66	#ff9900

r 255	r 153	r 204	r 204	r 153	r 204	r 204	r 204	r 51
g 153	g 102	g 204	g 102	g 153	g 204	g 102	g 204	g 102
b 102	b 0	b 0	b 0	b 153	b 51	b 0	b 51	b 153
#ff9966	#996600	#cccc00	#cc6600	#999999	#cccc33	#cc6600	#cccc33	#336699

图 17-10　配色方案

2)　在网站中的应用

橙色在灰色、黑色的衬托下，能够起到更加醒目、突出的效果。如图 17-11 所示的网页，就是采用橙色为主色调，搭配灰色、白色来进行配色的。

在如图 17-11 所示的网页配色方案中，主要用到的颜色有灰色、白色与橙色，具体的颜色及颜色值如图 17-12 所示。

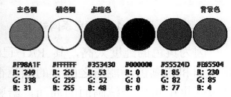

主色调	辅色调	点睛色			背景色
#F98A1F	#FFFFFF	#353430	#000000	#55524D	#E65504
R: 249	R: 255	R: 53	R: 0	R: 85	R: 230
G: 138	G: 255	G: 52	G: 0	G: 82	G: 85
B: 31	B: 255	B: 48	B: 0	B: 77	B: 4

图 17-11　页面效果　　　　　　　图 17-12　配色方案

2. 黄色系配色

黄色在网页配色中是使用最为广泛的颜色之一。黄色比较适合活泼跳跃、色彩绚丽的配色方案。例如，喜庆的气氛以及华丽的商品可借助黄色来表现。

1) 适用的配色方案

如图 17-13 所示是一些配色方案，由此可以了解到黄色适合活泼跳跃、色彩绚丽的网站类型，如儿童类网站。将黄色与黑色进行搭配，可以使页面形成清晰、整洁的效果。如果想要让页面充满朝气可将其与绿色进行搭配。

r 255	r 204	r 255	r 255	r 255	r 204	r 153	r 255	r 255
g 255	g 255	g 204	g 255	g 255	g 204	g 204	g 204	g 255
b 204	b 255	b 204	b 0	b 255	b 0	b 255	b 51	b 204
#ffffcc	#ccffff	#ffcccc	#ffff00	#ffffff	#cccc00	#99ccff	#ffcc33	#ffffcc

r 255	r 153	r 204	r 255	r 255	r 153	r 153	r 255	r 255
g 255	g 204	g 204	g 255	g 255	g 51	g 204	g 204	g 255
b 51	b 255	b 204	b 0	b 255	b 255	b 255	b 51	b 51
#ffff33	#99ccff	#cccccc	#ffff00	#ffffff	#9933ff	#99ccff	#ffcc33	#ffff33

r 255	r 102	r 255	r 255	r 255	r 0	r 255	r 0	r 255
g 204	g 204	g 255	g 153	g 255	g 153	g 204	g 0	g 255
b 0	b 0	b 153	b 0	b 0	b 204	b 0	b 204	b 153
#ffcc00	#66cc00	#ffff99	#ff9900	#ffff00	#0099cc	#ffcc00	#0000cc	#ffff99

图 17-13　配色方案

2) 在网站中的应用

如图 17-14 所示是黄色系网站。该网站是一食品类网站，分析网站的配色，页面中除了黄色为主题色，还使用了红色、蓝色、白色进行搭配。除此之外，页面中图片边缘添加了阴影效果，这样使得页面的灵动更好了。

了解该网站所选择的颜色后，下面具体了解网站中应用的各种颜色值，如图 17-15 所示。

Sketchen
Inicio
Servicios
Nosotros
Contactar
Blog

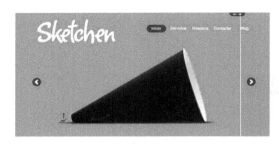

图 17-14　黄色系网站

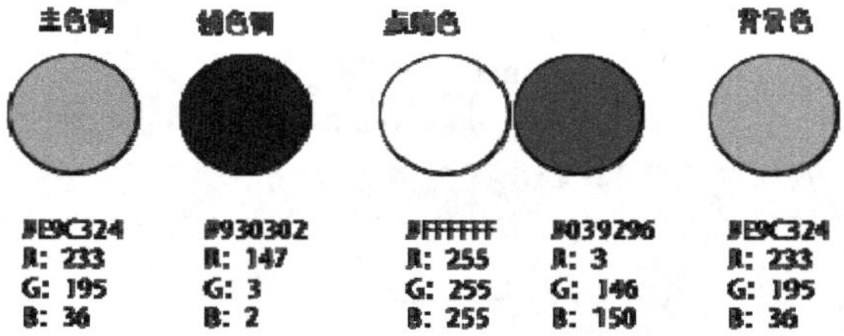

主色调
辅色调
点睛色
背景色
#E9C324
R: 233
G: 195
B: 36
#930302
R: 147
G: 3
B: 2
#FFFFFF
R: 255
G: 255
B: 255
#039296
R: 3
G: 146
B: 150
#E9C324
R: 233
G: 195
B: 36

图 17-15　配色方案

因为黄色的纯度太高，其 R/G 已经接近于全色，很难大面积使用，所以黄色是一个比较难以调和的颜色，能与之配合的颜色很少。如果在黄色网页中插入了少量的红与灰，就可以打破网页中黄色一统画面的局面，给整个网页带来生机与活力，这也是配色设计中常用的方案，如图 17-16 所示。

Simpatico
Simpatico
Cases
Opsigtsvækkende
outdoor-kampagne i Kbh.
Simpatico
Nyheder

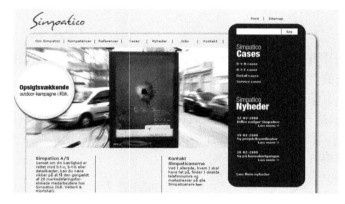

图 17-16　独特黄色网页

17.3　黄绿色主题色调网页的配色

如果想让网站的网页呈现出虚幻与自然的感觉，可以选择黄绿色。虚幻和自然两种感觉是完全不同的，但黄绿色能够将其很好地诠释，这就是黄绿色的魅力之所在。

17.3.1　网站类型分析

黄绿色适合展现温暖亲切感，也能将高科技神秘虚幻的感觉进行很好的诠释。在进行主题色调选择过程中，黄绿色比较受儿童、年轻人的喜欢，以这些用户为主要对象的网站，适合使用该主题色调。

如图 17-17 所示，是以黄绿色为主题色调的网站，该网站属于食品类网站，通过页面中的食品照片可以了解到，它在颜色的选择上也都是一些食品类网站常用的色彩，如橙色、绿色等。

图 17-17　黄绿色主题色调网站

17.3.2　网页配色详解

了解了黄绿色主题色调应用的网站类型，下面结合黄绿色主题色调网站的网页实例，进行配色的分析。

1. 适用的配色方案

在分析网站的配色应用之前，首先通过几种配色方案来了解适合与黄绿色搭配的颜色，及其具体的颜色参数值。如图 17-18 所示，黄绿色可以与蓝色、绿色、黄色、橙色、紫色等多种颜色进行搭配。

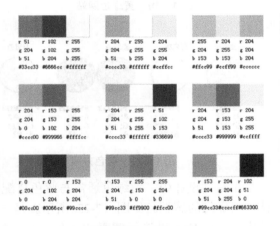

图 17-18　配色方案

2. 在网站中的应用

如图 17-19 和图 17-20 所示，都是同一网站的二级页面，观察页面除了内容上有关联之外，颜色的使用也是采用了统一色调，以黄绿色作为网站不同页面的主色。上述的二级页面，配色较单纯，但恰恰就是因为这样的搭配，使得页面层次感突出，不显得单调。

以如图 17-19 所示的页面为例，除了黄绿色主题色调，页面中添加了大面积的白色与浅灰色，搭配数量较多的文本内容，使整个页面看起来非常协调、有序。除此之外，页面还使用了其他颜色来搭配页面的主题色调，具体使用的颜色如图 17-21 所示。

下面分析如图 17-20 所示页面的配色具体应用，不同于如图 17-19 所示的页面，这里页面中没有添加灰色，反而采用了多个小图片的方法，来增加色彩的丰富度。页面内同样采用了几种颜色来与黄绿色进行很好的搭配，起到进一步丰富页面的效果，具体使用的颜色如图 17-22

所示。

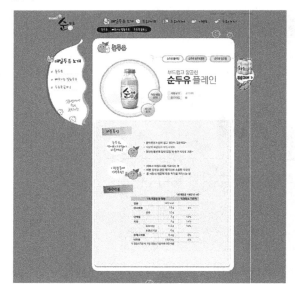

图 17-19　黄绿色网站

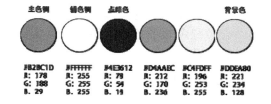

图 17-20　黄绿色网站

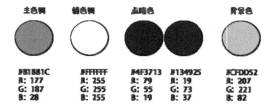

图 17-21　配色方案

图 17-22　配色方案

在网页设计中，黄绿色通常与蓝色搭配使用，主要用于表现温暖、亲切的感觉或者高科技神秘虚幻的感觉。如图 17-23 所示就是一个科技类型的网站网页。黄绿色为主题色调的网站中，点睛色可以选择耀眼的颜色，也可以用混合灰色起到协调视觉效果，都是不错的选择，如图 17-24 所示。

图 17-23　黄绿色与蓝色的搭配

图 17-24　黄绿色与灰色的搭配

17.4 绿色和青绿色主题色调网页的配色

绿色和青绿色在网页配色的过程中被经常使用，其中青绿色结合了草绿色和蓝色所代表的部分"味道"，例如草绿色的健康及蓝色的清新，都是可以通过青绿色来展现的。

17.4.1 网站类型分析

绿色带给用户健康的印象，所以很多保健类的网站、公司的公关网站、教育网站等经常使用它来配色。因为绿色与青绿色比较接近，与自然、健康相关的站点，都可以考虑使用这两种颜色。

1. 使用绿色作为主题色调的网站类型分析

绿色调是一种非常灵活的色彩，可以通过前面介绍的"黄绿色"来增加页面的温暖感，也可以使用"蓝绿"或者"碧绿"让页面往冷感的方向设计。在网站中合理使用不同的绿色搭配，可以让页面更加美观。比如，以绿色作为绿色食品网站的主题色调，就可以非常好地体现食品的绿色、健康的理念。

绿色与服务业、卫生保健业的精神理念比较贴近，如果将绿色应用于这些行业的网站中就非常适合。如图 17-25 所示，是食物类网站，页面选用的正是绿色系为其主题色调。

分析该网页采用白色、红色来与绿色进行搭配，是一个不错的配色方案。既能够把点睛色进行很好的突显，也能够让辅助色低调地起着辅助绿色的作用，从而让页面不但有丰富的色彩，也让用户看起来不反感。

此外，网页设计中绿色常被应用于服务业、卫生保健业、教育行业、农业类网页中，从而体现清爽、希望、欣欣向荣等意境。因为绿色象征着生命，所以应用在与自然、健康相关的站点，也是非常理想的。另外，一些公司的儿童站点、教育类内容的页面，都会选择使用绿色，如图 17-26 所示。

图 17-25 绿色系网站

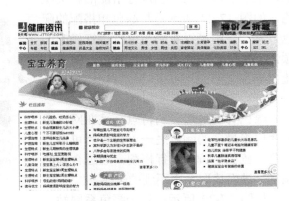

图 17-26 教育类网站

2. 使用青绿色作为主题色调的网站类型分析

青绿色主题色调适用的网站类型与绿色比较接近，同样适合在健康食品类网站中使用。青绿色站点也是比较常见的。因为青绿色与大自然的绿色有着一定的不同，所以适合展现人工制作的感觉效果会比较好一些。

如图 17-27 所示，是一个青绿色的网页，页面中枫叶的颜色相信大家都明白，这里使用青绿色背景来放枫叶图片，把枫叶代表国家的一种理念进行了很好的诠释。

图 17-27　青绿色网站

17.4.2　网页配色详解

了解绿色适用于哪些网站之后，下面结合实例，详解绿色在网站配色中的使用。

1. 绿色系配色

下面介绍绿色系配色的详细内容，通过绿色在网站中的实际应用，讲解如何将绿色同其他颜色进行合理的搭配。

1）　适用的配色方案

在对绿色系的配色进行详细介绍之前，首先通过一些针对绿色系的配色方案，来了解适合同绿色进行搭配的相关颜色。如图 17-28 所示是与绿色相搭配的配色方案，从中可以看到与绿色进行搭配的颜色有黑色、白色、灰色、紫色、黄色、蓝色等。

2）　在网站中的应用

绿色有着自然美的特点，是在网页中被使用得最多的颜色之一。该颜色可以与红色、蓝色、黄色进行搭配，通过合理的编排，进而获取意想不到的美感。

如图 17-29 所示，是一绿色系网站。

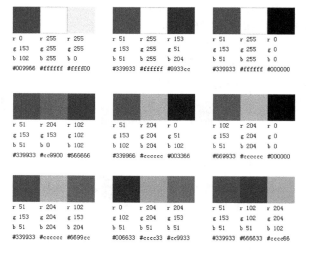

图 17-28　配色方案

页面中除了绿色还有蓝色、黄色等颜色，从而实现了颜色间的搭配。黑色文字以及白色的文字背景是为了突出内容区域的黑颜色文字，这样的颜色搭配，起到了醒目、突出的效果，搭配得恰到好处。

进一步分析该网站的配色，可以得到如图 17-30 所示的颜色值。网站使用的背景色、主题色以及点睛色都起到了自身所应该起到的作用，比如突出文字内容，吸引用户浏览，或者突出某个按钮，便于用户找到并且使用。

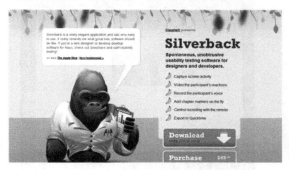

图 17-29　绿色系网站

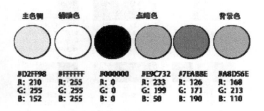

图 17-30　配色方案

另外，绿色系中的柠檬绿可以让设计效果很"潮"，平和的橄榄绿还是军队的象征色，通过淡绿色将春天的感觉带给浏览者。除了上述搭配之外，将绿色与蓝色进行搭配，可以把"水"的感觉带给用户，如图 17-31 所示。在绿色中添加米色或者褐色都是泥土气息展示的好办法。高对比的黑色和绿色，以及白色与绿色的搭配，都是很好的色彩搭配伙伴，如图 17-32 所示。

图 17-31　绿色系网站

图 17-32　绿色与白色的搭配

2. 青绿色配色

关于青绿色适用的配色方案及其在网站中的搭配使用，下面进行具体介绍。主要通过实例网站，进行全面的分析。

1）适用的配色方案

青绿色在网站中的配色实现，先通过如图 17-33 所示的几种方案，进行一个简单的了解。青绿色可以同黄色、红色、绿色系的其他颜色进行搭配，还可以同粉红、紫色等颜色进行搭配。

2)　在网站中的应用

在了解了可以与青绿色搭配的颜色之后，下面通过一个实例网站来进一步认识青绿色的配色实现，以及在网站应用的相关配色内容。如图 17-34 所示是以青绿色作为主题色调的网站。通过分析该网站的配色，以及颜色的选择等内容，从而帮助用户了解青绿色网站的配色实现，以及该颜色在网站中的应用。

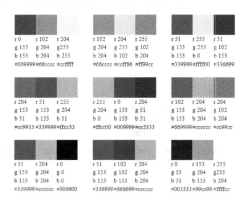

图 17-33　配色方案　　　　　　　　　　图 17-34　青绿色网站

观察上述网站的网页颜色，可以发现其采用的颜色有青绿色、白色、红色以及其他颜色。除了主页面中的红色作为点睛色，页面左侧的绿、黄、蓝、紫、橙这几种颜色，同样起着点睛效果。该点睛色将页面导航进行衬托，起到了导航该有的效果。从总体上来说，页面中的色彩搭配非常协调，各种颜色的使用恰到好处。分析该页面的色彩搭配，主要采用如图 17-35 所示的配色方案。

除了使用案例网站中的颜色搭配方式，还可以将青绿色与其他绿色进行搭配，从而帮助缓解色彩带给用户的眼部疲劳感。青绿色与黄色、橙色等颜色搭配，可以营造出亲切、可爱的气氛；若与蓝色、白色等颜色搭配，可以得到清新爽朗的效果。这些都是不错的搭配方案，如图 17-36 所示。

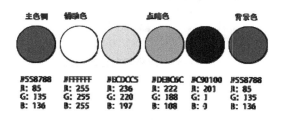

图 17-35　配色方案

图 17-36　青绿色网页

17.5　蓝色和蓝紫色主题色调网页的配色

蓝色是天空、海水的颜色，常常被用于代表此类物体。蓝紫色通过色相环可以在蓝色和紫色之间找到它。所以，蓝紫色兼具了蓝色与紫色的某些特性。

17.5.1 网站类型分析

下面分析适用于蓝色和蓝紫色作为主题色调的网站类型，从而帮助用户掌握该色彩类别适用的不同的网站类型，以及这些网站的配色。

1. 使用蓝色作为主题色调的网站类型分析

蓝色是网站设计中运用最多的颜色之一，是代表冷色系的典型色彩。想要体现爽朗、开阔、清凉的感觉，可以用蓝色。蓝色容易让人联想到大海、天空的色彩，有着博大、深远的意境。因此，进行商业网站设计时，要想突出科技、商务类型的企业，就可以选择蓝色作为网站主题色调。

如果将蓝色应用于男士美容网站的相关页面，可以将干脆、利落的气质进行很好的诠释，透露出男性的时尚和魅力。如图 17-37 所示就是一个蓝色系网站。

2. 使用蓝紫色作为主题色调的网站类型分析

蓝紫色网站，既具有蓝色页面的效果，又兼具了紫色的神秘色彩。因此，清新淡雅的蓝紫色，适合用来表现女性气质，可用于此类网站中。例如，女性时装美容类页面的网站，就比较适合用蓝紫色作为主题色调，可以将女性浪漫、文雅的气质进行很好的诠释，进而展现女性充满迷人魅力的感觉。

如图 17-38 所示，是以蓝紫色为主色调的网站，除了在布局上用独特的编排吸引人之外，蓝紫色与白色的搭配恰到好处，页面既简洁又时尚。

图 17-37 蓝色系网站

图 17-38 蓝紫色网站

17.5.2 网页配色详解

本小节介绍蓝色和蓝紫色配色的相关内容，通过分析网站中蓝色和蓝紫色的应用，将相应的配色方案进行分析、介绍。

1. 蓝色系配色

下面介绍蓝色系配色的详细内容，通过在网站中的实际应用，结合实例，讲解如何将蓝色同其他颜色进行合理的搭配。

1) 适用的配色方案

如图 17-39 所示，是一些适用于蓝色系网站配色的色彩方案。将蓝色与黄绿色等颜色进行搭配，可以起到很好的点睛色效果，除此之外，也适用同紫色等颜色进行搭配。

2) 在网站中的应用

如图 17-40 所示是一个蓝色系网站。通过对该实例网站在颜色的选择以及配色手法的分析，帮助用户详细了解蓝色在网页中的配色效果的实现及其应用。

经过分析，如图 17-40 所示的网站网页所使用的颜色主要有如图 17-41 所示的几种。以浅蓝色为

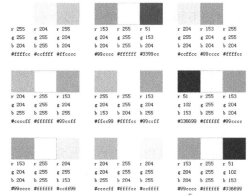

图 17-39 配色方案

背景，抒发着音乐带给人低调而又奢华的感觉。醒目的文本颜色，主要以黑色、较深一些的蓝色为主，与背景色形成对比效果从而突出文本内容。

图 17-40 蓝色系网站

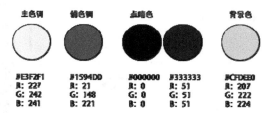

图 17-41 配色方案

如图 17-42 所示是如图 17-40 所示网站的二级页面，页面在配色上看起来非常协调统一。从页面颜色的选择上可以了解到，网站中不同页面的色彩搭配协调性对网站整体配色的统一协调有着不同程度的影响，具体可通过对比如图 17-43 所示的配色方案与如图 17-41 所示网站使用的颜色参数来了解。

蓝色适用于化妆品、女性、服装等不同类型网站的主题色调。经典的浅蓝色、绿色与白色实现的搭配效果，也是非常理想的，如图 17-44 所示。除此之外，使用高对比度的蓝色会营造出整洁、轻快的印象，如图 17-45 所示。低对比度的蓝色会给人一种都市化的现代派印象，蓝色也是许多 IT 类企业的标志色。

图 17-42 蓝色系网页

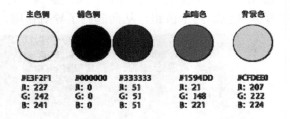

图 17-43 配色方案

图 17-44 蓝色、绿色和白色搭配的网页

图 17-45 高对比的蓝色网页

2. 蓝紫色配色

以下内容具体分析蓝紫色的配色及其配色应用。通过在网站中的实际应用，讲解如何将蓝紫色同其他颜色进行合理的搭配。

1) 适用的配色方案

适合与蓝紫色搭配的颜色可通过如图 17-46 所示的颜色参数值了解到。例如黄色、紫色、蓝色、白色等都是不错的选择，可以作为搭配页面中的文本以及点睛色的色彩。同时，蓝紫色也可以去衬托其他颜色的色彩性格，进而使得页面更具魅力，更吸引浏览者。

2) 在网站中的应用

蓝紫色在色相环中位于蓝色与紫色之间。

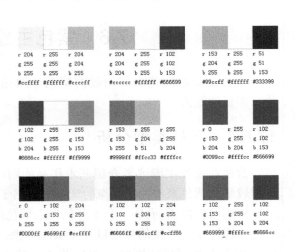

图 17-46 配色方案

低亮度的蓝紫色显得很有分量，而高亮度的蓝紫色则显得非常高雅。在网页中，它通常与蓝色一起搭配使用。蓝紫色可以用来创造都市化的成熟美，也可以使心情浮躁的人冷静下来。从明亮的色调到灰亮的色调，都带有一种与众不同的神秘美感。如图 17-47 所示就是一个以蓝紫色为背景色、搭配相邻色相的网站。

　　分析该网站的配色，网站除了采用蓝紫色主题色调，选用相邻色彩蓝色、紫色与其进行搭配，整个页面看起来稳重、优雅氛围十足。绿色与黄色的点睛效果能帮助衬托点睛色蓝色及紫红色的两个按钮，从而起到了导航作用，具体使用的颜色参数值如图17-48所示。

图 17-47　蓝紫色网站

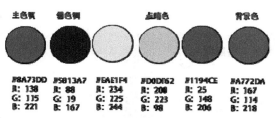

图 17-48　配色方案

　　除了上述配色方案，蓝色和蓝紫色既可以分别用作不同网站的主题色调，也可以将其用于同一网站中，分别作为主色与辅助色进行搭配处理。

17.6　紫色主题色调网页的配色

　　紫色会带给浏览者梦幻般的感觉。网站可以通过紫色主题色调营造出高贵、奢华、优雅、神秘的魅力。

17.6.1　网站类型分析

　　紫色在女性主题或者介绍艺术作品的网站中比较常见，为了突出高档艺术品的高价值，适用较暗的紫色来衬托；清澈的紫色多被用于女性网站中。

　　如图 17-49 所示是一个主题色调为紫色的网站。网站没有使用很多颜色，主要有紫色、白色。通过观察网站的主页以及子页面(见图 17-50)，可以发现页面很好地沿用了碟片型的纹理，作为内容简单的网站，避免图片分散出去更多的注意力，这样的手法就比较恰当。最终，用这样的配色方法来告诉用户网站内容以音乐为主。

图 17-49　紫色系主页面

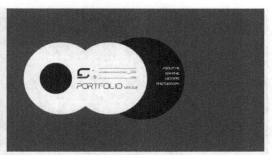

图 17-50　紫色系子页面

17.6.2　网页配色详解

色彩情感中，神秘、尊贵和高尚可通过紫色来展现。下面详细讲解紫色在网站中展现其色彩特点的方法，以及配色的实现。

1. 适用的配色方案

适合与紫色搭配的颜色，可以参考如图 17-51 所示的配色方案。将紫色与紫红色、红色、蓝色、绿色、黄色等颜色进行搭配，能够将配色中的同类色、对比色效果进行很好的展现，从而实现好的配色效果。比如，与紫色有着对比效果的浅黄、浅蓝等颜色，是紫色系网页中点睛色的不错选择。红色、紫红色等可以作为紫色的辅助色，也会有很好的搭配效果。

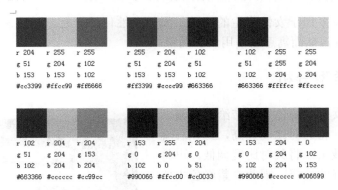

图 17-51　配色方案

2. 在网站中的应用

如图 17-52 所示是紫色系网站。下面通过分析该网站的配色实现，从而帮助用户进一步掌握紫色系网站的配色方法及其相关内容。

页面中用白色的文字，搭配主题色调紫色，取得了很好的协调效果。点睛色选用的绿色与蓝色也有着理想的效果。此外，列表框的滚动条与背景，也有着强烈的对比效果，可以让用户快速找到滚动条及按钮。关于该页面使用的具体颜色，参照如图 17-53 所示的颜色值。

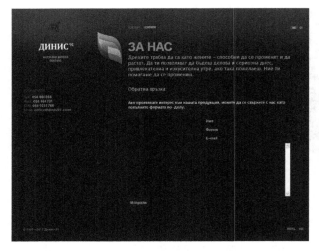

图 17-52 紫色系网站   图 17-53 配色方案

　　分析整个网页,是一个用于联系的页面。根据各颜色的特质,在视觉上成功做了先后次序的引导。白色虽是非彩色,但也起到拉大色彩之间色阶层次的作用,增强了页面空间感,也使以上配色更和谐。

17.7 紫红色主题色调网页的配色

　　紫红色主题色调多用于女性为主的网站,属于女性化的颜色。通过该主题色调能够带给人柔和、优雅的感觉,从而寓意着使用者的高雅。

17.7.1 网站类型分析

　　紫红色是非常女性化的色彩,带给人浪漫、柔和、优雅的感觉。将其对比度调高,可以表现出超凡华丽的视觉效果;将其对比度调低,可将高雅的气质进行很好的诠释。因此,紫红色主要用作女性为主的网站。

　　另外,如图 17-54 所示是一个宠物食品网站,用于该网站中的紫红色配色能够将食品网站需要的食欲以及吸引力给予实现。这里使用紫红色与黄色的对比,将页面的导航结构给予了很好的突出。

图 17-54 紫红色网站

17.7.2 网页配色详解

　　以下内容,结合实例网站,详解紫红色网站的配色,及其适用的配色方案。

1. 适用的配色方案

如图 17-55 所示，给出了一部分紫红色配色方案，适合用作紫红色网站的配色。将紫红色与黄绿色、紫色、粉紫色、淡黄等颜色进行搭配，都是不错的搭配方案。

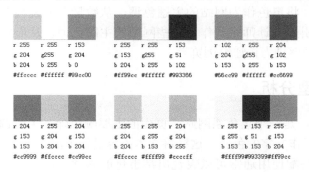

图 17-55　配色方案

2. 在网站中的应用

以下内容结合实例网站，如图 17-56 所示，分析紫红色在网站中的配色实现。网站是一个宠物类食品的相关页面，也是如图 17-54 所示的页面的次级页面。该网站采用的色彩搭配与主页的统一是配色需要遵循的原则。

页面中白色与紫红色形成鲜明对比，再用黄色按钮颜色起到很好的突出效果，紫红色背景可以衬托页面中白色背景，以及白色背景上的黑色文字都有着强烈的对比效果，从而将页面中的内容很好地衬托出来。如图 17-57 所示是网站的色彩方案。

图 17-56　二级页面

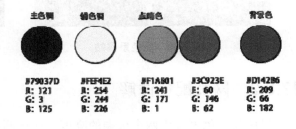

图 17-57　配色方案

这一紫红色网站在以紫红色为主题色彩之外，在对白色的调整过程中，降低了白色的绿色以及蓝色的相关颜色值。绿色相对于蓝色要低一些，在保持红色基本不变的条件下，这样更有利于与紫红色进行很好的搭配。

网站开发案例课堂

17.8　黑色主题色调网页的配色

相对于其他色彩，将黑色作为网站的主题色调，从数量上来说相对要少一些。但黑色所特有的魅力，还是吸引着设计师将其作为一些网站的主题色调，从而将该色调的感染力融于整个网页，最终将这种感染力传递给浏览者。

17.8.1　网站类型分析

如图 17-58 所示，是一个黑色系网站，页面的主要颜色除了主色调黑色之外，借助白色来搭配其整体页面，用作文字的色彩，这样将文本内容进行了清晰显示。

黑白两种颜色的搭配使用通常可以表现出都市化的感觉，常用于现代派页面设计中，使页面散发出迷人的高品位的贵族气息。如图 17-59 所示是红色和黑色搭配而成的网页，有着商业成功色的美誉。因为红色对人的视觉刺激很强，在黑色的衬托下极容易吸引人们的目光，并且相对于其他颜色，红色视觉传递速度是最快的。这类颜色的搭配，常运用于较能体现个性的时尚类网站，从而加深人们的印象。

图 17-58　黑色系网站

图 17-59　黑色系网站

17.8.2　网页配色详解

黑色与白色表现出两个极端的亮度，而这两种颜色的搭配使用通常可以表现出都市化的感觉。如果能技巧性地使用黑、白二色，甚至可以实现比彩色搭配更生动的效果。黑色有很强的感染力，它能够表现出特有的高贵。

如图 17-60 所示就是一个黑色系网站的网页。分析该网页的配色，除了黑色主题色调之外，白色、红色、黄色都恰到好处地起到了突出显示的效果。将页面中的主题内容，进行了非常有效的处理，效果较为理想。页面中具体应用的各类颜色，可以通过如图 17-61 所示的配色方案了解。

图 17-60　黑色系网站

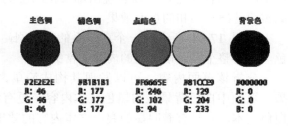

主色调	辅色调	点缀色		背景色
#2E2E2E	#B1B1B1	#F6665E	#81CCE9	#000000
R: 46	R: 177	R: 246	R: 129	R: 0
G: 46	G: 177	G: 102	G: 204	G: 0
B: 46	B: 177	B: 94	B: 233	B: 0

图 17-61　配色方案

17.9　白色主题色调网页的配色

如果将黑色与白色进行搭配，比如以白色作为背景色，黑色作为文字颜色，就可以使得整个网页在色彩搭配上变得简洁，又毫不逊色于使用了其他更多色彩的网站。

17.9.1　网站类型分析

白色主题色调的网站，很受大型门户网站欢迎。新浪、雅虎、搜狐等这一类网站都以白色为背景。即使是百度，如图 17-62 所示，这一国内最大的搜索引擎网站，也在首页中选择以白色作为其背景色。

白色是无彩色，经常与黑色进行搭配。例如，白色背景下添加黑色的文本内容，又或者是黑色的背景下添加白色的文本内容，是较为常见的网站主题内容配色的色彩应用手法。

除了这些大型网站，白色系可用于不同类型的网站中，作为该网站的背景色。如图 17-63 所示是天涯论坛，网站使用的也是以白色为网页的背景色。然后搭配蓝色，将色彩的经典组合之一即蓝色+白色进行了很好的应用。

图 17-62　白色主题色调

图 17-63　白色背景

17.9.2　网页配色详解

黑色和白色属于没有色相和饱和度、只在明度两极的非彩色，有着两个极端的亮度。通过搭配这两种颜色，可以表现出都市化的感觉。白色有着很强的感召力，所以可以用来体现如雪般纯净与柔和的页面效果。

如图 17-64 所示是一个白色系的商务网站。白色背景，搭配灰色、黑色、红色这几种颜色，使得整个页面该突出的内容非常突出。

分析该页面内容，可以发现其构成简单，色彩种类有着简洁、低调但又不失优雅的效果。页面中白色背景上的黑色文本内容，更有利于保证文字的清晰度。另外，红色背景上的白色文本，同样有着明显的突出文本内容的效果。总结该页面的色彩应用，可以有如图 17-65 所示的配色方案。

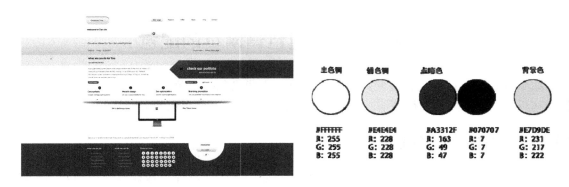

图 17-64　白色系网站　　　　　　　　　图 17-65　配色方案

17.10　灰色主题色调网页的配色

灰色是一种中等明度的色彩，色彩的彩度属于无彩度或低彩度的那一种。如果想要很好地搭配出灰色主题色调的网站，可以参照下面介绍的配色方案。

17.10.1　网站类型分析

灰色是一种中立色，具有中庸、平凡、温和、谦让、中立和高雅的心理感受，任何色彩加入灰色都能显得含蓄而柔和。灰色调有红灰、黄灰、蓝灰等多种颜色。

灰色位于白色与黑色之间，使用该色彩有着既不暗淡又不刺眼的好处，不容易让浏览者感受到视觉疲劳。但是，因为彩度低，有着沉闷、颓废的感觉，可以适当抑制高彩度色彩。将灰色用于色彩艳丽的画面中，有利于色彩间的平衡过渡，如图 17-66 所示。

如图 17-67 所示，灰色为主色调，点缀了极少面积的彩色系，色彩运用的面积反差越大，页面所呈现的独特魅力也就越强烈。灰色的特性在于能把刺激耀眼的颜色柔和化，这将是调和多个页面配色的利器。页面中图片的视觉元素颇有时尚现代的气息，与前景的色彩明度纯度稍有变化，同时又在视觉上达到风格统一。进行灰色系网站配色，大多是采用这样的手法实现的。

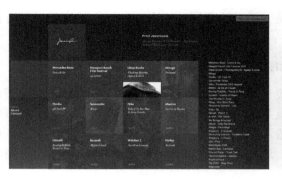

图 17-66 灰色系网站

图 17-67 灰色系网站

17.10.2 网页配色详解

灰色经常被当作辅助色彩,用于衬托出其他色彩的张扬与大胆。作为主题色调,灰色系网页的配色如果搭配不当,容易给人暗淡无光的感觉。

如图 17-68 所示是一个灰色系网站。该网站的配色以浅灰色为背景,搭配蓝色作为其点睛色,使得整体页面的重点内容突出。进一步观察该网站配色,除了使用蓝色之外,页面中所采用的灰色,也有着一定的区别。例如,在蓝色图标边缘使用的灰色,以及导航文本中使用的颜色都比较深。

如图 17-69 所示,是图 17-68 所示的网页的配色方案。根据图中给出的颜色值,可以了解到,整体页面在使用灰色进行配色的过程中,通过选择深浅不同的灰色搭配实现整个页面的灰色系色调,从而使得页面的整体色彩不单调。

图 17-68 灰色系网站

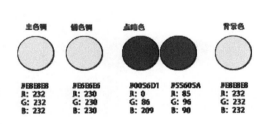

图 17-69 配色方案

17.11 疑 难 解 惑

疑问 1:如何使自己的网站搭配颜色后更具有亲和力?

答: 在对网页进行配色时,必须考虑网站的本身性质。如果网站的产品是以化妆品为主的话，那么这种网站的色彩多采用柔和、柔美、明亮的色彩，给人一种温柔的感觉，具有很强的亲和力。

疑问2：如何在自己的网页中营造出地中海般的风情配色？

答：可使用"白＋蓝"的配色，天空是淡蓝的，海水是深蓝的，把白色的清凉与无瑕表现出来。白色很容易令人感到十分自由，好像是属于大自然的一部分，令人心胸开阔，似乎像海天一色的大自然一样开阔自在。要想营造这样的地中海式风情，必须把家里的东西，如家具、家饰品、窗帘等都限制在一个色系中，这样才有统一感。向往碧海蓝天的人士，白与蓝是居家生活最佳的搭配选择。

第 18 章
不同网站网页配色
设计分析

如果选择了恰当的颜色，并且有了巧妙的设计思想，还需要对这些网页元素进行框架结构的规划，才有可能设计出精美的网站。因此，最有效的办法就是通过借鉴优秀网站的精华，来很好地实现网页框架结构的设计。

重点案例效果

18.1　门户类网站配色设计分析

　　门户类网站是指通向某类综合性互联网信息资源，并提供有关信息服务应用系统的网站。门户网站最初只是提供搜索引擎和网络接入服务，后来由于市场竞争日益激烈，门户网站不得不快速地拓展各种新的业务类型，希望通过门类众多的服务来吸引和留住互联网用户，以至于目前门户网站的业务包罗万象，成为网络世界的"百货商场"或"网络超市"。

18.1.1　色彩设计与网站风格

　　如图 18-1 所示是中国知名网站中国网的首页。该网站的主色调为蓝色(中明度、中纯度)，辅助色为红色(高明度、高纯度)。该网站属于门户类网站。作为网站主色调的蓝色，给人以肃穆威严的感觉，而辅助色则是红色，从而烘托蓝色的主题格调，给原本威严的气氛增添了一份和谐。

　　中国最大的门户网站搜狐网，不再使用具有威严特性的蓝红色调，转而采用比较温暖的黄色调。该网站的主色调为黄色(中明度、中纯度)，辅助色为蓝色(高明度、高纯度)，使整个画面活跃了起来，如图 18-2 所示。

图 18-1　中国网　　　　　　　　　　　　图 18-2　搜狐网

　　搜狐网是国内比较知名的网站，也是门户类网站中比较有地位的网站。该网站使用黄色作为主色调，给人以温暖舒适的感觉，增添了网页的亲和力，用蓝色字体代替那些繁多的图片，增强了网页的实用性。

18.1.2　框架与色彩

　　门户类网站通常也称为框架类网站，其网站的栏目比较多。但是这类网站还是遵循一定的设计规则的：站点左上方为网站的 Logo，右侧就是 2～4 行菜单栏，分列新闻、体育、教育、音乐、电影等栏目。栏目上方展示的是站点登录和搜索等文本框，下面以通栏或 2/3 栏方式进行切割，以站点内头条或者醒目的内容做提示，如图 18-3 所示。

　　该网站使用红色(中明度、中纯度)作为主色调，辅助色为蓝色(中明度、中纯度)，给整个网页以活泼生机的寓意，因为红色给人以鲜亮感，刚好符合该网站的主题思想。

图 18-3　商都网

18.1.3　风格设计的创新与延续

网站的变化日新月异，门户类网站的结构也不是一成不变的，而是随着实际需要和具体表现形式发生着变化。

如图 18-4 所示即为一个电子商务类门户网站。它沿用传统门户类网站的框架，但在风格上有了新的变化，用富有动感的图片代替烦琐的文字叙述。该网站主色调为草绿色(中明度、中纯度)，辅助色为灰色(中明度、低纯度)，不仅在视觉上给人眼前一亮的感觉，而且结构脉络也非常清晰。

如图 18-5 所示是一个音乐类门户网站。该网站结构清晰、色彩明快，主色调为黄绿色(高明度、中纯度)，辅助色为草绿色(中明度、中纯度)，给人一种动态的感觉。

图 18-4　电子商务类门户网站

图 18-5　音乐类门户网站

该网站使用同色系的两种不同颜色进行搭配。黄绿色属于高明度的颜色，在整个网页中起着中流砥柱的作用，给人一种轻松、愉悦的感觉，再加上明度稍微低些的草绿色作为背景，实现了颜色的明暗协调，给人一种层次感，恰好符合音乐类门户网站的主导思想，延续了门户类网站的格局，但在颜色表现上又不同于传统的门户类网站，实现了色彩的突破。整个网页给人一种振奋人心、动感十足、青春活泼的感觉。

18.2　资讯类网站配色设计分析

资讯类网站是指那些以提供专业动态信息为主，面向获取信息的专业用户的网站，此类网站比门户类网站更具有特色。

18.2.1　网页导航与布局

无论是什么类别的网站，其网页导航条和小标题都是浏览者的引路石，必不可少。资讯类网站也不例外。浏览者要想在资讯类网站中了解网站的结构和内容，就必须通过导航和相应的布局来实现。如果使用特别明亮的色彩来修饰这些导航，那就会吸引浏览者的眼球。

如图 18-6 所示的网页就是一个很好的例子。该网站的主色调为深灰色(低明度、低纯度)，辅助色为蓝色(低纯度、低明度)和深红色(中纯度、低明度)。

该网站的导航和框架分布非常独特。特别是导航，一改平时的横向展示，而是用逆向的竖条给人以新的感觉。框架用极其鲜明的长方形做修饰。每个模块都有不同的特点，特别是用深灰色作为背景色，更突出蓝色模块的鲜亮和红色模块的耀眼。让浏览者进入网站就能根据自己的兴趣和爱好自由浏览不同网页，在视觉上也给人以独特的感觉。

如图 18-7 所示的网站也是一个比较经典的资讯类网站。其结构简单易懂，给人一种清晰舒适的感觉。该网站的主色调为黑色(低明度、低纯度)，辅助色为红色(高明度、高纯度)。网站的框架结构非常清晰简单。导航条也一改以往的在网页上方的显示方式，创新式地放在网页的最下方。

网页首端是该网页的主标志，特别是用红色修饰出来的圆环，仿佛升起的太阳，给人以明示的感觉。该网页以黑色为主色，以红色为修饰色，突出显示出该网页的庄重，让人有种过目不忘的感觉。

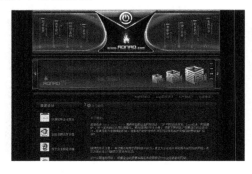

图 18-6　具有独特导航的资讯类网站

图 18-7　视觉舒适的资讯类网站

18.2.2　框架与色彩

通常情况下，资讯类网站的框架结构均以栏目分类为主体分类标准，形成框架切割模式，从而体现动态信息更新和模块的合理组合，并在此基础上兼顾框架与框架之间的组织，实现整个网站点、线、面关系上的协调。

如图 18-8 所示就是灰色资讯类框架网站的例子；如图 18-9 所示就是灰、白色资讯类框架网站的例子。

图 18-8　灰色资讯类框架网站

图 18-9　灰、白色资讯类框架网站

18.2.3　各类信息与风格设计

初学者在学习设计资讯类网站时，不仅要考虑如何提供大量的信息，还要考虑页面布局与导航的易用性。

如图 18-10 所示的网站的整体设计风格比较新颖，红色背景中更显网站内容的科技感与设计思想的特殊性，更重要的是满足了用户对功能上的需求，符合人们的审视观点。

如图 18-11 所示的网站在整体设计上蕴含着浓厚的文化底蕴。这正符合网站本身的文化性质，并且是以画卷的形式展现整体网站的内容。浏览者仿佛吟着古诗走进了那古老而又有内涵的古代文化世界中，其设计精美贴切，让人回味不尽。

图 18-10　设计独特的资讯类网站

图 18-11　信息表现突出的网站

18.3　时尚类网站配色设计分析

时尚类网站的色调没有门户类网站那么正式和严肃，也没有资讯类网站那样专业，而是更加活跃，其设计风格更加活泼与多样化，思维更加大胆，给人一种赏心悦目的感觉。

18.3.1 流行文化与时尚

时尚类网站的应用范围很广泛，其中流行文化与时尚就是其中的类别。不同时期，不同文化都会有不同的表现风格，所以时尚类网站的色调和布局，是所有类别网站中变换速度最快的一种。

如图 18-12 所示即为一个典型的民间文化网站。整个网站通透着古朴与淡雅，深蓝色的细碎小花做背景，具有代表性的民俗产物图片做修饰，不仅展现了网页的内容特点，更重要的是体现了 19 世纪三四十年代的那种文化意蕴，给人一种优雅、舒适的感觉。

图 18-12　展现古朴民俗文化的网站

如图 18-13 所示即为一个流行服饰的网站。该网站以红色为主色，再加上具有凝重、神秘、高贵气质的黑色做修饰，更显其服饰的高档气质，眉宇间的品质不言而喻，给人一种雍容华美的美感。

图 18-13　流行时尚服饰网站

18.3.2 各类信息与风格设计

时尚类网站与资讯类网站一样，其网站风格也是奇特万千、各具特色，并且同一性质的网站随着生活习俗、审美情趣的不同，其风格设计所暗含的信息也不尽相同。

如图 18-14 所示，该网站的主色调为黄色(高明度、高纯度)，辅助色为白色(高明度、高纯度)。大篇幅地使用橙黄色作为修饰色，色彩比较鲜艳，其设计比较独特，给人一种鲜亮舒适的感觉。从而展现出活跃的气氛，因为橙黄色本身就具有热情奔放的性格，而少许的白色给热力似火的页面增加一点点缀，舒缓一下热情的气氛，更显其页面的动感色彩。

如图 18-15 所示是一个色彩鲜艳的韩国时尚服饰网站。该网站的主色调为白色(高明度、高纯度)，辅助色为浅灰绿色(中明度、低纯度)。运用白色来修饰整个页面，并且用浅灰绿色作为修饰色，从而展现该服饰的个性特色，特别是穿插具有代表性的产品的图片，给原本个性的网站增添了几分独特，易于吸引浏览者的眼球，有一种让人回味的感觉。

图 18-14　时尚格局网站　　　　　　　图 18-15　色彩鲜艳的时尚服饰网站

如图 18-16 所示是一个气氛活跃的时尚类网站。该网站使用暗红色(低明度、中纯度)来营造神秘的气氛，给人一种变幻莫测的感觉，从而给浏览者留下深刻的印象。辅助色为褐色(低明度、中纯度)，特别是用褐色装点暗红色背景的网页，更让人有一种好奇的感觉，从而吸引更多浏览者一探究竟。

图 18-16　活力四射的时尚网站

18.3.3　文体时尚

文体时尚类网站就是能够感受到浓厚的文化气息，并同时实现娱乐与文化相结合的网站。如图 18-17 所示即为一个标准的文体时尚类网站。

该网站的主色调为淡黄色(高明度、中纯度)，辅助色为棕红色(低明度、中纯度)、红色(中明度、中纯度)和灰色(低明度、低纯度)，运用了明暗相结合的表现手法，用棕红色做背景色，从而突出淡黄色的亮度，并且用富有中国文化传统的中国结形状做 Logo，更显其网站的文化气息，再加上远处朦胧的大山，给人一种深远的感觉。

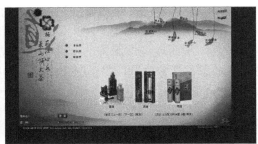

图 18-17　含有浓厚文化气息的网站

如图 18-18 所示即为一个标准的具有复古风格的网站。该网站的主色调为棕红色(低明度、低纯度)，辅助色为金黄色(高明度、中纯度)，在颜色的配置上使用同一色系的搭配方法。这在视觉上给人以统一的感觉，并且棕红色给人一种稳重的感觉，整个网页给人一种回味的美感。

如图 18-19 所示即为一个时尚性装饰网站，代表了社会发展的流行态势。该网站使用深褐色(低明度，中纯度)做主体背景色，意在突出展示美玉的色泽，如今社会流行的装饰已不再是各种金银饰品，而是具有鲜艳色泽的美玉。网页中的辅助色为绿色(高明度、高纯度)和银白色(高明度、中纯度)，意在使绿玉在褐色的映衬下更显耀眼，从而吸引更多浏览者驻足浏览。

图 18-18　时尚网站　　　　　　　　　　　　图 18-19　流行饰品网站

18.3.4　品牌时尚

时尚类网站囊括的范围比较广泛，不仅有文化的时尚，而且还有品牌的时尚。这个品牌的时尚多通过服饰、鞋帽、装饰品等体现出来，从而给人一种高雅娴熟的美。

如图 18-20 所示即为一个主色调为红色(中明度、中纯度)，辅助色为深灰色(低明度、低纯度)、褐色(中明度、中纯度)和白色(高明度、高纯度)的红色时尚网站。该网站的红色给人以醒目温暖的感觉，白色则给人干净明亮的感觉。产品图片穿插在白色当中，更显其产品的崭新与亮丽，透着时尚别致的气息。

如图 18-21 所示即为一个紫色时尚网站。该网站的主色调为紫色(中明度、中纯度)，辅助色为银白色(高明度、低纯度)。该网站是一个女性服饰网站，整个网页的色彩都采用紫色。紫色不仅完美展示了服饰的颜色，更是暗含女性的柔美气息，再加上银白色的修饰，进一步增加了高贵典雅的气氛，充分体现了此类网站的特点和主旨。

图 18-20　红色时尚网站　　　　　　　　　　　图 18-21　紫色时尚网站

如图 18-22 所示是一个深灰色时尚品牌网站，此类网站的主色调为深灰色(低明度、低纯度)，辅助色为白色(高明度、高纯度)和褐色(低明度、中纯度)。此类网站大面积地使用深灰色做修饰，并且加以不同明度的白色，使整个网站的颜色得到了很好的协调，再加上褐色的点缀，将整个网站的画面带到了时代的最前沿，给人以轻松舒适的感觉。

图 18-22　女性时尚服饰网站

如图 18-23 所示是一个知名的运动鞋网站。该网站的主色调为深棕色(低明度、中纯度)，辅助色为白色(高明度、高纯度)。运用深棕色做主色调，整个网页给人一种稳重信赖的感觉，再加上白色的产品，突出显示该产品的别致与亮丽，从而吸引更多浏览者关注这个产品。

如图 18-24 所示即为以一个环境典雅的咖啡厅为主题的网页。该网站的主色调为棕红色(低明度、低纯度)，辅助色为白色(高明度、高纯度)和棕黄色(高明度、中纯度)。该网站运用棕红色来宣示整个网页，给人一种宁静、典雅的感觉，特别是用白色的咖啡杯子，使原本典雅的氛围增进一层。另外，运用棕黄色来突出点亮整个幽暗的环境，让网站的主旨更加鲜明突出。

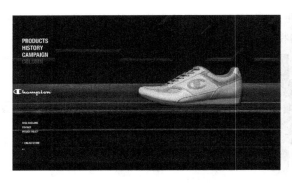

图 18-23　时尚运动鞋网站

图 18-24　时尚咖啡厅网站

18.4　企业类网站配色设计分析

企业类网站在整个网站界中占据着重要地位，充当着网站设计的主力军，其网站配色也十分重要，是作为初学者必须学习的。

18.4.1　企业文化与 VIS 的统一

众所周知，不同性质的企业设计网站的表现方法也就不同。但无论采用何种表现手法，VIS(企业形象视觉识别系统)中往往贯穿着整个企业的文化。不论是企业的标志、字体、特色还是企业形象在三度空间中的应用，都处处展现着企业自身的理念和信仰。

如图 18-25 所示即为一个汽车类网站的主页。该网站的主色调为深棕色(低明度、低纯度)，辅助色为金黄色(中明度、中纯度)，整个网页给人一种豪华、典雅、强悍的感觉。另外，该网页的金黄色与深棕色搭配，实现明与暗的良好结合，给人一种稳重、可靠、安全的感觉，从而展现出企业的雄厚实力，增强浏览者的购买信心。

图 18-25　汽车企业网站

不仅深颜色能实现企业文化与 VIS 的统一，鲜艳的颜色同样可以很好地表现企业的固有品质。如图 18-26 所示即为一个化妆品企业的网站。该网站的主色调为红色(低明度、低纯度)，辅助色为粉红色(中明度、中纯度)、白色(高明度、高纯度)和金黄色(高明度、中纯度)，展现给人们的不仅是产品独特的柔美，而且还能展现企业的完美形象。

图 18-26　化妆品企业网站

该网站的风格就是高贵、典雅、亮丽，这正迎合了该企业产品的特有品质。整个网页采用的色调就是女性色红色，这样的色调配置出来的网页很容易给人一种柔美的感觉，也明显地展现出了企业稳重、朴实的一面。并且，使用不同明度的红色进行搭配，使整个网页的气氛活跃起来，带给人们视觉上的享受。

18.4.2　风格设计与各类信息

企业类网站的风格设计与其他类别网站的风格设计不同。通常情况下，企业类网站的风格设计与相应信息，往往与企业产品的特点和企业视觉形象紧密联系在一起。设计的突破点就是消费者的消费心理，将企业文化与企业精神贯穿在整个设计中，满足消费者的需求。

如图 18-27 所示即为一个矿泉水厂商网站的主页。该网站的主色调为灰色(中明度、低纯度)，辅助色为黑色(低明度、低纯度)、深蓝色(中明度、中纯度)、白色(高明度、高纯度)。页面风格清爽、透明，带给人畅饮的欲望。灰色作为主色调，简单大方。

图 18-27　饮料企业网站

同属于饮品，而酒类的网站设计风格散发出另外一种气息。如图 18-28 所示是韩国一家酒业集团的网站首页。该网站的主色调为深蓝色(中明度、中纯度)，辅助色为黑色(低明度、低纯度)和金黄色(高明度、中纯度)，给人一种悠远的感觉，从而突出企业悠久的历史。

另外，运用黑色做修饰色更显其深蓝色的神秘特点。运用黄色作为产品的颜色，仿佛黑夜中一颗耀眼的明星，给人以醒目的感觉，从而突出其产品的耀眼与亮丽，给人留下一种永恒的记忆。

图 18-28　酒类企业网站

18.4.3　以形象为主的企业网站

以形象为主的企业网站就是以企业形象为主体宣传的网站。这类性质的网站表现形式也与众不同，经常是以宽广的视野、雄厚的实力、强大的视觉冲击力，并配以震撼的音乐以及气宇轩昂的色彩，将企业形象不折不扣地展现在世人面前，给人以信任和安全的感觉。

如图 18-29 所示就是一个典型的以形象为主的企业网站主页。该网页是一个房地产商网站的首页。该网站的主色调为深蓝色(中明度、中纯度)，辅助色为黑色(低明度、低纯度)、红色(中明度、中纯度)和淡黄色(高明度、中纯度)。页面以深蓝色为主修饰色，给人一种深幽、淡雅的感觉。

如图 18-30 所示也是一个标准的以企业形象为主的地产公司网站首页。该网站的主色调为暗红色(中明度、中纯度)，辅助色为灰色(中明度、低纯度)。页面采用暗红色来勾勒修饰，运用战争年代战士们冲锋陷阵的图片作为此网站的主背景，意在向人们展现此企业犹如抗战时期的中国一样，有毅力、有动力、有活力，并且有足够的信心将自己的企业做大做强。

图 18-29　以企业形象为主的网站

图 18-30　以企业形象为主的网站

18.4.4　以产品为主的企业网站

以产品为主的企业网站大都以推销其产品为主，整个网页贯穿着产品的各种介绍，并从整体和局部准确地展示产品的性能和质量，从而突出产品的特点和优越性。

如图 18-31 所示的某品牌汽车厂商网站就是一个很好的例子。该网站是以汽车销售为主的企业性网站，用黑色(低明度、低纯度)作为主色调，用以展现企业产品汽车的强悍与优雅。特别是运用灰色(中明度、低纯度)做辅助色搭配，使页面在稳重中增添了明亮的色彩，增加了汽车的力量感，从而将企业产品醒目地展现给浏览者。

温暖舒适的色调，稳重高雅的装饰，是一个家庭装饰的重中之重。作为地板类网站(见图 18-32)成功地把握住了消费者的消费心理。该网站的主色调为浅棕色(高明度、中纯度)，辅助色为米黄色(中明度、中纯度)。

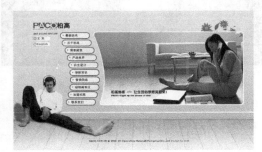

图 18-31　以产品为主的企业网站　　　　图 18-32　地板类网站

该网站是一个知名品牌柏高地板的网站，采用的是两种比较接近的颜色，整个画面渗透着清新淡雅的情调，充盈着浪漫温馨的气氛。其中的浅棕色是属于中性色，给人一种平静的感觉，而米黄色则属于暖色，跟浅棕色搭配在一起，带给人一种宾至如归的感觉。

18.5　电子商务类网站配色设计分析

电子商务是指买卖双方不用见面，只是利用简单、快捷、低成本的电子通信方式，来进行各种商贸活动的行为。随着科学的发展、互联网的迅速普及，各种类型的电子商务网站也如雨后春笋般出现。

18.5.1　框架与色彩

电子商务类网站的框架和结构千变万化，随着网站内容性质的不同，其框架结构与相应的色彩搭配也不一样。通常，网站菜单放在比较显眼的部位，其导航图标和按钮也比较醒目。色彩使用要么与企业形象识别系统相呼应，要么与产品的使用环境相吻合。

如图 18-33 所示的网站就是一个典型的例子。该网站的主色调为棕色(中明度、中纯度)，辅助色为黑色(低明度、低纯度)、灰色(中明度、中纯度)和白色(高明度、高纯度)。该网站大面积地使用棕色来修饰整个房间家具的颜色。棕色属于中性色，含有冷色调的酷和暖色调的柔，用这种颜色配置的家具，给人一种轻松舒适的感觉。

如图 18-34 所示的网站主色调为黑色(低明度、低纯度)，辅助色为灰色(中明度、中纯度)、银白色(中明度、低纯度)和红色(高明度、高纯度)。该网站大面积地使用黑色做背景，突出了稳重厚实而又含带神秘的气息，接着使用银白色和红色突出显示产品，用具有动感的平行四边形作为产品浏览导航条，无形中增强了该产品的动力色彩，并且用灰色作为产品的铺垫色，更显其汽车的优雅与清新，给人留下永久的印象。

图 18-33　电子商务类网站 1　　　　　　　　图 18-34　电子商务类网站 2

18.5.2　信息的可信度

电子商务网站属于网络商务的范畴，一般情况下，网站的商用价值占据首要地位。因此，电子商务网站所要传达给浏览者的信息其实就是商品或服务的信誉度。作为网页设计者，通过相应的色彩将网站要素体现出来，才算是成功的设计。

如图 18-35 所示即为一个汽车厂商网站。该网站的主色调为黑色(低明度、低纯度)，辅助色为蓝色(高明度、中纯度)，采用大色块的黑色对页面进行修饰，突出显示出大气而又高雅的气氛，给人一种稳重成熟、可信度强的感觉。特别是运用具有放射形的蓝色作为修饰，更增添了网站的神秘高贵的色彩，将汽车质感和单纯形式感表达得淋漓尽致，给人视觉上的享受，让人有种过目不忘的感觉。

如图 18-36 所示的网站是一个标准的商务网站结构，易于实现新内容更换和规划整个网站界面的元素。该网站的主色调为蓝色(中明度、中纯度)，辅助色为白色(高明度、高纯度)。此网站内容的主题是计算机产品，在该页面中此产品的图片占据着重要位置。特别是使用大面积的蓝色作为产品背景色，更显其产品的清新、高雅、先进特色。再加上白色框架的修饰，更增加了该网站的可信度，从而吸引更多的消费者了解其产品性能，达到商务网站的目的。

图 18-35　电子商务类网站 3　　　　　　　　图 18-36　电子商务类网站 4

18.5.3 商品信息与网站层级结构

通常情况下，电子商务类网站注重表达产品的商业价值。因此，为了便于检索，设计师一般会将所售商品的具体型号、报价、性能等以表格形式展现。另外，电子商务类网站的搜索引擎与其他站点相比，其功能更加强大与完善，可以产品编号、性能、体积、容量等多种形式进行检索，使浏览者快速地找到产品并了解其具体的性能和价格。

电子商务类网站的层级结构都是以产品的类型、数量等为出发点的。不管是简单的还是烦琐的，都必须厘清网站内容的条理，实现结构层次的清晰分明。如图 18-37 所示的网站就是一个典型的层级结构网站。

图 18-37 电子商务类网站 5

该网站的主色调为深绿色(低明度、中纯度)，辅助色为黄绿色(高明度、中纯度)和黑色(低明度、低纯度)。整个背景色使用深绿色，给人一种稳重安静的感觉，而黄绿色的点缀，给人一种生机盎然的感觉，特别是使用黑色修饰不规则的图形边框，传达着信息主体，给人一种醒目的感觉。整个网站看上去简洁大方、主题鲜明，突出了网站所要表达的中心思想。

如图 18-38 所示的电子商务类网站的主色调为灰色(中明度、中纯度)，辅助色为黑色(低明度、低纯度)。此类网站的主色调全都是高级的灰色。这样，整个网页给人一种含蓄、神秘、稳重的感觉。这也是电子商务科技性能特点的主要体现，给人一种踏实、可靠的感觉。

图 18-38 电子商务类网站 6

18.5.4 小店铺型风格设计

通常情况下，小店铺型风格设计的站点与大型商业站点不同。小店铺型站点没有大型商业站点的搜索引擎和购物系统，仅用于某种商品的网上展示或销售，所以在设计上突出的不是商品全部性能，而是风格的个性化并配合产品属性进行风格定位，从而让更多消费者能够接纳。

如图 18-39 所示的网站就是一个典型的小店铺型风格设计网站。该销售饰品网站的主色调为粉红色(高明度、中纯度)，辅助色为灰色(中明度、中纯度)和草绿色(中明度、中纯度)，使用具有温柔特色的粉红色作为整个网页的主色调，意在向浏览者展示精美的饰品。因为饰品的主要消费群体是女性，所以从色彩上突出该产品的风格。

紫色的宽外框与内部的框架结构独特、优美，带给人一种轻松、舒畅的感觉，如图 18-40 所示。该网站的主色调为紫色(低明度、高纯度)，辅助色为黄绿色(中明度、中纯度)和绿色(中明度、中纯度)。网站大面积地使用紫色作为修饰色，用来突出其典雅、休闲的气氛，给人以时尚休闲的感觉。

图 18-39　小店铺型风格设计网站 1　　　　图 18-40　小店铺型风格设计网站 2

通常情况下，作为女性的化妆品和服饰多使用柔和的色彩来修饰，给人一种柔美的感觉。如图 18-41 所示即为女性服饰和化妆品的网站。

图 18-41　柔美格调网站

网站的主色调为红紫色(中明度、中纯度)，辅助色为白色(高明度、高纯度)。整个网站使用红紫色作为主要修饰色，因为这种颜色属于柔和性的色调，符合女性消费者的审美观点。因为此类产品的消费主角是女性，所以该网站运用红紫色将女性独有的柔性和魅力尽可能地展现在该网站中。另外，使用小范围的白色衬托红紫色，增添了整个网站的柔韧度。

18.5.5　风格取决于消费者的偏好

电子商务类网站的主要用户群体是广大商户和各个工薪阶层，所以其网站风格定位必须取决于消费者的偏好。不同的消费群体其消费需求和偏好也各不相同。

如图 18-42 所示是一个倾向于男性消费者的汽车网站(汽车的主要消费者是男性)。该网站的主色调为银灰色(中明度、中纯度),辅助色为黑色(低明度、低纯度)。网站使用大面积的灰色来展现汽车产品的造型与外观,给人一种彪悍的感觉,特别是使用黑色作为修饰,更增添了该汽车的稳重感,给人一种绅士般的感觉,符合广大男性消费者的审美特点。

如图 18-43 所示是一个女性时尚鞋业网站,同样也以消费者的爱好来展现网站风格。

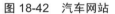

图 18-42　汽车网站　　　　　　　　图 18-43　时尚鞋业网站

该网站的主色调为紫色(中明度、高纯度),辅助色为粉红色(高明度、中纯度)。大面积地使用紫色作为页面修饰色,给人一种高贵、典雅的感觉,特别是运用粉红色作为点缀,更显其产品的独特性,从而吸引更多的女性消费者。

18.6　文化与生活类网站配色设计分析

文化与生活类网站的风格与其他类别的网站风格完全不同。此类网站风格不是以追求商业利益为最终目标,而是以展现人文气息、生活情趣为出发点,以表达个人喜好为中心思想。

18.6.1　网站文化与网站气息

众所周知,文化与生活类的网站主体思想就是表现人文气息与生活味道。因此,该类型的网站多以凝重、丰富的文化底蕴为设计的基点,带给人书香四溢的感觉。

如图 18-44 所示即为一个文化底蕴十足的网站。该网站的主色调为米色(高明度、中纯度)和灰色(中明度、中纯度),辅助色为黑色(低明度、低纯度)。米色和灰色将整个网页切割成两部分,米色部分显示具体的能代表文化的图片;灰色部分则展示的是具体的文化内容的介绍。整个网页既有图片的展示,又有文字的叙述介绍。这样,整个网页的内容清晰明了。

如图 18-45 所示即为一个中国标准的民间文化艺术类的网站。该网站展示的陶艺创作灵感就来自日常生活。该网站的主色调为瓷白色(高明度、中纯度),辅助色为灰色(中明度、中纯度)、黑色(低明度、低纯度)、红色(高明度、中纯度)和黄色(高明度、中纯度)。通过大面积的瓷白色作为背景色充分展现了各种类型的陶瓷艺术,给人一种舒适的感觉。

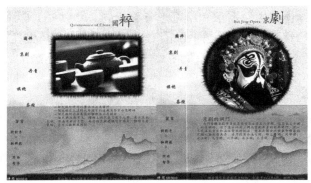

图 18-44　文化与生活类网站 1

图 18-45　文化与生活类网站 2

另外，使用黑色和灰色作为边框的修饰色，更衬托出主体色的重要意味，并使用高明度的红色和黄色点缀网页，使整个网页的气氛活跃起来，突出其和谐自然的格调。

18.6.2　框架与色彩

文化与生活类网站框架与商业性网站的框架结构不同，不再是商业网站的层级式结构，而是通过切割的方式营造一个视觉重心。这个视觉的重心就是观众在视觉上和心理上情感期待的重点，也是网站需要表达的主题内容。

如图 18-46 所示是一个文化味十足的网站，也是一个经典的文化与生活类网站。网页中渗透着一种浓厚的文化气息。网站主色调为红色(中明度、中纯度)，辅助色为深灰色(低明度、中纯度)。运用红色作为整个网站的主打色，透露出一种古色古香的气息。特别是使用深灰色作为修饰，更显网站的朴实无华，正如中国悠久的历史文化一样源远流长。

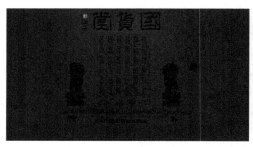

图 18-46　文化与生活类网站 3

如图 18-47 所示也是一个文化与生活类的框架网站，结构简单清晰，给人一种简单明了的感觉。该网站的主色调为黄绿色(高明度、中纯度)，辅助色为黑色(低明度、低纯度)、银灰色(中明度、中纯度)和褐色(中明度、中纯度)，该网站采用电影屏幕的表现形式，通过黑色边框修饰色，突出显现所要表达的文化艺术主题，特别是在银灰色和褐色的陪衬下更显示出黄绿色图案的意境，给人留下无限的联想空间。

图 18-47 文化与生活类网站 4

18.6.3 风格设计

文化与生活类网站的设计风格比较灵活，只需要在传统设计的基础上加入设计者所要表达的文化内容和生活氛围即可。所以此类型网站，画面的层次感越强，就越能表达出浓厚的文化底蕴。

如图 18-48 所示的网站的主色调为灰色(低明度、中纯度)，辅助色为浅灰色(中明度、中纯度)和黄色(高明度、高纯度)。该网站使用灰色作为主打色，使整个网页弥漫着质朴、古典的色彩，特别是使用稍高亮度的浅灰色和黄色做修饰，更突出了古朴的意味，营造出了一个浓厚的古文化环境，耐人寻味，给人一种流连忘返的感觉。

图 18-48 文化与生活类网站 5

如图 18-49 所示即为一个风格独特、个性十足的网站，无彩度的黑色跟鲜艳色彩形成鲜明对比，从而增强了整个网站的动感气氛。该网站的主色调为黑色(低明度、低纯度)，辅助色为紫色(中明度、中纯度)、橘红色(中明度、中纯度)、绿色(中明度、中纯度)和水红色(中明度、中纯度)。网站运用黑色做对比，使得鲜亮的画面更加耀眼。

网站开发案例课堂

图 18-49　文化与生活类网站 6

　　另外，黑色调中使用鲜艳的彩色，从而使整个网页的视觉冲击力增强。同时，该网页使用平均分割的方法，这样更增强了网页的对比性，整个网页也就平衡起来，突出了网页表现的中心视觉，给人一种别具一格的意味。

18.7　娱乐类网站配色设计分析

　　在众多类别网站中，思想最活跃、格调最休闲、色彩最缤纷的网站非娱乐类网站莫属。格式多样化的娱乐类网站，总是通过独特的设计思路来吸引浏览者注意力，表现其个性的网站空间。

18.7.1　网站的受众定位

　　娱乐类网站是一类内容极其丰富的网站，包括电影类、音乐类、卡通游戏类等。这些不同类别的网站，其浏览对象也千差万别。因此，在设计娱乐类网站时，一定要重点考虑参与站点娱乐的消费者的不同心理和相应色彩爱好，实现多种风格的设计。

　　如图 18-50 所示是一个儿童类的游戏网站。此类网站在娱乐类网站中占据着举足轻重的位置，因为此类网站可以带给人们一种超凡脱俗的感觉。

图 18-50　娱乐类网站 1

　　该网站的主色调为蓝色(中明度、中纯度)，辅助色为绿色(中明度、中纯度)和黄色(中明度、中纯度)。使用蓝色作为主色调，容易给人一种明净、清爽的感觉，而使用绿色和黄色作为修饰，则无形中增添了该网站的趣味性。

　　如图 18-51 所示是一个战争味十足的游戏类网站，给人一种血腥屠杀的感觉。该网站的主色调为深褐色(低明度、中纯度)，辅助色为黄色(中明度、中纯度)和灰色(中明度、中纯度)。网站以深褐色为主色调，很好地配合了游戏主人公的形象，简单明了地将玩家带入游戏世界。网站结构简单明了，一定程度上提高了该游戏的欣赏力，带给人们一种精神上的享受。

图 18-51　娱乐类网站 2

18.7.2　多样的色彩风格

　　娱乐类网站是一种丰富多彩的网站，不仅内容丰富多样，就连配置网站的色彩风格也是五花八门，给人以美的享受。

　　如图 18-52 所示即为一个冷暖色调交替的游戏网站。该网站的主色调为深红色(低明度、中纯度)，辅助色为黑色(低明度、低纯度)、黄色(中明度、中纯度)和蓝色(中明度、中纯度)。使用深红色为基调，整个页面透出一种神秘的色彩，再加上黑色修饰，更突出显示整个页面的神秘意味，也更加衬托出黄色和蓝色的游戏的画面，给人一种身临其境的感觉。

图 18-52　娱乐类网站 3

如图 18-53 所示同样是一个游戏网站，但此网站给人的感觉比较清新、明亮。该网站的主色调为淡蓝色(高明度、中纯度)，辅助色为灰色(中明度、中纯度)、黄色(中明度、中纯度)和紫色(中明度、中纯度)。儿童类游戏网站其色调都比较鲜亮，特别是使用淡蓝色作为主修饰色，给人一种轻松明快的感觉。再加上灰色边框的修饰，以及黄色和紫色的游戏页面，给原本清新的画面增添一份动感神秘的气息，从而吸引更多的玩家。

图 18-53　娱乐类网站 4

18.7.3　气氛营造与网站风格

娱乐类网站不仅强调色彩的多样化，而且特别注重网页气氛的烘托和渲染，形成个性十足的网站风格，给浏览者提供一个想象的舞台，尽情发挥自己的想象力。

如图 18-54 所示即为一个气氛营造非常成功的网站。该网站是一个恐怖电影网站。该网站的主色调为深蓝色(低明度、低纯度)，辅助色为黑色(低明度、低纯度)和淡黄色(中明度、中纯度)。使用深蓝色作为基色调，意在突出阴暗冰冷的环境。接着使用黑色和淡黄色来增强网站的幽暗气氛，强化了恐怖的色彩。特别是运用披着头发的无脸的女性，将整个网页的恐怖气氛推到了高潮。浏览者仿佛看到了那个飘摇不定的女鬼，让人毛骨悚然。

图 18-54　娱乐类网站 5

一个网站气氛的营造，可以通过网站中的人物形象和网站颜色，将网站风格表现得淋漓尽致。如图 18-55 所示也是一个电影类网站，突出表现的主题是浪漫美丽的爱情故事。

图 18-55　娱乐类网站 6

该网站的主色调为红色(中明度、中纯度)，辅助色为黑色(低明度、低纯度)和黄色(中明度、中纯度)，大面积运用红色进行着墨，突出显示出太阳升起前后天空的颜色，进而烘托出一种浪漫温暖的氛围。

18.8　个人类网站配色设计分析

个人类网站与其他类别的网站相比，在色彩搭配和格局布置上，都比其他类别的网站随意性要强。个人类网站不必拘泥于某种框架布局，也无须考虑是否符合大众的口味，其设计风格完全由设计师自己决定，网站的个人风格比较浓。

如图 18-56 所示即为一个典型的个人类网站。该网站的主色调为草绿色(高明度、中纯度)，辅助色为黑色(低明度、低纯度)、深灰色(中明度、中纯度)和粉红色(中明度、中纯度)。采用草绿色作为主色调，具有青春、个性的色彩，使用黑色和深灰色作为边框修饰色，更加突出绿色色调的鲜亮。该网站的独特之处在于善于联想，具有创意。网页设计者完全按照自己的意愿实现个性的创新。

个人类网站除具有独特创意之外，还善于表达个人的某种情思。如图 18-57 所示的网站的主色调为深红色(中明度、中纯度)，辅助色为黑色(低明度、低纯度)和绿色(中明度、中纯度)。使用深红色作为主要表达色则给人一种优雅的情调；运用对比色绿色作为窗户和屋檐下树叶的颜色，给人一种清新的感觉。

图 18-56　个人类网站 1　　　　　　　　　　图 18-57　个人类网站 2

使用黑色作为背景色，意在衬托出黑暗中那点点飘落的雨珠，从而制造出一个雨天静思的意境，烘托出主人公在下雨天气中倚窗遥望远处的雨幕，蓦然想起以前日子的场景，表达了自己深深的思念之情。

18.8.1 风格多样化

个人类网站由于不受任何框架和色彩的限制，所以表现的风格空间就比较大，从而呈现出丰富多彩的网站风格和相应效果，带给浏览者无尽的欣赏视野。

如图 18-58 所示的网站主色调为绿色(中明度、中纯度)，辅助色为蓝绿色(中明度、中纯度)、淡黄色(中明度、中纯度)和深绿色(低明度、中纯度)。该网站运用绿色作为大树的树叶，符合事物的实际情况。

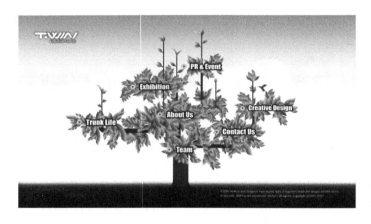

图 18-58　个人类网站 3

其独特的风格在于：此网站导航条一改过去传统的方形，而以整棵大树作为导航框架，使用大树主干介绍网站的主要内容，运用大树其他枝条作为网站的其他辅助信息，创意之独特符合个人类网站的特点，给人以新颖感。而使用蓝绿色和黄色修饰天空色，用想象空间衬托主要的设计思想；用深绿色作为大树的根基色，则给人以稳重、优美的视觉感。

个人类网站不仅设计精巧、新颖，其颜色搭配也是独树一帜，给人留下永恒的回忆。如图 18-59 所示的网站的个性之处在于使用同一色系的不同明度的颜色进行搭配。网站的主色调为草绿色(中明度、中纯度)，辅助色为深绿色(低明度、中纯度)和淡绿色(高明度、中纯度)，给人以超强的明度层次感。运用草绿色作为基调色，烘托出一种生机勃勃的迹象，运用深绿色和淡绿色的衬托，更加突出草绿色的旺盛生命力，给人以生的希望。

个人类网站与其他类型网站一样，不同色调所展现出来的意境各不相同。如图 18-60 所示也是运用同一色系不同明度的两种颜色来修饰整个网页。该网站的主色调为紫色(低明度、中纯度)，辅助色为浅紫色(中明度、中纯度)。

该网页使用了紫色系列的两种不同颜色，大面积地使用紫色给人以浪漫的气息。而使用较高明度的浅紫色进行点缀，将整个网页的浪漫、高贵品质表现得活灵活现，给人以美的享受。

图 18-59　个人类网站 4　　　　　　　　　　　　　　　图 18-60　个人类网站 5

18.8.2　自由的色彩

　　个人网站不仅格局可以随意设计，其色彩的运用也是自由的，不受任何条条框框的约束，色彩搭配完全凭借设计者的个人爱好而确定。

　　如图 18-61 所示即为一个色彩运用恰如其分的个人类网站。该网站的主色调为红紫色(中明度、中纯度)，辅助色为棕色(中明度、中纯度)和绿色(中明度、中纯度)。使用红紫色作为整个页面的修饰色，给人一种温柔、静谧的感觉，特别是运用盛开的鲜花和舞动的蝴蝶来增添网站动感，带给浏览者一种美的享受。

　　如图 18-62 所示也是一个个人类网站。该网站的结构简单明了，色彩的搭配给人一种清新舒爽的感觉。

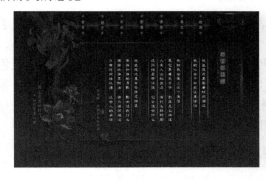

图 18-61　个人类网站 6　　　　　　　　　　　　　　图 18-62　个人类网站 7

　　该网站的主色调为绿色(中明度、中纯度)，辅助色为黄绿色(高明度、中纯度)、白色(高明度、高纯度)。通篇使用绿色做修饰，给人一种干净、爽朗的感觉。再加上黄绿色和白色的点缀，给单一的色调增加一道亮色，使整个网页的色调丰富活跃起来。简单的框架结构加上少量色彩装饰，使整个网页看上去明了而不单调，有种超凡脱俗的气质美。

18.8.3　多样的色彩风格

　　个人类网站正是由于不受格局、色彩的限制，所以才能创造出千变万化的色彩风格，给人以不同的视觉享受。如图 18-63 所示的网站的主色调为蓝色(中明度、中纯度)，辅助色为黑色(低明度、低纯度)。网站运用蓝色使页面显得清幽、淡雅,给人一种神秘的意味。并且使用黑色作为边框修饰色,将设计者的个性特点更加鲜明地表现了出来。

如图 18-64 所示也是一个个性十足的个人类网站,突出表现一种虚幻的想象空间。该网站的主色调为浅绿色(中明度、中纯度),辅助色为深绿色(低明度、中纯度)。网站运用绿色不同明度的两种颜色作为整个网页的修饰色,这样一明一暗给人一种强烈的层次感,并且充分利用了设计者的想象力,构造出了一个别致的、与众不同的网页构架。进入该网页,仿佛进入一个人间仙境一般,给人以新鲜感。

图 18-63　个人类网站 8　　　　　　图 18-64　个人类网站 9

18.9　疑 难 解 惑

疑问 1:如何在网页配色中实现企业文化与 VIS 的统一?

答:众所周知,不同性质的企业设计网站的表现方法也就不同。但无论采用何种表现手法,VIS(企业形象视觉识别系统)中往往贯穿着整个企业的文化。不论是企业的标志、字体、特色还是企业形象在三度空间中的应用,都处处展现着企业自身的理念和信仰。不仅深颜色能实现企业文化与 VIS 的统一,鲜艳颜色同样可以很好地表现企业的固有品质。网站风格须符合企业产品的特有品质。除展现出企业稳重、朴实的一面之外,使用不同明度的红色进行搭配,还可使整个网页的气氛活跃起来,带给人们视觉上的享受。

疑问 2:如何实现商业网站配色中的小店铺型风格设计?

答:小店铺型站点大多仅用于某种商品的网上展示或销售,所以在设计上突出的不是商品全部性能,而是风格的个性化并配合产品属性进行风格定位,从而让更多的消费者能够接纳。另外,通过灰色和绿色的搭配,特别是使用卡通标志在页面顶端,更能有效地吸引更多消费者(特别是女性朋友)的眼球,将网站信息的主题准确地表达出来。另外,使用小范围的白色衬托红紫色,还可以增添整个网站的柔韧度。

第 19 章

电子商务网站
配色全过程

随着互联网队伍的日益庞大，网购吸引着越来越多的人。由此，应运而生的电子商务类网站，也日益扩展。本章通过对电子商务网站的配色分析，从而详解电子商务网站配色全过程。

重点案例效果

19.1　经典电子商务网页配色分析

提起经典电子商务网站的网页，估计大多数用户想到的就是淘宝网、阿里巴巴等。下面就来分析阿里巴巴电子商务网站的配色，从而找到自己可以借鉴的优点。如图 19-1 所示为阿里巴巴网站的首页。

图 19-1　阿里巴巴首页

浏览该网站页面，在网页的导航部分，占有不小比例的搜索框，是电子商务类网站用于让用户搜索产品等内容而设置的，这是此类网站所特有的，如图 19-2 所示。因此，设计者用点睛色(橘黄色)进行配色。

图 19-2　搜索框

除了上述内容之外，网站进行主体内容的配色时，将搜索框中的黄色用作主体内容的点睛色。从而使得一些文本内容起到了突出作用，能够被用户第一时间看到。还有，不同市场的文本内容所使用的橘色与黑色文字，也是与背景色白色有着强烈对比效果的。具体颜色使用如图 19-3 所示。

除阿里巴巴网站外，如图 19-4 所示的当当网也是一个比较经典的电子商务类网站。网站在配色上与阿里巴巴网站还是有区别的。主要的不同在于：当当网使用绿色作为搜索框(即点睛色)。由此可知，虽然同属于相同类型的站点，但在色彩选择上也是有所不同的。

下面再来认识一个电子商务网站。如图 19-5 所示是电子商务网站亚马逊的产品页。在页面中，用于展示产品的文本内容，为了达到有序突出的效果，分别对价格、产品描述、按钮等不同类别的主体内容，进行了不同颜色的设置。这种颜色的选择能够很好地通过白色背景予以重点突出，这样的配色方法，在网站配色过程中也是经常使用的。

图 19-3　网站主体内容

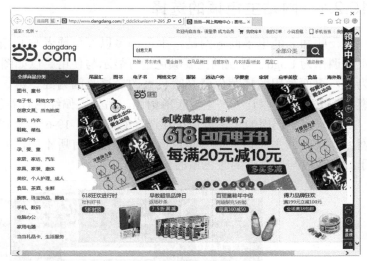

图 19-4　当当网

图 19-5　亚马逊的产品页

19.2　电子商务网站的主要配色法则

本节主要介绍电子商务网站的主要配色法则。通过掌握电子商务类网站主要配色法则，能够更好地实现对电子商务网站的配色。

19.2.1 网站主色调的选择

一些知名的电子商务网站，主色调多以红色或者与其相近的暖色系颜色为主，同时将该主色调作为 Logo、导航的主要颜色进行显示与使用。以如图 19-1 所示的阿里巴巴网站的首页为例，页面使用的橘黄色就是暖色系的。这是因为红、橙、黄色常常使人联想到旭日东升和燃烧的火焰，所以让人产生温暖的情感。另外，偏红色有着促进购物欲的作用。

除了阿里巴巴的主色调是这样选择的，如图 19-6～图 19-9 所示的这几个不同的电子商务网站，观察其主色调，均为暖色调。虽然色相有所不同，但是主色调与阿里巴巴相似，都属于红色或者与其相近的暖色系的色彩。

图 19-6 天猫

图 19-7 京东

图 19-8　国美在线

图 19-9　1号店

19.2.2　网站主体内容的配色

众所周知，红色和黑色的搭配被誉为商业中的经典搭配颜色，以黑色为背景，而突出一点亮丽的红，就会给人留下不禁想要点击和触碰的印象。各类著名电商企业都选取这两种颜色作为自己门户的宣传色。如图 19-10 所示的物流企业顺丰使用的就是这组经典搭配。

另外，以网购类电子商务网站为例，作为其代表阿里巴巴选用了红色的邻近色橙色作为主色调，与其搭配的网页中文本则使用黑色，这造就了橙黄与黑色的经典搭配，这与红黑色有着异曲同工之效果。例如，阿里巴巴网站主页中的"商人社区"部分的配色，如图 19-11

所示。图片下方的文本颜色，分别采用一行橙黄色、一行黑色的搭配方式。这是经典搭配在小区域内的一种应用。

图 19-10　顺丰速运主页

图 19-11　橘黄色+黑色经典搭配

19.3　电子商务网站配色的步骤

下面通过对阿里巴巴网站具体配色实现的分析，来介绍网站配色的一般步骤。

19.3.1　主题色的确定

每个企业都有自己的鲜明的企业文化和企业形象，阿里巴巴网站也不例外。网站主题颜色的体现可以与企业主色调保持一致，这样既可以使企业形象在互联网上得到延伸，同时也可以使网站主题和企业形象相互促进，形成统一的视觉认同和形象认同。如图 19-12 所示的企业 Logo 中的主色调橙黄色正是网页的主题色调。

图 19-12　企业 Logo

除此之外，通过主页面之外的其他页面，来进一步了解网站的主题色调。如图 19-13 所示是网站中服装服饰批发频道的页面。该页面选择使用红色为其主题色彩。该颜色主要用于导航背景以及重要标题文本。红色有着刺激购买，促进消费的作用。同时，将其与页面文本的主要颜色黑色进行搭配。这是一组永不会失色的经典搭配。

图 19-13　服装服饰批发频道的页面

19.3.2　确定主题色的搭配

邻近色彩搭配、原色或者间色搭配、补色组合搭配以及全色组合搭配都是常用的色彩搭配方法。阿里巴巴网站主题色的搭配，同样是采用了上述搭配方法。

1. 邻近色搭配

红色、橙色与黄色分别是邻近色，这些颜色的搭配实现了邻近色彩组合。使用邻近色搭配可以表现出统一协调性，也能体现出冷暖基调的一致。阿里巴巴网站中就有页面使用的是邻近色搭配。如图 19-14 所示是日用百货频道，使用的就是此类颜色搭配。

图 19-14　邻近色搭配

2. 原色或间色组合

具有纯粹性质的原色或者原色组合成的间色之间进行组合，往往可形成清晰的对比效果。阿里巴巴网站也不例外，同样在进行网站的创建时，将原色或者原色组合成的间色的组合应用于网页的配色之中。如图 19-15 所示的页面，就起到了对比效果，从而形成了阿里巴巴网站中美容护肤频道色彩搭配的亮丽配色效果。

图 19-15　原色或间色组合

3. 全色组合

全色组合应用于网页的配色中，网站的色彩可以变得丰富多彩，从而使得页面效果也能够更加活泼，并更易受到用户的喜欢。因为全色组合，色彩往往都很活跃，所以使得页面中拥有色彩丰富的效果。如图 19-16 所示，页面右侧的配色不过三五种，但是页面整体看起来丰富而又不会让页面喧宾夺主，该有的重点，同样能够予以突显。

图 19-16　全色组合

19.3.3　主题色布局

与许多的网站布局、配色相似，阿里巴巴网站同样选择了以白色为其网站的背景色，然后搭配橙黄色作为网站的主题色彩，并将此色彩用作网站标志的主色调，从而让页面有了主次分明、重点突出的效果。

一般情况下，网站主页面的主题色主要体现在 Logo、导航栏、搜索栏、搜索按钮、Banner 按钮以及区域线框上。对于其他网页元素的配色，可以在确立主题色的情况下，在此基调的基础上进行微调来获取。如图 19-17 所示的阿里巴巴的主题色调布局，就有着这一方面的体现。

图 19-17　网站主题色布局

19.3.4　页面色彩相互呼应

网页的色彩呼应首先应当做到首尾呼应。页面的底部应当运用一些色彩元素，如分割线，就可以与网页顶部的 Logo 或者导航的主题色进行呼应。

如图 19-18 所示是网站的导航以及 Logo 的配色截图。导航的背景颜色与 Logo 标志的颜色都是相同的，从而使得页面配色协调一致，让整个页面有了浑然一体之感。

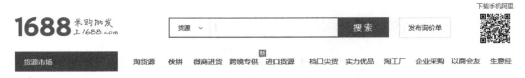

图 19-18　页面色彩协调搭配

第 20 章
在线购物网页
设计实战

网页设计是 Photoshop 的一种拓展功能，是网站程序设计的好搭档。本章就来介绍如何使用 Photoshop 设计网页。

重点案例效果

20.1　设计网页 Logo

网页 Logo 是一个网站的标志，Logo 设计得好与坏直接关系到一个网站的整体形象。下面就来介绍如何使用 Photoshop 设计在线购物网站的网页 Logo。

具体操作步骤如下。

step 01 打开 Photoshop CC 工作界面，选择【文件】→【新建】命令，打开【新建】对话框，在其中输入相关参数，如图 20-1 所示。

step 02 单击【确定】按钮，即可新建一个空白文档，如图 20-2 所示。

图 20-1　【新建】对话框　　　　　　　　图 20-2　新建一个空白文档

step 03 选择【文件】→【存储】命令，在打开的【另存为】对话框中输入文件的名称，并选择存储的类型，如图 20-3 所示。

step 04 单击工具箱中的【横排文字工具】按钮，在空白文档中输入网页 Logo 文字"我爱美妆"，选择"我爱"两个字，在【字符】面板中设置字符的参数，如图 20-4 所示。

图 20-3　【另存为】对话框　　　　　　　图 20-4　【字符】面板

step 05 选择"美妆"两个字，在【字符】面板中设置相关参数，如图 20-5 所示。

step 06 设置完毕后，返回到图像工作界面中，可以看到最终的显示效果，如图 20-6 所示。

图 20-5 设置文字参数

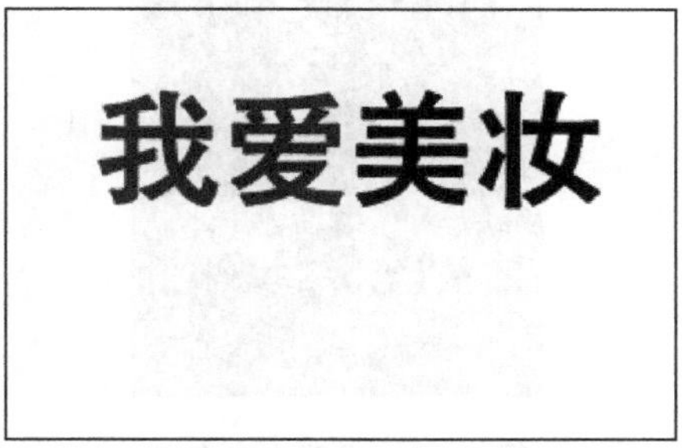

图 20-6 设置后的文字效果

step 07 双击【我爱美妆】文字图层，打开【图层样式】对话框，在其中勾选【投影】复选框，并设置相关参数，如图 20-7 所示。

step 08 设置完毕后，单击【确定】按钮，即可为文字添加投影样式，如图 20-8 所示。

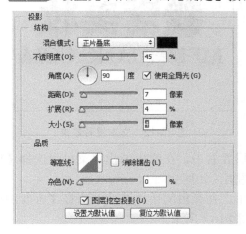

图 20-7 设置投影参数

图 20-8 投影样式

step 09 单击工具箱中的【横排文字工具】按钮，在文档中输入 MEIZHUANG.COM，然后在【字符】面板中设置该文本的参数，如图 20-9 所示。

step 10 返回到图像工作界面中，可以看到文本的显示效果，然后使用移动工具调整该文本的位置，如图 20-10 所示。

step 11 双击 MEIZHUANG.COM 文本所在图层，打开【图层样式】对话框，在其中勾选【投影】复选框，并设置相关参数，如图 20-11 所示。

step 12 单击【确定】按钮，即可为该文本添加投影效果，如图 20-12 所示。

图 20-9 设置文本参数

图 20-10 文本的显示效果

图 20-11 设置投影参数

图 20-12 文本投影效果

step 13 在【图层】面板中选中文本所在图层并右击，在弹出的快捷菜单中选择【栅格化文字】命令，将文本图层转化为普通图层，如图 20-13 所示。

step 14 再次选中文本所在的两个图层并右击，在弹出的快捷菜单中选择【合并图层】命令，将文本图层合并为一个图层，如图 20-14 所示。

图 20-13 【图层】面板

图 20-14 合并图层

step 15 双击【背景】图层，即可打开【新建图层】对话框，然后单击【确定】按钮，即可将【背景】图层转化为普通图层，名称为【图层 0】，如图 20-15 所示。

step 16 选中【图层 0】，然后将其拖曳至【图层删除】按钮上，将该图层删除，即可完成网页透明 Logo 的制作，如图 20-16 所示。

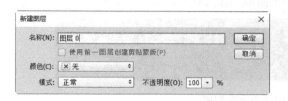

图 20-15 【新建图层】对话框   图 20-16   删除图层

20.2   设计网页导航栏

导航栏是一个网页的菜单，通过它可以了解到整个网站的内容分类。设计网页导航栏的具体操作步骤如下。

step 01 新建一个大小为 1024 像素×36 像素、分辨率为 300 像素/英寸、背景为黑色的文档，并将其保存为"导航栏.psd"文件，如图 20-17 所示。

图 20-17   新建文件

step 02 新建一个图层，使用矩形选框工具在新图层中绘制一个矩形选区，然后使用油漆桶工具为矩形选区填充玫红色(R：237，G：20，B：91)，如图 20-18 所示。

图 20-18   新建图层

step 03 使用工具箱中的横排文字工具在文档中输入网页的导航栏文字，这里输入"特卖精选"，并根据需要调整文字的颜色为白色，字体为 STXihei，大小为 5pt，如图 20-19 所示。

图 20-19　添加文字

step 04 　根据实际需要，复制多个文字图层，调整文字图层的位置并添加相应的文字。
最终的效果如图 20-20 所示。至此，一个简单的在线购物网页的导航栏就制造完成了。

图 20-20　复制多个文字图层

20.3　设计网页的 Banner

网页的 Banner 主要用于展示网站最近的活动。在线购物网站的 Banner 主要用于展示最
近的产品销售活动。设计在线购物网站 Banner 的具体操作步骤如下。

step 01 　在 Photoshop CC 的工作界面中选择【文件】→【打开】命令，在打开的【打
开】对话框中选择 Banner.psd 素材文件，如图 20-21 所示。

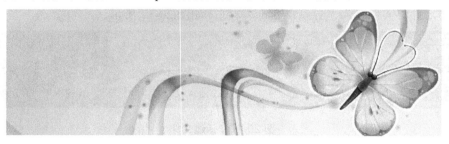

图 20-21　打开素材文件

step 02 　选择素材文件"图片 1.jpg"，使用移动工具将该图片移动到文件 Banner 之中，
然后使用自由变换工具将该图片进行自由变换，并调整其至合适位置，如图 20-22
所示。

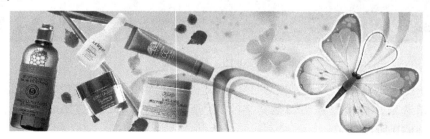

图 20-22　自由变换图片

step 03　双击图片 1 所在的图层，打开【图层样式】对话框，在其中勾选【投影】复选框，并设置相关参数，如图 20-23 所示。

step 04　单击【确定】按钮，返回到 Banner 文档之中，即可为图片 1 添加投影效果，如图 20-24 所示。

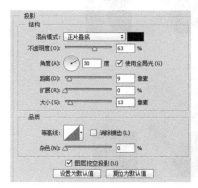

图 20-23　设置投影参数　　　　　　　　图 20-24　添加投影效果

step 05　参照步骤 2 的操作方法，将素材图片 2.jpg、图片 3.jpg 添加到 Banner 文件当中，并使用移动工具和自由变换工具调整图片的位置和大小，如图 20-25 所示。

图 20-25　添加图片

step 06　新建一个图层，然后使用矩形选框工具在图层中绘制一个矩形，并将其填充为橘色(R：227，G：106，B：87)，如图 20-26 所示。

图 20-26　绘制矩形

step 07　使用多边形套索工具为两端添加三角形选区，然后按 Delete 键将其删除，如图 20-27 所示。

step 08　新建一个图层，然后选择工具箱中的直线工具，绘制一条直线，并设置直线的颜色为白色，如图 20-28 所示。

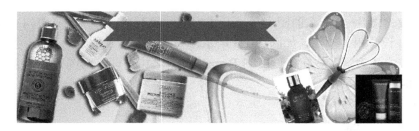

图 20-27　添加三角形选区

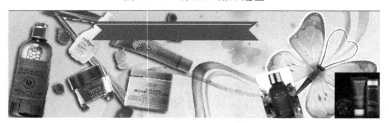

图 20-28　绘制直线

step 09 选中直线所在图层，将其拖曳至【新建图层】按钮上，复制直线所在图层，然后使用移动工具调整直线所在位置，如图 20-29 所示。

图 20-29　复制图层

step 10 单击工具箱中的【横排文字工具】按钮，在文档中输入文字，在【字符】面板中设置文字的大小、字形、颜色等，如图 20-30 所示。

step 11 在【图层】面板中调整图层的组合方式为【叠加】，如图 20-31 所示。

图 20-30　设置文字参数

图 20-31　【图层】面板

step 12 返回到 Banner 文档的工作界面中，可以看到最终的显示效果，如图 20-32 所示。

图 20-32 最终的效果

step 13 选择工具箱中的横排文字工具，在 Banner 文档界面中输入活动内容文字，并在【字符】面板中设置文字的大小、颜色、字体样式等，如图 20-33 所示。

step 14 双击文字所在的图层，在打开的【图层样式】对话框中勾选【外发光】复选框，为文字图层添加外发光效果，如图 20-34 所示。

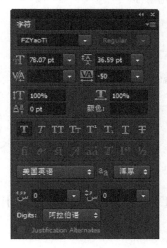

图 20-33 设置文字参数

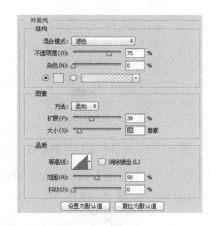

图 20-34 设置外发光参数

step 15 单击【确定】按钮，返回到 Banner 文档工作界面，可以看到添加的文字效果，如图 20-35 所示。

图 20-35 添加的文字效果

step 16 新建一个图层，使用矩形选框工具在图层中绘制一个矩形，并填充颜色为橘色

(R：227，G：106，B：87)，如图 20-36 所示。

图 20-36　绘制一个矩形

step 17 双击矩形所在的图层，打开【图层样式】对话框，为该图层添加【斜面和浮雕】和【投影】效果，具体的参数如图 20-37 和图 20-38 所示。

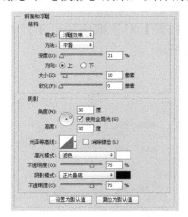

图 20-37　设置斜面和浮雕参数　　　　图 20-38　设置投影参数

step 18 单击【确定】按钮，返回到 Banner 文档工作界面中，可以看到应用图层样式后的效果，如图 20-39 所示。

图 20-39　应用图层样式后的效果

step 19 使用横排文字工具在文档中输入文字，并调整文字的位置，然后在【字符】面板中调整文字的字体样式、颜色和大小等，最终的效果如图 20-40 所示。

step 20 新建一个图层，使用工具箱中的自定义形状工具在文档中绘制一个心形形状，添加形状的颜色为橘色(R：227，G：106，B：87)，如图 20-41 所示。

step 21 双击心形所在的图层，在打开的【图层样式】对话框中勾选【投影】复选框，为图层添加投影效果，如图 20-42 所示。

图 20-40 设置的文字效果

图 20-41 绘制一个心形形状

图 20-42 添加投影效果

step 22 使用横排文字工具在文档中输入文字"上不封顶"，然后调整文字的位置，并在【字符】面板中设置文字的字体样式、大小、颜色等，最终的显示效果如图 20-43 所示。

图 20-43 添加文字

step 23 至此，在线购物网页的 Banner 就制作完成了。然后选择【文件】→【存储为】命令，打开【另存为】对话框，在其中设置文件的保存类型为.jpg，如图 20-44 所示。

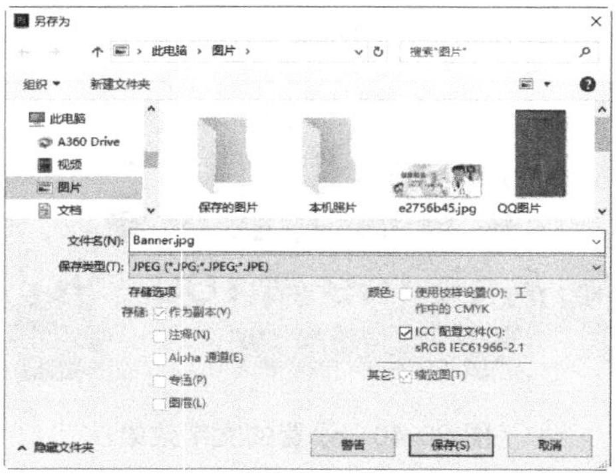

图 20-44　保存文件

20.4　设计网页正文部分

网页的正文是整个网页设计的重点。在线购物网站的正文主要用于显示产品的销售信息。下面就来设计网页的正文部分内容。

20.4.1　设计正文导航

为了更好地展示网页的正文内容，一般在正文上面会显示正文的导航，如在线购物网站的导航为产品的分类。

设计正文导航的具体操作步骤如下。

step 01 新建一个大小为 1024 像素×92 像素、背景为白色、分辨率为 300 像素/英寸的空白文档，并将其保存为导航按钮.psd，如图 20-45 所示。

图 20-45　新建导航按钮文件

step 02 新建一个图层，然后选择工具箱中的矩形选框工具，再在选项栏中设置矩形选框工具的参数，这里设置样式为【固定大小】，宽度为 1024px，高度为 7px，如图 20-46 所示。

图 20-46　矩形选框工具

step 03 单击空白文档，在其中绘制 1 个矩形选框，然后使用油漆桶工具，将选框填充为黑色，并调整至合适位置，如图 20-47 所示。

step 04 新建一个图层，然后单击工具箱中的【矩形选框工具】按钮，在文档中绘制 2 个矩形选框，如图 20-48 所示。

图 20-47 绘制 1 个矩形选框

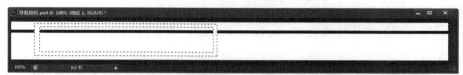

图 20-48 绘制 2 个矩形选框

step 05 设置前景色为灰色(R：197，G：197，B：197)，使用油漆桶工具将选区填充为灰色，如图 20-49 所示。

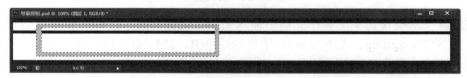

图 20-49 填充选区为灰色

step 06 使用魔棒工具选中灰色矩形中间的矩形，如图 20-50 所示。

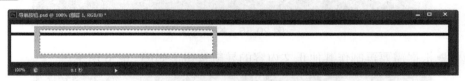

图 20-50 选中矩形

step 07 使用油漆桶工具将选中的灰色矩形填充为白色，如图 20-51 所示。

图 20-51 填充矩形为白色

step 08 新建一个图层，使用矩形选框工具在文档中绘制一个 10×10 的正方形，并将其填充为黑色，如图 20-52 所示。

图 20-52 绘制正方形并填充为黑色

step 09 复制 4 个黑色正方形所在的图层，并调整至合适的位置，如图 20-53 所示。

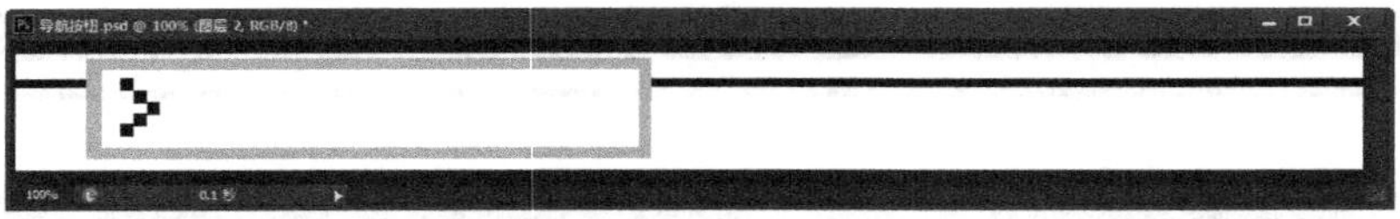

图 20-53　复制 4 个正方形

step 10 ▶ 使用工具箱中的横排文字工具，在文档中输入文字 Point 1，并在【字符】面板
中设置文字的字体样式为 Times New Roman、大小为 10pt、颜色为黑色，如图 20-54
所示。

图 20-54　输入文字

step 11 ▶ 使用横排文字工具在文档中输入文字"全部特卖"，然后设置文字的字体样式
为 STZhongsong、大小为 9pt、颜色为红色(R：255，G：112，B：163)，最后将其保
存起来，如图 20-55 所示。

图 20-55　输入文字

step 12 ▶ 根据需要再制作其他正文内容的导航按钮，如图 20-56 所示。

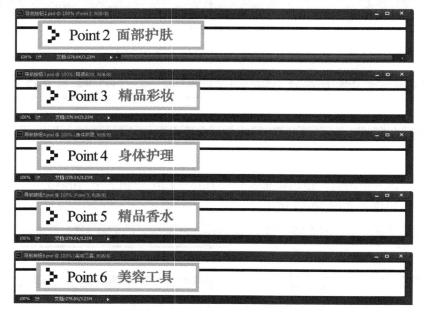

图 20-56　多个导航按钮

20.4.2 设计正文内容

在线购物网页的 6 部分正文内容，分别为全部特卖、面部护肤、精品彩妆、身体护理、精品香水、美容工具。由于这 6 部分的正文内容在形式上一样，这里以设计身体护理这部分内容为例，来介绍在线购物网页正文内容的设计方法。

具体操作步骤如下。

step 01 新建一个大小为 230 像素×380 像素、分辨率为 300 像素/英寸、背景为白色的文档，并将其保存为"身体护理.psd"，如图 20-57 所示。

step 02 打开素材文件"身 3.jpg"，然后使用移动工具将其移动到"身体护理.psd"文件中，并使用自由变换工具调整图片的大小与位置，如图 20-58 所示。

step 03 使用工具箱中的横排文字工具在文档中输入该产品的说明性文字，然后在【字符】面板中设置文字的字体样式、大小、颜色等，如图 20-59 所示。

step 04 返回到文档中，可以看到添加的文字的显示效果，如图 20-60 所示。

图 20-57 新建文件 　　图 20-58 打开图片素材 　　图 20-59 【字符】面板 　　图 20-60 添加文字效果

step 05 使用横排文字工具在文档中输入该产品的价格信息，并调整文字的大小、字体样式、颜色等，如图 20-61 所示。

step 06 新建一个图层，使用矩形选框工具在该图层中绘制一个矩形，并填充矩形为玫红色(R：244，G：92，B：143)，如图 20-62 所示。

step 07 双击矩形所在的图层，打开【图层样式】对话框，在其中勾选【斜面和浮雕】复选框，为图层添加斜面和浮雕效果，如图 20-63 所示。

step 08 在【图层样式】对话框中勾选【投影】复选框，在其中设置投影的相关参数，为图层添加投影效果，如图 20-64 所示。

step 09 设置完毕后，单击【确定】按钮，返回到文档中，可以看到最终的显示效果，如图 20-65 所示。

step 10 参照上述制作玫红色按钮的方法，再制作一个按钮，该按钮的颜色为灰色，如图 20-66 所示。

step 11 使用横排文字工具在文档中输入按钮上的文字，在玫红色按钮上输入"放入购

物车",在灰色按钮上输入"查看",并为文字图层添加相应的图层样式,如图 20-67
所示。

图 20-61　输入价格信息

图 20-62　绘制一个矩形

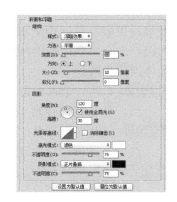
图 20-63　设置斜面和浮雕参数

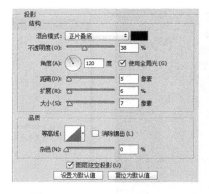
图 20-64　设置投影参数

图 20-65　玖红色按钮

图 20-66　制作的灰色按钮

step 12　单击工具箱中的【自定义形状】按钮,在【形状预设】面板中选择【会话 8】形
　　　　状,如图 20-68 所示。

step 13　在文档中绘制【会话 8】形状,并填充形状的颜色为红色,如图 20-69 所示。

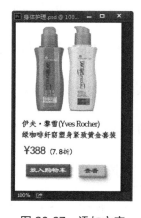
图 20-67　添加文字

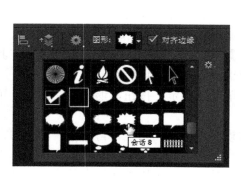
图 20-68　选择形状

图 20-69　填充形状的颜色

step 14　双击形状所在的图层，打开【图层样式】对话框，在其中勾选【投影】复选框，并设置相应的参数，如图 20-70 所示。

step 15　单击【确定】按钮，为图层添加投影效果，如图 20-71 所示。

step 16　使用横排文字工具在文档中输入文字"包邮！"，并调整文字的大小、颜色、字体样式等，如图 20-72 所示。至此，正文中【身体护理】模块就设计完成了。

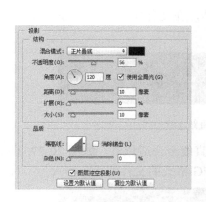

图 20-70　设置投影参数

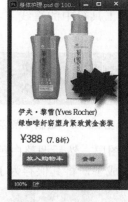

图 20-71　添加投影效果

图 20-72　添加文字

参照上述制作身体护理文件的步骤，可以制作正文中其他的产品模块，这里不再赘述。

20.5　设计网页页脚部分

一般网页的页脚部分与导航栏在设计风格上是一致的，其显示的主要内容为公司的介绍、友情联系等文字超级链接。设计网页页脚的具体操作步骤如下。

step 01　打开已经制作好的网页导航栏，如图 20-73 所示。

图 20-73　打开导航栏文件

step 02　在【图层】面板中选中玫红色矩形所在的图层并右击，在弹出的快捷菜单中选择【删除图层】命令，将其删除，如图 20-74 所示。

图 20-74　删除图层

step 03　将导航栏文件另存为"页脚 2"文件，选中文档中各个文字，根据需要修改这些文字，最终的效果如图 20-75 所示。

图 20-75　修改文字

step 04 新建一个图层，选中工具箱中的直线工具，在文件中绘制一条竖直线，并填充为白色，如图 20-76 所示。

图 20-76　绘制一条竖直线

step 05 复制白色直线所在的图层，然后调整白色直线至合适位置，如图 20-77 所示。至此，网页的页脚就制作完成了，将其保存为 JPG 格式的文件即可。

图 20-77　完成页脚的制作

20.6　组合在线购物网页

当网页中需要的内容都设计完成后，下面就可以在 Photoshop 中组合网页了，具体操作步骤如下。

step 01 选择【文件】→【新建】命令，打开【新建】对话框，在其中设置相关参数，如图 20-78 所示。

step 02 单击【确定】按钮，创建一个空白文档，如图 20-79 所示。

step 03 打开素材文件 Logo，使用移动工具将其移动到网页文档中，并调整 Logo 的位置，如图 20-80 所示。

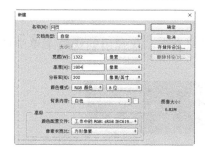

图 20-78　【新建】对话框

图 20-79　创建空白文档

图 20-80　添加 Logo 素材

step 04 ▷ 打开素材文件"导航栏"，使用移动工具将其移动到网页文档中，并调整导航栏至合适位置，如图 20-81 所示。

图 20-81 添加导航栏素材

step 05 ▷ 打开素材文件 Banner，使用移动工具将其移动到网页文档中，并调整 Banner 至合适位置，如图 20-82 所示。

图 20-82 添加 Banner 素材

step 06 ▷ 打开素材文件"导航按钮"，使用移动工具将其移动到网页文档中，并调整导航按钮至合适位置，如图 20-83 所示。

图 20-83 添加导航按钮素材

step 07 ▷ 打开素材文件"身体护理"，使用移动工具将其移动到网页文档中，并调整【身体护理】至合适位置，如图 20-84 所示。

step 08 ▷ 选中【身体护理】图片所在的图层，按 Alt 键，再使用移动工具拖动并复制该图片，然后调整至合适的位置，如图 20-85 所示。

图 20-84　添加身体护理素材

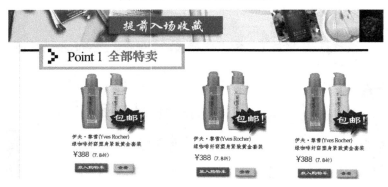

图 20-85　调整图片的位置

step 09 使用相同的方式，添加 Point 2 区域中的产品信息，最终的效果如图 20-86 所示。

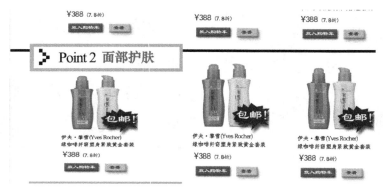

图 20-86　添加产品信息

step 10 打开素材"页脚"文件，使用移动工具将其移动到网页文档中，并调整页脚至合适位置，如图 20-87 所示。至此，就完成了在线购物网页的制作。

提示　　　网页中的产品信息用户可以根据需要自行调整。

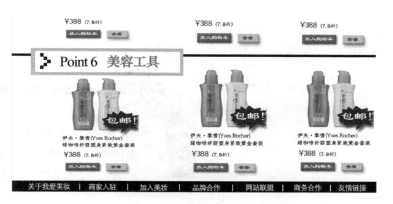

图 20-87 插入页脚文件

20.7 保 存 网 页

网页制作完成后，下面就可以将其保存起来了。保存网页内容与保存其他格式的文件不同。保存网页的具体操作步骤如下。

step 01 在 Photoshop CC 工作界面中，选择【文件】→【导出】→【存储为 Web 所用格式】命令，弹出【存储为 Web 所用格式】对话框，根据需要设置相关参数，如图 20-88 所示。

step 02 单击【存储】按钮，弹出【将优化结果存储为】对话框，设置文件保存的位置，单击【格式】右侧的下拉按钮，从弹出的列表中选择【HTML 和图像】选项，如图 20-89 所示。

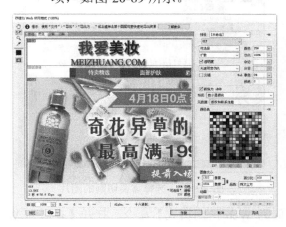

图 20-88 【存储为 Web 所用格式】对话框

图 20-89 【将优化结果存储为】对话框

step 03 单击【保存】按钮，即可将网页以【HTML 和图像】格式保存起来，如图 20-90 所示。

step 04 双击其中的"网页.html"文件，即可在 IE 浏览器中打开在线购物网页，如图 20-91 所示。

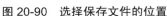

图 20-90　选择保存文件的位置

图 20-91　打开在线购物网页

20.8　对网页进行切片处理

在 Photoshop 中设计好的网页素材，一般还需要将其应用到 Dreamweaver 之中才能发布。为了符合网站的结构，就需要将设计好的网页进行切片，然后存储为 Web 和设备所用格式。对设计好的网页进行切片的具体操作步骤如下。

step 01 选择【文件】→【打开】命令，打开制作的在线购物网页，如图 20-92 所示。

step 02 在工具箱中单击【切片工具】按钮，根据需要在网页中选择需要切割的图片，如图 20-93 所示。

图 20-92　打开在线购物网页

图 20-93　选择需要切割的图片

step 03 选择【文件】→【导出】→【存储为 Web 所用格式】命令，打开【存储为 Web 所用格式】对话框，在其中选中切片 1 中图像，如图 20-94 所示。

step 04 单击【存储】按钮，即可打开【将优化结果存储为】对话框，单击【切片】右边的下三角按钮，从弹出的列表中选择【所有切片】选项，如图 20-95 所示。

step 05 单击【保存】按钮，即可将所有切片图像保存起来，如图 20-96 所示。

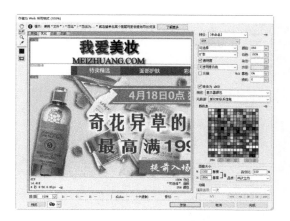

图 20-94 【存储为 Web 所用格式】对话框

图 20-95 【将优化结果存储为】对话框

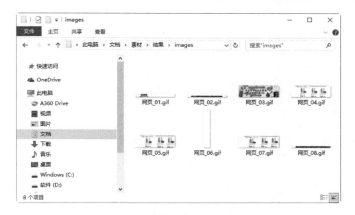

图 20-96 保存切片